U0248188

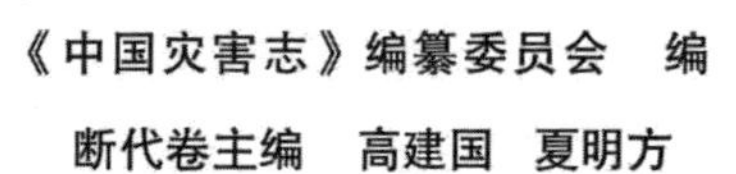

《中国灾害志》编纂委员会　编

断代卷主编　高建国　夏明方

中国灾害志·断代卷

秦汉魏晋南北朝卷

本卷主编 / 高　凯

中国社会出版社

国家一级出版社·全国百佳图书出版单位

《中国灾害志》编纂委员会

《中国灾害志·断代卷》编纂委员会

《中国灾害志·断代卷·秦汉魏晋南北朝卷》编纂委员会

前言

中国社会出版社本套丛书的责任编辑嘱我为此书写前言，我想采用问答方式来完成这一任务。

一是为什么要编纂出版灾害志?

不少学术论文回顾过去发生的自然灾害，往往以“新中国成立以来”或“建国以来”作开场白。我国有五千年历史，持续灾害记录有三千年。为什么不利用更早一些时间的自然灾害作研究呢？几千年的灾情弃之不用，实在可惜。

我国灾害文字记录最早在约公元前822年，离现在已有2840年。新中国成立至今已经69年，如果69年是1的话，2840年为41。不读史，不用史，只知道有1，不知道还有40。

2017年12月13日，习近平总书记在出席南京大屠杀死难者国家公祭仪式时强调：“要擦清历史的镜子，走好未来的路。”以历史为镜子，擦清了，才能看清。寻找灾害史的“根”，寻叶找枝，由枝到干，再从干到根。“根”在，灾害史这棵大树才立得住。

为什么会不利用灾害史呢？我认为，可能与灾害史的科普工作没有做好有关。2004年我创办中国灾害防御协会灾害史专业委员会，每年召开一次学术研讨会，参加的专家有全国各相关大学、研究所的灾害史教授、博士、硕士，整理中国灾害史资料，研究中国灾害史的规律，作出很好的成果。但是由于在科研考核上没有将科普作为必考成绩，因此对灾害史科普工作还不够重视。

自 1949 年起，我国采用现代科学标准的自然资料。但历史灾害记录大多用文言文，对于灾情的表达与当代不同，其中的地名也多与当代不一样，又缺乏灾情分布图，难以掌握灾情全貌。所用这些，对理科毕业的灾害研究者都是很大的障碍。因此，在话语系统上存在着不小差距。

近 70 年来，我国科学家对灾害史资料关注最多的是地震学、气象学、水利学，也取得了很好的成绩。《中国历史地震图集》反映历史上大地震分布情况；《中国近五百年旱涝分布图集》反映气象要素的历史变迁；《中国历史大洪水调查资料汇编》《中国大洪水》集中展现了历史时期各场次重大水灾的情景。这些专著在出版之初有着明显的服务于工农业生产的目的，出版后发现可以为当代灾害学研究服务，极大开拓了灾害研究的时空。

灾害志的编纂，是简要地、重点地、采用通俗语言来总结、反映中华民族的灾害史和防灾、抗灾、救灾史，目的在于利用历史资料，重演灾害发生场景，揭示中华民族与灾害斗争的智慧，促进人类更好地与自然相处。今日尤其要注意，历史上的诸多巨灾，在当代尚未出现，叙述这些巨灾，对于今天更有警示作用。

二是何为灾?

邓拓说："灾荒者，乃以人与人社会关系之失调为基调，而引起人对于自然条件控制之失败所招致之物质生活上之损害与破坏也。"（邓拓:《中国救荒史》，北京出版社，1988 年，序言。）其实，灾的定义还有很多种说法。

我的理解是："灾害是人类没有认识的自然界对人类的危害。"此处特别强调"没有认识"，是因为不知道便无从应对。2003 年举世瞩目的 SARS（"非典"）传入中国，一时间到处空巷，大街上没有汽车行驶，行人也很少，上下班、上下学的人也都是行色匆匆。政府采取了两条措施，一是从南方出差回来的人，先自我"禁闭"一周或十天；二是车站、商店对每人强行测量体温，凡是超过 38 摄氏度者，都属于"危险人物"，需要"特别关照"。过了半年，风头过去了，据统计全中国因 SARS 死亡的也就 300 多人，不能算是特别严重的灾害。为什么对SARS如此恐惧？就是因为“没有认识”。此事件已过去15年了，若再发生SARS，就没有那么害怕了。日本每年发生数百次有感地震，每次地震来临时，没有见到慌张的场面，因为人们习以为常了。中国沿海地区每当热带气旋光临时，也是应对有序，对正常的生产生活造成的影响不太大。

三是灾害统计有数无量吗？

数和量是一体的，不可分开。但史书记载往往只有数，缺少量，如中国自古经常饱受天灾、旱灾、水灾、瘟疫袭扰。邓拓说过：“中国历史上水、旱、蝗、雹、风、疫、地震、霜、雪等灾害，自商汤十八年（前1766年）至纪元后年止，计3703年间，共达5258次，平均约每6个月强便有灾荒一次。”（邓拓：《中国救荒史》，北京出版社，1988年，38页。）陈达在《人口问题》中统计，自汉初到1936年的2142年间，水灾年份达1031年，旱灾年份达1060年。这些统计，继承了《史记》及其他正史《五行志》的传统。

这种方法简单、明确，但实用性不强。世上历来是“人以群分，物以类聚”，古代记录灾害也是有等级划分的，有“旱”，也有“大旱”；有“水”，也有“大水”；有“饥”，也有“大饥”；有“疫”，也有“大疫”；有“震”，也有“大震”。一个“大”字，已将灾害划分得清清楚楚。后人使用时，恰把这个“大”字忽略了，将“灾”“大灾”归于一类，作一起处理，只有“数”，没有“量”了。李约瑟作统计时，已注意到了这个“大”字。据其统计，在过去的2100多年间，中国共有1600多次大水灾和1300多次大旱灾。

不分高下强弱，没有顾及到灾害的千差万别。同样一场旱灾，可以推翻一个朝代，或后果仅是粮食减产；一次地震死亡万人，一次仅是地震而已，两者是无法等同处理的。按照实际效果前者一次，后者即使发生百次，综合的后果可能还不如前者。将这两个性质完全不同的灾害加在一次，计算发生次数，是没有意义的。

由此说明灾害统计并非有数无量，有数有量的才有用。正是量化了史料，中国科学家得到了三千年长的《中国地震目录》、五百年长的《中国近五百年旱涝分布图集》、上千年长的《中国历史大洪水调查资料汇编》《中国大洪水》等重量级专著，使得历史大灾、巨灾更好地得以展示。

四是历史上无时不灾吗？

中国历史上灾害之严重，常引用邓拓所言，即："我国自有文献记载以来的四千余年间，几乎无年不灾，也几乎无年不荒"（邓拓：《中国救荒史》，北京出版社，1988年，第7页），来说明。

既然中国自然环境连续四千年都这样的差，怎么理解历史上的盛世？汉朝的文景盛世（公元前179年—公元前141年）、汉武盛世（公元前141年—公元前87年），唐朝的贞观之治（627—649年）、唐玄宗的开元盛世（713—741年），北宋的仁宗盛治（1022—1063年），明初的三大盛世时期分别是：朱元璋时期的洪武之治（1368—1398年）、永乐帝时期的永乐盛世（1398—1424年）、明仁宗和明宣宗时期的仁宣之治（1424—1435年），此外还有清代的康乾盛世（1681—1796年）等。对于文景盛世，司马迁在《史记·平准书》中记载说："非遇水旱之灾，民则人给家足，都鄙廪庾皆满，而府库余货财。京师之钱累巨万，贯朽而不可校；太仓之粟，陈陈相因，充溢露积于外，至腐败不可食。"可见，文景时期政治清明、经济发展，人民生活安定，确实称得上是太平盛世，也可算为古代的"美丽中国"。

从微观上看，古代官吏做了好事，善良的百姓，为了永远记得他们，往往将官吏主持的工程以官吏姓氏相称。

唐会昌四年（844年），刺史韦庸治理水患，凿河道10里，筑堤堰引水造湖灌田。民称其湖为会昌湖，堤为韦公堤（据温州博物馆）。北宋天圣二年（1024年），范仲淹主持修建了从启东县吕四镇至阜宁市长达290公里的捍海堰，俗称范公堤。南宋淳祐元年（1241年），县令家坤翁于落马桥筑堤，人称"家公堤"（诸暨县地方志编纂委员会. 诸暨县志·大事记. 杭州：浙江人民出版社. 1993. 5）。清康熙初年（约1662年），永宁府同知往北胜州，李成才率众疏通程海南部河口，民间颂为"李公河"（云南省永胜县志编纂委员会. 永胜县志·大事记. 昆明：云南人民出版社. 1989. 11）。清康熙二十八年（1689年），北胜知州申奇猷捐银兴修程海闸（即今程海南岸河口街东部），民间颂曰“申公闸”（云南省永胜县志编纂委员会. 永胜县志·大事记. 昆明：云南人民出版社. 1989. 11）。清乾隆二十四年（1759 年），秦州知州费廷珍规划修成城南防河大堤，人称“费公堤”；光绪初年知州陶模重修，州人又名之为“陶公堤”（天水市地方志编纂委员会. 天水市志（上卷）·大事记. 北京：方志出版社，2004）。清嘉庆十年（1805 年），云南路南知州会礼倡修西河，疏通水道，城西北田地免除水患，后人感其惠，将西河改称“会公河”以示怀念（昆明市路南彝族自治县志编纂委员会. 路南彝族自治县志·大事记. 昆明：云南民族出版社. 1996. 14）。清咸丰五年（1855 年），云南路南知州冯祖绳倡修城东巴江河堤 300 丈（即东山河堤）防巴江水溢，后人称之为“冯公堤”（昆明市路南彝族自治县志编纂委员会. 路南彝族自治县志·大事记. 昆明：云南民族出版社. 1996. 14）。

在农业是“决定性的生产部门”的中国封建社会，仓储被视为“天下之大命”。粮食仓储关系国计民生，对治国安邦起到很大作用。由于粮食是一种特殊商品，保障人民生活，满足国民经济发展的需要，是重要的战略物资，历来受到政府的高度重视。通过广设仓窖储存粮食以“备岁不足”，提高了自然灾害防范与救助能力。我国自古就有重视仓储的传统。曾参所作《礼记》指出，“国无九年之蓄，曰不足；无六年之蓄，曰急；无三年之蓄，曰国非其国也。”史载，县官重视仓储，政声大起，皆称“清官”“善人”。宋康定元年（1040 年），包拯由扬州天长县调任为端州知州。任期三年，在县城建丰济仓（粮仓），开井利民，筑渠引水，功绩卓著（高要县地方志编纂委员会. 高要县志·大事记. 广州：广东人民出版社. 1996）。倪之字司城，清雍正七年（1729 年）贡生，调任赣州龙南知县，后补上杭知县。在任期间，建社仓，兴书院，济灾民，人称之“清官”。刘岩字春山，清乾隆间国子监生。他乐善好施，乾隆五十年（1785 年）大荒，他开仓出谷，救济饥民，人称“善人”（枞阳县地方志编纂委员会. 枞阳县志·十九人物·第二十六章 人物. 合肥：黄山书社. 1998）。中国人口众多，季风气候导致粮食减产，形成大灾、巨灾之际，皆中央政府“库储一空如洗”、省“库储万分竭蹶，又无闲款可筹”的同时，民间亦“仓谷亦无一粒之存”。此问题新中国成立后依然存在。1972 年 12 月 10 日，中共中央在转发国务院 11 月 24 日《关于粮食问题的报告》时，传达了毛泽东主席“深挖洞，广积粮，不称霸”的指示。

联合国救灾署规定，死亡 100 人以上的灾害为大灾。史料中死亡人数定量资料少，定性资料多，有的只写死亡“无算”。何为“无算”？死亡二三十人为有算，死亡四五十可辩清数十人，但死亡上百人，数不清了，记为“无算”。“无数”亦同理。案例：明嘉靖二十年（1541 年）夏六月夜，自东北降至东关草店，山水聚涌涨溢，民舍冲塌，溺死者不可胜计（嘉靖《归州志》卷四灾异）。这是定性资料。但也可找到同条定量资料：嘉靖二十年（1541 年）六月初十日，天宇明霁，至夜云气四塞，猛风拔木，雨雹如澍，须臾水集数丈，漂流民居一百余家，死者三百余人，一家无孑遗者有之（嘉靖《归州全志》卷上灾异）。这是“不可胜计”有几百人的佐证。

我经过 30 余年灾害史资料的收集整理，发现中国历史上灾害程度最为密集、灾情最严重的阶段，是自清光绪三年（1877 年），经过民国时期，到 1976 年止，刚好是一个世纪。称之为“世纪灾荒”时期。“世纪灾荒”期间，发生的大灾数量是近三千年的 40.4%，几乎是无年不灾，无年不荒，一阵接一阵，一波连一波，灾情密度之高，程度之频，巨灾之烈，死人之多，是中国历史上其他时间从没有发生过的，也是世界上极为罕见的时期。同样的严重程度，时间长度仅有邓拓先生统计的 1/40。

五是何为减灾？

现在称减灾，是减轻自然灾害危害的简称。其内容是灾前预防预测，灾时紧急救援，灾后恢复重建。这是近 42 年来的减灾内容。其实新中国的减灾史，要分前 28 年（1949—1976 年）和后 42 年（1977—2018 年），前 28 年的减灾史与后 42 年是不同的。

经过大数据统计，基于省（自治区、直辖市）单位在一年时间内死亡万人、十万人、百万人、千万人的等级进行划分，其中酷暑、寒冷造成死亡的一般在万人上下，风暴潮最多不超过十万人，地震、洪水最多不超过百万人，饥荒以及瘟疫最多不超过千万人。

这些灾种有两个特色：

第一，饥荒和瘟疫人文因素参与较多，更容易将其控制好。地震、洪水、台风、风暴潮、酷暑、寒冷自然因素参与较多，人为难以控制。

第二，从成灾角度看，造成这个结果是由灾种决定的。地震在 10^{-3} 日完成，地质灾害在 10^{-1} 日完成，风暴潮在 10^{-1} 日完成，洪涝在 10^{0} 日完成，严寒、酷暑在 10^{1} 日完成，瘟疫在 10^{2} 日完成，饥荒在 10^{3} 日完成，人们应对饥荒、瘟疫灾害，可以有充分时间进行干预。这就是要害所在。

新中国，人民政府和广大人民群众针对重大灾害采用了四大法宝：

法宝之一："一定要把淮河修好""一定要根治海河"。

法宝之二：以防为主，防抗救相结合。

法宝之三："不饿死一个人。"

法宝之四：早发现，早诊断，早隔离，早治疗。

经过了 28 年艰苦卓绝的奋斗，成千上万死亡的悲剧一去不复返了。1977 年以后，中国进入了少死人时期（2008 年为特例），为改革开放提供了最好的发展时机。

高建国

2018 年 12 月 14 日

凡 例

一、《中国灾害志·断代卷》包括《总论》暨《先秦卷》《秦汉魏晋南北朝卷》《隋唐五代卷》《宋元卷》《明代卷》《清代卷》《民国卷》以及《当代卷》8个分卷，系以中华人民共和国当代疆域范围为参考，按历史顺序，依志书体例，分阶段叙述先秦以降（截至2018年）中国历代灾害状况以及相应的救灾、防灾技术、制度与实践等方面的演变历程，从整体上全面、系统地呈现五千年中华文明史上，中华民族与自然灾害进行长期不懈之艰苦斗争的伟大业绩。

二、除《总论》之外，《中国灾害志·断代卷》各分卷主体内容按“概述”“大事记”“灾情”“救灾”“防灾”等编依次排列，另置与救灾、防灾有关的“人物”和“文献”或“书目”，作为附录。其中：

1. 概述。列于各编之前，用简练的语言，对各分卷所涉历史时期自然灾害的总体面貌、主要特点、时空分布规律，以及历朝重大救灾、防灾的技术、制度、活动及其沿革、变动进行总结性述评，突出时代特色及其历史地位。

2. 大事记。着重记述对国计民生有较大影响的重大灾害，比较重要的救灾防灾事件、制度、组织机构、工程、著述以及具有创新意义的技术、理念等，一事一条，按时间排列，所叙内容和各编章内容交叉而不重复，要言不烦。同一事件跨年度发生，按同一条记入始发年。同一年代的不同事件，分别列条，条前加“△”符号。

3. 灾情编。主要记录历代发生的旱灾、水灾、蝗灾、疫灾、震灾、风灾、雹灾、雪灾等各类自然灾害，以及非人为原因导致的火灾，不涉及兵灾、“匪祸”和生产事故等，但出于人为因素却以自然灾害的形式造成危害的事件，如1938年黄河花园口决堤，则一并列入。各灾种依所在朝代，按时间顺序记述，主要涉及时间、地点、范围、程度、伤亡人数、经济损失、社会影响等。

4. 救灾编。分官赈、民赈二章（部分断代卷分卷因内容较多，将二者分立为编）。官赈主要记述包括中央政权、地方政权在内的官方救灾的程序、法规、制度、章程、组织、机构以及重要事例，突出各时代的特点、典型事例。民赈记述官方之外的，以士绅、宗族、宗教或其他民间力量为主体的救灾活动；国际性救灾，无论是对其他政权灾害的救援，还是接受其他政权援助，可根据实际情况记入官赈或民赈。

5. 防灾编。主要包括与防灾救灾直接相关的仓储、农事、水利以及区域规划或城市建设等内容，重点记述各防灾机构、制度、措施、技术、工程及其效用等，勾勒各时期的变化与发展。尤其是民国、中华人民共和国各卷，因时制宜，突出科技、教育的发展对防灾救灾所起的作用。

6. 人物。作为附录之一，选择历代对救灾、防灾和灾害研究有重要作用的代表性人物，除姓名（别名、字、号）、生卒时间、籍贯以及主要经历之外，重点介绍其与防灾救灾有关的事迹、思想、工程、技术及其影响。属少数民族者，注明民族；外国人则注明国籍、外文姓名，如李提摩太（Timothy Richard，英，1845—1919）。

7. 文献或书目。作为附录之二，着重介绍历代比较重要的有关灾情、救灾、防灾的代表性文献（如荒政书），以及对当时及后世有重大影响的救灾法规、章程等，概括其内容，说明其影响，按时间顺序排列。

三、作为一部全面、系统、完整、准确地反映中国历史时期自然灾害总体灾情及防灾救灾的综合性志书，《中国灾害志·断代卷》的撰写始终以尽可能广泛地占有现有史料作为基础工作，其文献采集范围，既包括《二十五史》《资治通鉴》等正史，也包括历代编纂的荒政书、水利文献以及相关的官书、文集等，同时注重发掘和使用自古迄今极为丰富的地方志资料，尤其是中华人民共和国成立以来各地新编的省志、市志、县志和水利志，并重视搜集笔记、书信、碑刻、墓志、通讯报道、口述资料、遗址遗物资料等民间资料。除文字材料之外，也注意搜集具有珍贵历史价值的图片资料，包括地图、示意图、照片，以及记述灾害和救灾的图画等。为保证历史记载的准确性，对所选资料努力核实考证，去伪存真，去粗取精，特别是涉及重大史实、重要数据、重要人物，均已认真鉴别，力求避免失误。凡有争议的文献，根据各类文献本身及国内外学术界的现有研究，采用具共识性的内容，并做注说明不同意见。所有采用的文献，在撰写阶段一律按规范注明出处；出版时则根据志书体例要求，作为参考文献，置于各分卷卷末。

四、《中国灾害志·断代卷》的行文，总体上按照《〈中国灾害志〉行文规范》（中国灾害志编纂委员会2012年5月）执行。

1. 使用规范的现代语体文，以第三人称角度记述。除少量特别重要的内容须引用原文外，一般把文言文译为白话文，并在不损害文献原意的基础上，用朴实、严谨、简洁、流畅的语言予以概述。同时改变原资料不符合志体的文字特点，注意与议论文、教科书、总结报告、文学作品、新闻报道等文体相区别。有关专门术语作出解释说明。对于文言文中的通假字，因摘自史书，直接引用时保留原貌，否则改之。

2. 时间记述。本志各断代卷在记述相关内容时，其先秦至清代各卷，先写历史纪年或王朝纪年，后加括号标注公元纪年，如康熙十八年（1679年）。所载事项涉及同一时期不同政权的不同历史纪年时，以事项所在地的历史纪年为主。各年事项所涉月日等具体时间，则以历史资料为准，一律不做更改。农历记述年月用汉字，如洪武二年三月，公历记述年月用数字，如1930年8月。《民国卷》《当代卷》一律用公历纪年、纪月、纪日。

3. 地点记述。各卷古地名，首次出现时，须括注今地名，如“晋阳（今山西太原）”。现代地名中，省字省略，县名为二字时省略县字，县字为一字时保留县字。如“山西平遥”“河北磁县”。

4. 表格使用。表随文出，内容准确，不与正文简单重复或自相矛盾。表格分为统计表、一览表，前者含有数据、运算，后者为文字表。其要素为：标题，表序号，表芯。标题包括时间、内容及性质，如："清代水灾伤亡人数统计表"。表序号分为两部分：如表2－7，第一个数据为编的序号，第二个数据为本编的表大排行的序号。表序号位于表格左上肩。一律不写为"附表"。表芯为三线表（顶线、分栏线、底线），为开敞式。统计表的数据均注明单位，使用文献记载所用原单位，如"亩""市斤"等单位。

目　录

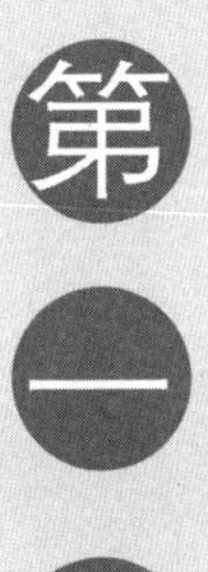

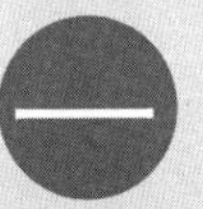

第一编

概 述

第一章　秦汉时期的灾情

秦汉时期自然灾害记录主要见于《史记》《汉书》《后汉书》及《三国志》；出土文献中的简牍等资料虽然记录较少，但是在西北地区，简牍材料修补正史记载之不足，显得尤为重要。揆之传世资料，可发现秦代自然灾害非常少，《史记》《汉书》中仅三条记录。西汉灾害频次增加，东汉更甚。以水、旱、地质灾害、虫、疫、风、雹、寒、火诸灾分类来看，呈现以下特点。

一、水灾

秦汉时期的水灾发生较多，高达146次。但秦代记录极少，分别发生在二世元年（前209年）和二年。其中，二世元年七月大雨，从而在客观上引发了陈胜、吴广的揭竿而起。

到汉代，不仅水灾次数明显增多，规模也十分巨大，在空间分布上有两大特点：一是黄河在中下游地区经常泛滥。两汉时期黄河共泛滥18次，西汉时期有13次，东汉时期有5次。其中明确发生在下游的有11次，全部在西汉时期。二是渤海湾地区出现多次海溢。

二、旱灾

据统计，两汉共有126次旱灾记录，西汉共有47次旱灾记录，平均约5年发生1次旱灾，旱灾发生率大约20.4%；东汉共有79次旱灾记录，平均约2.5年发生1次旱灾，旱灾发生率大约40.3%。

西汉时期，旱情以夏旱为主，春旱和秋旱次数相差无几，东汉时期仍以夏旱为主，但春旱稍多于秋旱。冬旱在两汉发生不多。虽然东汉时旱灾偏多，但多为小灾；西汉虽然旱灾次数少，但大灾偏多，影响更大。

三、地质灾害

有研究指出，两汉共有地震记录113次，其中西汉39次，东汉74次。山崩即山体滑坡22次，其中西汉8次，东汉14次。地裂灾害13次，全部发生在东汉。东汉地震在洛阳地区暴发频率高，据统计有34次之多，约6年就有一次记载。这与洛阳是京师重地，无论大小地震都会被记载下来有关。

汉代重大灾难性地震发生较多。公元前70年，今山东诸城、昌乐一带暴发7级地震，城郭毁坏，山崩出水，造成6000多人死亡。公元46年，在河南南阳发生6.5级地震，毁坏城垣、房屋，压死众多官民。《中国地震目录》收入汉代强震有12次之多。这些强震分布在今甘肃省7次，陕西省1次，河南省1次，山东省1次，湖北省1次，四川省1次，都分布在各省地震带上。甘肃省7次强震有6次集中在今甘肃南部的天水市、定西市、陇南市一带。

四、虫灾

据统计，两汉共发生蝗（螟）灾75次，其中西汉21次，东汉54次。西汉平均11年发生一次蝗灾，东汉平均约3.6年发生一次蝗灾。从史料记载来看，汉代蝗灾集中发生在北方。西汉史料反映的蝗灾地点不多，但东汉有27次蝗灾记载了暴发地点。从这些地点来看，京师洛阳最多，达12次之多。其他蝗灾多发生在今山东、河南、陕西、河北、山西一带，最西曾达到敦煌地区。在匈奴统治地区也有5次蝗灾记载，给匈奴造成了巨大损失。东汉的蝗灾与水旱灾害都有很紧密的联系。

五、疫灾

汉代疫灾据统计有49次，主要有三类情况，一是南方和东部等气候温暖湿润地区，二是人口众多的京师洛阳，三是行军途中。

东汉时，南方多次发生大规模的疫病，仅没有说明诱因的就有5次，主要发生在长江中下游的荆州、九江、庐江、会稽诸郡。东汉洛阳共有5次疫病发生，这显然与京师人口众多，疫病容易流行有关。汉代受疫病影响最大的是军队。汉代疫灾与自然灾害的关系紧密，除行军中的疫病，汉代疫病伴随有自然灾害发生的至少有16次，其中西汉9次，东汉7次。水、旱、饥荒与疫灾的关系最为紧密。

六、风灾

有学者认为高达41次。汉代风灾多发生在东南地区。如当时的淮南国、楚国、沛郡、勃海郡等。东汉除沿海地区外，京师洛阳周围也受风灾影响。从文献记载来看，两汉时期曾多次暴发沙尘暴。如汉高帝二年（前205年）四月，项羽率精兵三万人与刘邦大战于彭城灵壁东睢水上。楚军大破汉军，将刘邦层层包围。刘邦本无法逃脱，但大风从西北方刮起，折断树木，毁坏房屋，飞沙走石，白天变成晚上，大风刮向楚军，楚军大乱，四下逃散。战局发生转变，刘邦与手下数十骑得以逃亡。沙尘暴在长安与洛阳都曾发生过。

七、雹灾

一些研究认为有40次，其中，西汉12次，东汉28次。汉代雹灾多发生在夏季，冬季十二月时暴发概率也较大。正因为雹灾多暴发在庄稼生长旺盛的夏季，所以对农业生产影响非常大。史籍多次记载雹灾损害庄稼，使粮食减产，进而使人民食物短缺，发生饥荒的情形。

从空间范围来看，雹灾暴发过的区域很广。北至乐浪、上谷，南到河南，东至山阳，西到长安，都曾遭受过雹灾的危害。

八、寒灾

如果将史料记载的雨雪、陨霜、寒等都归入寒灾，据统计，汉代共暴发寒灾40次，其中西汉26次，东汉14次。

西汉除十一、十二、一月3个寒冷月份易发寒灾外，春夏之际的三、四月份是暴发高峰期，占有月份记载的54.2%。从寒灾影响范围来看，以北方为主。当时匈奴所在的蒙古高原曾多次遭受大雪，牲畜饥寒而死。长安所在的三辅地区也是寒灾的多发地区。

九、火灾

据统计，汉代共发生火灾85次，其中，西汉33次，东汉52次（本书第三编第七章为60次文献记录，非火灾次数）。汉代火灾有两个方面值得注意：一是宫殿、陵庙暴发火灾最多。皇帝宫殿、帝王陵庙及位于皇宫内的官署起火的记载至少有60次。西汉火灾多发于帝王陵庙，共15次，皇帝宫殿（包括内部官署）仅11次火灾。东汉时帝王宫殿火灾较多，共22次，而陵庙只有12次火灾。二是闹市起火损失惨重。闹市中房屋众多，人群涌动，火患一起，不仅房屋燔毁，民众也难逃离火场。

救灾措施和制度在秦王朝时期就已经形成，基本为后来历朝历代的救灾奠定了基础。至于禳灾方面，汉代通过皇帝下罪己诏、祈祷、厌胜、改元、免宰相（三公）、选举贤良、大赦、录囚等措施和制度来削减灾害。

祛灾方面，可以分为灾前预防、灾中救援与灾后重建三个阶段。政府通过发展天文学、建立仓储设施和修建水利工程等预防灾害。当大的自然灾害来临时，政府也会对水、旱、蝗、疫等灾害做一些简单控制，具体方式如抢救灾民、堵塞决口、治水、捕蝗、祛疫、救火，降低灾民的心理恐慌，削减灾害。灾害发生后，政府还会通过缩减开支、开放国有土地、借贷与蠲免、安置流民、工赈、鼓励民间救济等方式安排灾后重建工作。

汉代祛灾有以下三个特点：

其一，灾后重建需要的成本较高。在政府财政紧张的环境下，政府救灾成本太高容易造成财政危机。武帝时期的几次大规模水灾救济就对财政造成很大影响，进而影响了政府的财政政策。

其二，祛灾措施实行的规模虽大，但不可能面面俱到，政府救灾力度不足，灾民只能得到短期救济，难渡难关。汉代政府为救济灾民渡过难关，提供了多种援助，如贷种食、蠲免赋税等。但多数情况下，政府提供的救援物资仅够灾民短时间活命而已，并且不可能让所有灾民都享受到救援。

其三，祛灾制度缺乏稳定性和持续性。汉代的大小自然灾害非常多，但许多大灾之后并未见有祛灾的记载，这一方面说明汉代政府对祛灾工作尚未足够重视，另一方面也可看出，汉代的祛灾制度还处于初级阶段，缺乏稳定性和持续性。

第二章　魏晋南北朝时期的灾情

魏晋南北朝时期自然灾害记录主要见于《后汉书》《三国志》《晋书》《宋书》《齐书》《梁书》《陈书》《南史》《北史》。出土文献中的简牍等资料可修补正史记载之不足，也十分重要。揆之传世资料，可发现魏晋南北朝时期以水、旱、地质灾害、虫、疫、风、雹、寒、火诸灾分类来看，呈现以下特点。

一、水灾

魏晋南北朝时期自公元220年曹丕称帝始，至公元589年隋朝统一南北，历经370年，其间战乱频仍，自然灾害也不断发生。邓拓认为共有133年次发生水患，陈高佣等后来统计为156次，王亚利统计为181次，王弢统计为192次，而张美莉等统计魏晋时期为102次，南北朝时期为139次，合计241次。

从发生月份来看，魏晋时期的水灾主要发生在五月、六月、七月3个月份，其次是八月、九月。从发生季节来看，夏季和秋季是多发季节，两个季节发生的水患占全部水灾的74.5%。这一时期的水患主要有霖雨成灾型、山洪暴发型和风暴潮灾型三种形式。江河决堤型灾害虽然也有发生，但较之秦汉时期却少很多。特别是这一时期黄河暴发水患较少。据统计，黄河在此期间共有9次水患，无论是水患次数还是规模都比秦汉时期少很多，河床比较稳定。

魏晋南北朝时期黄河水患表

次数	时间	公元	内容	出处
1	魏明帝太和四年	230	九月，大雨，伊、洛、河、汉水溢，诏真等班师。	《三国志·魏书·明帝纪》
2	晋武帝泰始七年	271	六月，诏公卿以下举将帅各一人。辛丑，大司马义阳王望薨。大雨霖，伊、洛、河溢，流居人四千余家，杀三百余人，有诏振贷给棺。	《晋书·武帝纪》
3	晋武帝时期		自魏黄初大水之后，河济泛溢，邓艾尝著《济河论》，开石门而通之，至是复浸坏。	《晋书·傅玄传附弟祗传》
4	晋末		济州治所碻磝城为河水所毁。	《元和郡县图志》
5	前赵麟嘉二年	317	河汾大溢，漂没千余家。	《晋书·刘聪载记》
6	苻健皇始四年	354	会大雨霖，河渭溢，蒲津监寇登得一屐于河，长七尺三寸，人迹称之，指长尺余，文深一寸。	《晋书·苻健载记》
7	北魏献文帝皇兴二年	468	后岁夏，旱，河决，州镇二十七皆饥，寻又天下大疫。	《魏书·天象志三》
8	北魏		碻磝城西南隅为河水冲毁。	《水经注·河水五》
9	东魏孝静帝武定元年或稍后	543	时济河溢，桥坏，斐修治之。又移津于白马，中河起石潬，两岸造关城，累年乃就。	《北齐书·阳斐传》《北史·东魏孝静帝纪》

二、旱灾

邓拓统计这一时期旱灾有137年次，陈高佣等统计有140次，王亚利统计有163次，王玃统计旱灾有176次，而张美莉等统计魏晋时期为112次，南北朝时期为125次，合计237次。

从魏晋时期的旱灾发生季节来看，春季有17次，夏季有44次，秋季有22次，冬季有21次，季节不详有8次。可以看出，除夏季是旱灾高发季节外，其他季节旱灾发生率也很高。有研究认为，魏晋南北朝所在的公元300—580年是我国最严重的干旱少雨期之一，从气候来讲，这段时间正由湿润转向干燥。竺可桢研究认为公元300—400年，灾害之数骤增，雨灾之数骤减。考察这一时期的旱灾次数，可以发现，3世纪晚期至4世纪初期还出现了一个旱灾频发期，具体表现在自西晋武帝泰始七年（271年）开始，几乎每年都会暴发旱灾，而且灾情也越来越严重。旱灾在军事上有利于游牧民族骑兵的作战，严重冲击了西晋王朝的统治。晋怀帝永嘉三年（309年），刘渊利用天下大旱、河湖干涸之际，轻易突破黄河天险，进犯洛阳，成为威胁西晋中央政府的一支强大力量。

到南北朝时期，北方旱灾比南方严重。据统计，北方春季旱灾有28次，夏季47次，秋季18次，冬季5次，而南方春季仅有6次，夏季8次，秋季6次，冬季无记载。这说明南北朝时期年内气候湿润状况较魏晋时期有所变化。在南北朝时期，北方旱灾暴发的范围也很大，涉及今天的河南、陕西、山西、河北、山东、内蒙古、宁夏、甘肃等8省区，共计91次；南方仅有江苏、湖北、安徽、浙江4省有明确的旱灾记载，共计39次。

三、地震

邓拓统计三国两晋时期有震灾53年次，南北朝时期40年次。王亚利统计有197次。王玃统计有173次。而张美莉等统计魏晋时期发生震灾98次，灾年66个。具体来看，三国时期45年内，震灾有11次，有9个灾年，平均每4.1年一次。西晋时期52年内，震灾39次，有24个灾年，平均每1.4年一次。东晋时期104年内，震灾48次，有33个灾年，平均每2.2年一次。从年内季节分析，震灾发生在夏季最多，占30.6%；春季次之，占27.6%；冬季再次之，占21.4%；秋季最少，占15.3%；另有5.1%季节不详。这一时期的震灾虽然在夏季稍多，但春、冬季节的震灾也很频繁。从月份来看，正月、四月、六月、十二月发生的地震较多，十二月共有12次震灾，正月、四月、六月也各有11次发生。从区域来看，今河南、山西、陕西、甘肃、山东、辽宁6省震灾相对较多，湖北、湖南、江西、江苏等地震灾也比较频繁。

南北朝时期自公元420年到589年，共有震灾102次，灾年58个。从公元457年至549年的93年间，共有震灾85次，是地震现象最多、震灾最严重的时期。地震记载较多，有明确记载的灾害性地震却只有9次。可以看出，南北朝时期是地震现象多的时期，但并不是震灾严重的时期。这一时期的震灾有29次发生在今南京地区，即南朝的都城建康，另有71次震灾发生在今徐州以北地区，说明当时北方的震灾远多于南方。北方震灾分布范围也较为广阔，今山西、陕西、甘肃、河北、河南、山东、辽宁等省都有震灾发生。

四、虫灾

邓拓统计三国两晋时期有蝗灾14年次，南北朝时期17年次。王亚利统计有69次。王弢统计有61次。而张美莉等统计魏晋时期为28次，南北朝时期为37次，合计65次。

魏晋时期28次蝗灾分布在22个年份，平均7.1年发生一次蝗灾。三国时期2次；西晋时期13次；东晋时期13次。因立国时间短，西晋时期的发生频率最高。魏晋时期的蝗灾发生季节，夏季占32%，秋季占36%，冬季占11%，季节不详占21%。这说明蝗灾常常发生在夏秋之季，尤以秋季为多。这一时期北方地区的蝗灾还有连续性特点。公元316—319年，北方地区甚至全国大范围的蝗灾连续暴发，影响巨大。

南北朝时期有灾年27个，最严重的时期是公元481—484年、公元500—516年、公元557—563年。公元481—484年每年都有虫灾发生，主要暴发在今山东、河北境内。公元500—516年有虫灾14次，虫灾种类有蝗虫、螟、蚜蚄、蚕蛾、步屈虫等。公元557—563年几乎每年都有虫灾，严重时波及华北平原与黄淮地区。天保八年（557年）夏秋时，河北6州、河南12州与畿内8郡蝗灾严重，“飞至京师，蔽日，声如风雨”。从空间分布来看，这一时期的虫灾主要还是集中在黄河中下游地区的山东、河北、河南、山西，其他地区以今甘肃与江苏两地较严重。

五、疫灾

龚胜生统计自公元220年至581年间，有76年发生过疫灾，平均每4.76年发生一次。频率高于先秦和秦汉时期，可说是我国历史上第一个疫灾高峰期。

三国魏时期（220—264年）疫灾年份7个，频率为15.6%。西晋时期（265—316年）疫灾年份18个，频率为34.6%。东晋时期（317—419年）疫灾年份20个，频率为19.4%。刘宋时期（420—478年）疫灾年份14个，频率为23.7%。萧齐时期（479—502年）疫灾年份3个，频率为12.5%。萧梁时期（502—556年）疫灾年份9个，频率为16.4%。南陈时期（557—589年）疫灾年份5个，频率为15.2%，其中西晋时期疫灾发生频率最高。

从季节来看，春季有17次，夏季30次，秋季11次，冬季15次，季节不详者9次。这说明夏季是这一时期瘟疫流行的最主要季节，其次是春、冬季，秋季最少。

从空间范围来看，如果以今天省份为地域单位，统计这一时期的疫灾次数见下表。

魏晋南北朝时期各省区疫灾次数表

省区	青	甘	陕	晋	豫	鲁	冀	苏	皖	赣	鄂	湘	川	云	浙	台	琼	小计
三国魏时期（220—264 年）					3				1		1					1	1	7
西晋时期（265—316 年）		2	8		9			3			2		1	1				26
东晋时期（317—419 年）		1	1	3	3	3	2	12		1			2		2			30
南北朝时期（420—589 年）	1		1	4	6	2	1	15	3		1	2	1		2			39
合计（220—589 年）	1	3	10	7	21	5	3	30	4	1	4	2	4	1	4	1	1	102

从上表中反映出，疫灾范围随着时间推移有逐步扩大的趋势，三国时期仅有 5 个省发生疫灾，西晋时期扩大到 7 个省，东晋时期又增至 10 个省，南北朝时期为 12 个省。有 17 个省遭受到疫灾，这些地区涵盖了魏晋南北朝时期的大部分疆土。

疫灾重心有由北向南迁移的趋势。三国西晋时期疫灾重心在今陕西、河南，东晋以后重心转移到了江苏。三国西晋时期，疫灾累及的范围为 33 省次，其中北方 22 省次，南方仅 11 省次。但东晋十六国时期，疫灾累及的范围为 30 省次，其中北方 13 省次，南方 17 省次，南方开始多于北方。至南北朝时期，疫灾累及的范围为 39 省次，其中南方 24 省次，北方 15 省次，南方远超北方，而江苏此时疫灾最多，达 15 次。

总体来看，魏晋南北朝时期的疫灾主要分布在人口相对密集、经济相对发达、战争相对较多的黄河中下游地区、长江中下游地区及其之间的淮河流域，边远地区的疫灾基本都与战乱有关，都城地区是疫灾的高发地区。

六、风灾

邓拓统计三国两晋时期有风灾 54 年次，南北朝时期 33 年次。王亚利统计有176次。王彧统计有74次。而张美莉等统计魏晋时期为72次，南北朝时期为78次，合计150次。

魏晋时期，风灾集中在三个时段，公元248—262年，有7次；公元275—310年，有22次；公元402—414年，有12次。从季节上看，主要发生在冬季和春季。冬季占总次数的30.6%，春季占26.3%，夏季占22.2%，秋季占19.4%，另有1.4%季节不详。从月份来看，十月风灾次数最多，达到9次，其次是十一月，有8次。从空间分布来看，这一时期的风灾主要发生在今江苏省，高达35次之多，其次是河南省，有18次，其他各省风灾不是次数低至4次以内，就是没有记载。

南北朝时期的78次风灾，公元424—466年，有15次，其中5次属于大风灾，属于风灾的低发期。公元474—531年，有49次，而大风灾竟有28次，破坏性强，多次毁屋伤人，属于风灾的高发期。公元549—588年，有14次，大风灾有8次，虽然破坏也很严重，但尚不频繁。这一时期的风灾主要集中在三月至七月的晚春、夏季和早秋时期，如果从季节来看，夏季最多，春季次之，秋季又次之，冬季最少。这与魏晋时期有了变化。从空间上看，南北朝时期的风灾主要集中在京师地区，南朝的34次风灾有29次发生在建康（今南京），北朝的风灾范围相对分散，但做过京师的平城、洛阳、邺城及长安，也有风灾29次，超过北朝总次数的一半，其他地区如今山东、河北、河南、内蒙古、山西等地，也受到风灾的侵害。

魏晋南北朝时期风灾不仅比秦汉时期多，沙尘暴的影响也逐渐严重。魏晋时期约有15次沙尘暴，冬春季节合约12次，暴发区域有今洛阳、南京地区等；而南北朝时期的沙尘暴以西部地区记载较多。

七、雹灾

邓拓统计三国两晋时期有雹灾25年次，南北朝时期有18年次。王亚利统计有81次。王彧统计有67次。而张美莉等统计魏晋时期为49次，南北朝时期为26次，合计75次。

魏晋时期的雹灾有明显的季节性，以夏季最多，有29次之多，秋季次之，有10次；春季也有8次，而冬季最少，仅有2次。郭黎安统计六朝时期建康（今南京）的雹灾，认为雹灾主要集中在三、四、五月，以四月最多。除建康（今南京）雹灾次数较多外，其他地区也广受雹灾影响。今河南、河北、山东、山西等地都曾受到严重破坏。晋武帝咸宁五年（279年），五月丁亥，钜鹿、魏郡雨雹；辛卯，雁门雨雹；六月庚午，汲郡、广平、陈留、荥阳雨雹；丙辰，又雨雹；癸亥，安定雨雹；七月丙申，魏郡又雨雹；闰月壬子，新兴又雨雹；八月庚子，河南、河东、弘农又雨雹。这一年在数月之内，今华北与西部地区都受到雹灾的侵害。

南北朝时期雹灾总次数较少，但相对集中在公元469—530年，有19次，尤其是公元474—530年，暴发了17次。公元476年和503年，各发生过3次大雹灾，是非常严重的灾年。从季节来看，四、五、六这3个月是雹灾的高发月份，共有16次之多，占总次数的61.5%。从空间分布来看，南方的雹灾集中在今江苏地区，特别是南京，而北方的雹灾发生区域较为广阔，今山东、山西、甘肃、河北、河南、陕西都有发生，但并不频繁。

八、寒灾

邓拓统计三国两晋时期霜雪之灾有2年次，南北朝时期有20年次。张美莉等统计魏晋时期冻灾为23次，南北朝时期为54次，合计77次，但因为没有将雪灾统计在内，故次数仍然偏少。

魏晋时期37次冻灾，有灾年31个。其中，三国时期有8次，7次都发生在吴国。西晋自281年开始，有18次冻灾，灾年13个，平均0.49次/年，是冻灾频繁发生的时期。东晋时期有11次冻灾，灾年10个。从季节来看，魏晋时期的冻灾主要发生在春、秋两季，春季有14次，秋季有9次，合计约占总次数的62.2%。从月份来看，三月有冻灾8次，是最高发的月份，二月、四月及十二月也是相对高发的月份。从空间来看，今江苏、山东、河南地区是冻灾的重灾区，其他如陕西、甘肃、四川等地也曾受到冻灾的影响。

南北朝时期有 74 次冻灾，46 个灾年，平均 0. 456 次/年。如果以 10 年为时间段，则公元 500—509 年是冻灾最严重的时期，达到 27 次，特别是公元 505—508 年的 4 年间，更是集中暴发了 20 次。而公元 460—469 年有 5 次，公元 480—489 年有 6 次，也是相对较多的。从季节上来看，春、夏两季冻灾最严重，秋季次之，冬季次数最少。以月份来看，三月、四月最容易暴发冻灾。南北朝时期的冻灾波及今河北、山西、山东、江苏、河南、陕西、甘肃、湖北等省，主要是黄河中下游地区、长江中下游地区及淮河中下游地区。

大事记

第一章　秦汉时期

秦

秦二世元年（前209年）

△七月，遣发闾左適戍渔阳（今北京密云西南），900人屯留在大泽乡（今安徽宿州大泽乡镇）。陈胜、吴广时为屯长。遇天大雨，道路不通，估计已经过了期限。陈胜、吴广揭竿而起，引发秦末农民大起义。

秦二世二年（前208年）

△大霖雨……自七月至九月连续下雨。

西汉

高帝二年（前205年）

△四月，楚汉在彭城（今江苏徐州）大战，大风从西北方刮起，折断树木，毁坏房屋，飞沙走石，白天变成晚上，大风刮向楚军，楚军大乱，四下逃散。刘邦与数十骑逃走。

高帝七年（前200年）

△十月，匈奴攻韩王信的马邑，韩王信因此在太原谋反。白土曼丘臣、王黄立故赵将赵利为王造反，高祖亲自率兵还击。遇上天寒，士卒手指冻断的有十分二三，于是到达平城（今山西大同）。匈奴包围住平城，7天后才解围离开。

惠帝二年（前193年）

△正月，陇西（今甘肃临洮）地震，覆压400余家。

△夏旱。

△秋七月，都城马厩火灾。

惠帝四年（前 191 年）

△三月，长乐宫鸿台火灾。

△秋七月乙亥，未央宫凌室火灾；丙子，织室火灾。

惠帝五年（前 190 年）

△夏，大旱，江河水少，溪谷断绝。

高后元年（前 187 年）

△夏五月丙申，赵王宫丛台火灾。

高后二年（前 186 年）

△春正月乙卯，地震，羌道（今甘肃舟曲）、武都道（今甘肃西和）山崩。

△正月，武都山崩，死 760 人，地震至八月才停止。

高后三年（前 185 年）

△夏，江水、汉水溢，冲毁居民 4000 余家。

△夏，汉中（今陕西安康）、南郡（今湖北荆州）大水，水出冲毁居民 4000 余家。

高后四年（前 184 年）

△秋，河南大水，伊水、雒水冲毁居民 1600 余家，汝水冲毁居民 800 余家。

高后七年（前 181 年）

△赵佗自立尊号为南粤武帝，发兵攻打长沙（今湖南长沙）边境。高后遣将军隆虑侯竈反击，遇上暑湿天气，士卒发生大疫，兵士不能越过南岭。

高后八年（前 180 年）

△夏，江水、汉水溢，冲毁居民万余家。

△夏，汉中、南郡又发生大水，冲毁居民 6000 余家。南阳（今河南南阳）沔水冲毁居民万余家。

文帝元年（前 179 年）

△四月，齐、楚两国发生地震，29 山同日崩，山洪暴发。

文帝二年（前 178 年）

△六月，淮南国都寿春（今安徽寿县）大风毁民室，死人。

文帝三年（前 177 年）

△秋，天下旱。

文帝四年（前 176 年）

△六月，大雪。

文帝五年（前 175 年）

△春二月，地震。

△吴国发生暴风雨，毁坏城内官府民室。

△十月，楚国都彭城大风从东南来，毁坏市门，杀人。

文帝九年（前 171 年）

△春，大旱。

文帝十一年（前 169 年）

△十一月，文帝幸代。地震。

文帝十二年（前 168 年）

△河决酸枣，向东溃金堤，于是东郡（今河南濮阳西南）发卒堵塞。

△冬十二月，河决东郡。

文帝后元二年（前 162 年）

△地震。

文帝后元三年（前 161 年）

△秋，大雨，昼夜不绝 35 日。蓝田（今陕西蓝田）山水出，冲毁居民 900 余家。汉水出，毁坏民室 8000 余所，死 300 余人。

文帝后元六年（前 158 年）

△夏四月，大旱，蝗。文帝令诸侯不用入贡，开放山林沼泽，减少服御，减少郎官吏员，开放仓库赈济灾民，允许百姓买爵。

△春，天下大旱。

△秋，发生螟灾。

景帝二年（前 155 年）

△秋，衡山郡（今湖北黄冈）下雹，大者 5 寸，深者 2 尺。

景帝三年（前 154 年）

△春正月，淮阳王宫正殿火灾。

景帝五年（前 152 年）

△五月，江都（今江苏扬州）大暴风从西方来，毁坏城 12 丈。

景帝中元元年（前 149 年）

△地动。衡山、原都下雹，大者尺 8 寸。

景帝中元三年（前 147 年）

△四月，地震。

△夏，旱，禁酤酒。

△秋九月，蝗。

景帝中元四年（前 146 年）

△夏，蝗。

景帝中元五年（前 145 年）

△秋八月己酉，未央宫东阙火灾。

△六月，全国范围内下大雨。

△秋，地震。

景帝中元六年（前 144 年）

△三月，下雹。

△三月，下雪。

景帝后元元年（前 143 年）

△五月丙戌，地震，其早食时又动。上庸（今湖北竹山西南）地动 22 日，毁坏城垣。

△五月……丙戌，大地震，铃铃然，民众大疫，死，棺材贵，至秋才停止。

景帝后元二年（前 142 年）

△正月，一日内 3 次地震。

△十月，出租长陵的田。大旱。衡山国（今湖北黄冈）、河东、云中郡（今内蒙古托克托东北）民众发生瘟疫。

武帝建元三年（前 138 年）

△春，河水在平原郡（今山东平原西南）泛滥，大饥荒，人相食。

武帝建元四年（前 137 年）

△夏，有风赤如血。六月，旱。

△十月地震，之后陈皇后废。

武帝建元五年（前136年）

△五月，大蝗。

武帝建元六年（前135年）

△春二月乙未，辽东高庙火灾。

△夏四月壬子，高园便殿火灾。武帝素服5日。

△六月丁酉，辽东高庙火灾。

△河内郡（今河南武陟西南）失火，延烧千余家，武帝派遣汲黯去检查情况。回来汇报说："家人失火，邻近的房屋延续烧毁，不用忧虑。我过河南郡，河南贫人因水旱伤害有万余家，有的父子相食，我便宜行事，持节发放河南仓粟赈济贫民。我请归还符节，受矫制之罪。"武帝以他贤达而释放，迁为荥阳令。

武帝元光元年（前134年）

△七月，京师下雹。

武帝元光三年（前132年）

△春，黄河改道，从顿丘县（今河南浚县北）东南流入勃海郡（今河北沧州东南）。

△五月丙子，黄河在瓠子河决口。

△黄河在濮阳（今河南濮阳西南）决口，泛郡十六。征发10万士卒堵塞河决。建龙渊宫。

△武帝元光中，黄河在瓠子决口，东南注钜野，沟通淮水、泗水。武帝派遣汲黯、郑当时领服徭役的人堵塞，不久复坏。当时，武安侯田蚡为丞相，封邑在鄃县（今山东平原西南50里）。鄃县在黄河北边，黄河决而南则鄃县无水灾，封邑收入多。田蚡对武帝说："江河决口是天意，不能轻易地用人力来强制堵塞，堵塞上不一定能合乎天意。"望气用数者也这样认为，因此长久不再堵塞。

武帝元光四年（前131年）

△夏四月，陨霜杀草。

△五月，地震。

△十二月丁亥，地震。

武帝元光五年（前 130 年）

△秋七月，大风拔树木。

△秋，发生螟灾。

武帝元光六年（前 129 年）

△夏，大旱，蝗。

武帝元朔五年（前 124 年）

△春，大旱。

武帝元狩元年（前 122 年）

△十二月，大雨雪，民冻死。

武帝元狩三年（前 120 年）

△夏，大旱。

△山东地区遭受水灾，百姓多饥饿困乏，武帝派遣使者打开郡国仓库赈济贫民。还不足，又招募富人进行借贷。仍不能相救，于是迁移贫民到关西地区，并充实朔方以南的新秦中，有 70 余万口，衣食都依赖政府提供。几年中，借给他们产业，使者分部保护，冠盖相望。费用以亿计，不可胜数。于是朝廷财政空虚。

武帝元鼎二年（前 115 年）

△三月，雪，平地厚 5 尺。

△夏，大水，关东饿死者以千数。

武帝元鼎三年（前 114 年）

△正月戊子，阳陵园火灾。

△三月水冰，四月下雪，关东十余郡人相食。

△夏四月，下雹，关东郡国十余饥，人相食。

△平原郡、勃海郡、泰山郡（今山东泰安东南）、东郡（今河南濮阳西南）普遍遭受灾害，灾民饿死于道路。太守不事先考虑其灾难，使至于此，幸赖明诏赈救，百姓才得以自力更生。

武帝元鼎五年（前 112 年）

△秋，蝗。

武帝元鼎六年（前 111 年）

△是时山东地区遭受黄河水灾，并且几年饥荒，人或相食，方圆

二三千里。武帝可怜灾民，令饥民可以在江淮间流浪，想要留下，政府出面安置。使者冠盖相属于道保护，并且调发巴蜀地区的粟粮来赈济灾民。

武帝元封元年（前110年）

△是岁小旱，武帝令官员求雨。卜式说：朝廷应当收租衣税就行，现在桑弘羊令官吏坐市列肆，贩物求利。烹桑弘羊，天才会下雨。

武帝元封二年（前109年）

△是岁旱。

△大寒，雪深5尺，野外的鸟兽都冻死，牛马都蜷缩得像刺猬，三辅地区百姓冻死者十有二三。

武帝元封二年—宣帝地节中（前109—前67年）

△自宣房宫堵塞后，黄河复在馆陶北岸决口，分为屯氏河，东北经魏郡（今河北临漳西南邺镇）、清河（今河北清河东南）、信都（今河北冀州）、勃海入海，广深与大河相同，因为是自然冲决，不堵塞。这条河流开通后，馆陶东北的四五郡虽然有时遭受小水害，而兖州以南6郡没有水患担忧。

武帝元封三年（前108年）

△夏，旱。公孙弘说："黄帝时封则天旱，乾封三年。"武帝于是下诏说："天旱，意思是乾封吗？其令天下尊祠灵星。"

△十二月，雷雨雹，大如马头。

武帝元封四年（前107年）

△夏，大旱，百姓多中暑而死。

武帝元封六年（前105年）

△秋，大旱，蝗。

△其冬，匈奴大雨雪，牲畜很多遭受饥寒而死。

武帝太初元年（前104年）

△十一月乙酉，柏梁火灾。

△蝗大起。

△夏，蝗从东方飞至敦煌。

武帝太初二年（前 103 年）

△秋，蝗。

武帝太初三年（前 102 年）

△秋，复蝗。

武帝天汉元年（前 100 年）

△夏，大旱。

武帝天汉三年（前 98 年）

△夏，大旱。

武帝太始二年（前 95 年）

△秋，旱。

武帝征和元年（前 92 年）

△夏，大旱。

武帝征和二年（前 91 年）

△夏四月，大风发屋折木。

△八月癸亥，地震，压死人。

武帝征和三年（前 90 年）

△秋，蝗。

武帝征和四年（前 89 年）

△夏，蝗。

△大雪，松柏皆折。

△连遇雨雪数月，牲畜死，百姓发生疫病，谷稼不熟，匈奴单于害怕，为贰师将军李广利立祠室。

武帝后元元年（前 88 年）

△秋七月，地震，经常出现涌泉。

昭帝始元元年（前 86 年）

△七月，大水，雨自七月至十月。

△大雨，渭桥被冲断。

昭帝始元二年（前 85 年）

△秋八月，下诏："往年灾害多，今年蚕、麦伤，所赈贷的种子、粮食不收租，不让百姓缴纳今年田租。"

昭帝始元六年（前81年）

△大旱。

△夏，旱，大雩，不能举火。秋七月，罢榷酤官，令百姓以律占租，卖酒升四钱。

昭帝元凤元年（前80年）

△燕国城南门灾。

△燕王都蓟（今北京城西南）大风雨，拔宫中树七围以上16棵，坏城楼。

△是时天雨，虹下属宫中饮井水，井水干涸。猪栏中猪跑出来，踩坏了大官竃。乌鹊斗死。老鼠在殿端门中乱窜。殿上门自己关闭，不能打开。天火烧城门。大风坏宫城楼，折拔树木。

昭帝元凤三年（前78年）

△正月，罢中牟苑赋贫民。诏曰："过去百姓遭受水灾，粮食颇匮乏，朕开仓廪，派遣使者赈济困乏。其止四年不要漕粮。三年以前所赈济借贷的，不是丞相、御史所请的，边郡受牛者不收债。"

昭帝元凤四年（前77年）

△五月丁丑，孝文庙正殿发生火灾，昭帝及群臣皆素服。发中二千石将五校修治，6日完成。太常及庙令丞郎吏皆被劾大不敬罪，遇到大赦，太常轑阳侯刘德免为庶人。

昭帝元凤五年（前76年）

△夏，大旱。

宣帝本始元年（前73年）

△夏四月庚午，地震。诏内史、郡国举文学高第各一人。

宣帝本始二年（前72年）

△其冬，单于自将万骑击乌孙，颇得老弱，想要回师。遇到大雪，一日深丈余，百姓畜产冻死，回来的不到十分之一。于是下令乘匈奴衰弱攻其北面，乌桓进入其东面，乌孙击其西面。三国所杀数万人，马数万匹，牛羊很多。加上饿死的，百姓死者十分之三，畜产减少十分之五，匈奴国力大大减弱，诸国羁属者都瓦解，攻盗不能理。之后，汉出三千余骑，为三道，并入匈奴，捕虏得数千人还。匈奴终不敢取

当，想要和亲，因而边境少事。

宣帝本始三年（前71年）

△大旱。郡国受旱灾严重的，百姓不出租赋。三辅民就贱者，且毋收事，到四年为止。

△夏，大旱，东西数千里。

△春正月，下诏："听说农业是兴德的根本，今年饥荒，已遣使者赈济困难的灾民。令太官损膳省宰，乐府减少乐人，让他们回去从事农业。丞相以下至都官令丞上书输入稻谷，输往长安仓，助贷贫民。百姓以车船载稻谷入关的，可以不用传。"

宣帝本始四年（前70年）

△四月壬寅，河南以东49郡地震，北海（今山东昌乐东南）、琅邪（今山东诸城）震坏祖宗庙、城郭，压死6000余人。

宣帝地节二年（前68年）

△是岁，匈奴饥，百姓畜产死十之六七。又发两屯各万骑防备汉朝。其秋，匈奴前所得西嗕居左地的，其首领以下数千人都驱畜产行，与瓯脱战，所战杀伤甚多，于是南降汉朝。

宣帝地节三年（前67年）

△冬十月，下诏："过去九月壬申地震，朕甚惧焉。"

△四月，居延（今内蒙古额济纳旗东南）夜间失火，大火蔓延烧毁钱财衣物以及文牒、凭证等文件。

宣帝地节四年（前66年）

△五月，山阳（今山东金乡西北）、济阴（今山东定陶西北）下雹像鸡子大小，深2尺5寸，死20人，飞鸟皆死。

宣帝元康二年（前64年）

△五月诏："今天下遭受很多疾疫之灾，朕甚愍之。令郡国受灾严重的，不出今年租赋。"

宣帝神爵元年（前61年）

△秋七月，大旱。

宣帝五凤二年（前 56 年）

△敦煌（今甘肃敦煌西）太守上书说，今年地震。

宣帝甘露元年（前 53 年）

△丙申，太上皇庙火灾。甲辰，孝文庙火灾。宣帝素服五日。

宣帝甘露四年（前 50 年）

△冬十月丁卯，未央宫宣室阁火灾。

元帝初元元年（前 48 年）

△四月，客星大如瓜，颜色青白，在南斗第二星东 4 尺左右，占曰："有水灾饥荒。"五月，勃海郡大水灾。六月，关东地区大饥荒，百姓多饿死，琅邪郡人吃人。

△六月，因为百姓疾疫，令太官损膳，减少乐府人员，减少苑马，救济困难贫乏的灾民。

△是年，关东大水，郡国十一饥，疫尤甚。

△九月，关东 11 个郡国大水，大饥荒，有的地区人吃人，调拨邻郡钱谷来救济。下诏："近来天地间阴阳之气不调，百姓遭受饥寒，没有什么能够安定百姓，朕的德行浅薄，不足以继承皇位。令很少使用的宫、馆不要进行修补，太仆减少喂马的谷物数量，水衡节省喂兽的肉。"

元帝初元二年（前 47 年）

△三月，下诏："二月戊午，陇西郡地震，震落太上皇庙殿壁的木饰，毁坏豲道县（今甘肃陇西东南三台乡）城郭和官署民房，压死多人。山崩地裂，水泉涌出。"

△六月，关东地区大饥荒，齐国地区人吃人。秋七月，下诏："连年发生灾害，百姓面容憔悴，朕十分痛心。已经下诏令官员打开仓库拿出粮食赈济百姓，赐给寒者衣服。今年秋季庄稼麦苗受到大伤。一年中发生两次地震。北海郡发生水灾，淹没人口。阴阳不协调，过失何在？百官忧虑的是什么呢？希望你们竭尽心意告诉朕的过失，不要有所隐讳。"

△二月戊午，地震。其夏，刘（今河南偃师西南）地人吃人。七月己酉，再次地震。

元帝初元三年（前 46 年）

△夏四月乙未晦，茂陵白鹤馆火灾。

△夏，旱。

元帝初元五年（前 44 年）

△夏四月，参星区出现彗星。下诏："朕做得不够，以致百官有的品级和职位不相适应，有的职位长期空缺，没有及时发现合适的人才。百姓失望，触动了上天，阴阳失去常规，灾祸流向百姓，朕十分担心。日前关东地区连遭灾害，饥寒疾疫，夭折之人不得善终。《诗经》不是说过吗：'百姓遭受灾祸，当全力以赴救。'令太官不要天天宰杀牲畜，所供食品每种各减少一半。皇帝的车辆和饲养的马匹，将数量减少到只供应礼仪正事使用即可。角抵、上林宫馆很少临幸的人、齐国的三服官、北假地区的田官、盐铁官、常平仓一律撤销。博士弟子不减员，推广学术研究。赐给有属籍的宗室子一匹至八匹马不等，三老、孝者每人五匹帛，弟者、力田每人三匹帛，鳏寡孤独每人二匹帛，吏民每五十户若干头牛、若干石酒。废除州令中的七十多种判例。废除光禄大夫以下至郎中令各官本人犯罪而父母同胞兄弟一律问罪的禁令。命令从官给事宫司马中的官员，可以为祖父母、父母、兄弟等人领取出入宫门的通籍。"

元帝永光元年（前 43 年）

△三月大雪，下霜伤麦苗庄稼，秋收无望。

△九月二日，下霜杀庄稼，全国大饥荒。

元帝永光三年（前 41 年）

△冬十一月，下诏："日前己丑日地震，中冬时节大雨，大雾，盗贼多有发生。官员们为何不及时严加处置？各自认真说明原因上报。"

元帝永光四年（前 40 年）

△夏六月甲戌，孝宣园东阙火灾。

元帝永光五年（前 39 年）

△黄河在清河郡灵县（今山东高唐南镇村）鸣犊口决口，屯氏河因而断绝。

△夏及秋，大水。颍川（今河南禹县）、汝南（今河南上蔡西

南)、淮阳（今河南濮阳)、庐江（今安徽庐江西南）雨，毁坏乡村聚落的房屋，水流淹死人。

△秋，颍川郡大水，淹死百姓。受灾各县有在京师任职的，皆准假回家料理，士卒遣返回家。

元帝建昭二年（前 37 年）

△冬十一月，齐楚地区地震，大雪，树木折断，房毁屋坏。

元帝建昭四年（前 35 年）

△三月，下雪，燕子多冻死。

△夏四月，下诏："朕继承先帝壮丽的功业，从早到晚都战栗不安，怕不能胜任此重任。近来阴阳不调，五行失去正常运行的秩序，百姓忍受饥饿，失去生产门路。在选派谏大夫博士赏等二十一人巡视全国出发之前，面谕他们要抚恤存问老人以及鳏寡孤独贫困无生计的人，推举茂才科中有突出才能的人。相将九卿等要尽心竭力于国事，不要怠惰，使朕能看到政教风化推行的情况。"

△蓝田地沙石堵塞霸水，安陵岸崩堵塞泾水，河水倒流。

成帝建始元年（前 32 年）

△春正月乙丑，皇曾祖悼考庙火灾。

△二月，右将军长史姚尹等出使匈奴归来，离开边塞百余里，暴风火发，烧死姚尹等 7 人。

△四月辛丑夜，西北有如火光。壬寅晨，大风从西北刮起，云气赤黄，四塞天下，整个日夜下着黄土尘。

△十二月，在长安南、北郊建造祭祀天地的祭坛。撤除甘泉、汾阴两地的祭祠。这一日刮大风，拔起甘泉畤中十围以上的大树。郡国受灾十分之四以上，免收田租。

成帝建始二年（前 31 年）

△夏，大旱。

成帝建始三年（前 30 年）

△夏，大水，三辅地区连续下雨 30 余日，19 个郡国有雨，山谷发大水，共冲杀 4000 多人，毁坏官署、民舍 83000 余所。

△秋，大雨 30 余日。

△秋，关内发大水。七月……大水来临……官员百姓惊恐登上城墙。九月，成帝下诏："以前郡国遭受水灾，淹死百姓，多至千人。京师无故谣传大水来临，官员百姓惊恐，奔跑登城。这种混乱是官吏严重苛暴失职，广大人民冤失常业所致。现派遣谏大夫林等循行全国。"

△十月丁未日，京师的人们相互惊恐，说大水要来了。渭水的虒上有位小女陈持弓九岁，跑入横城门，进入未央宫尚方掖门，殿门门卫户者没有发现，至句盾禁中才发觉。百姓因大水将至相互惊恐这件事，说明阴气强盛。小女进入宫殿这件事，是下等人将因有受宠爱的女子而居宫室的象征。她名叫持弓，有像周家亡于檿弧的征兆。

△冬十二月戊申朔，有日食。夜，未央宫殿中地震。

△十二月，越嶲山崩。

成帝建始四年（前29年）

△夏四月，下雪。

△秋，桃、李结实。大水，黄河在东郡金堤决口。冬十月，御史大夫尹忠因为黄河决口失职，自杀。

△派遣大司农非调调拨钱、谷给黄河决口所淹灌的郡，派遣两位谒者征派河南以东的漕船500艘，转移百姓躲避水患居住到丘陵上，共有97000多人。河堤使者王延世被派往堵塞决口，用长四丈、直径九围的竹落，盛装小石，用两只船夹载着投入河中。36天，河堤堵塞成功。

成帝河平元年（前28年）

△三月，旱，伤害小麦，百姓吃榆树皮。

成帝河平二年（前27年）

△二年四月，楚国下雹，大如斧，飞鸟死。

成帝河平三年（前26年）

△春二月丙戌，犍为郡（今四川彭山东）地震山崩，堵塞江水，水倒流。

△二月丙戌，犍为郡柏江山崩，捐江山崩，皆堵塞江水，江水倒流坏城，淹死13人，地震21天，有124次。

△黄河在平原郡再次决口，流入济南、千乘两地，毁坏的损失是建始时水灾的一半。

成帝河平四年（前 25 年）

△三月壬申，长陵临泾岸崩，堵塞泾水。

成帝阳朔二年（前 23 年）

△春，寒。

△秋，关东地区大水，流民想要进入函谷、天井、壶口、五阮关的，不要苛留。派遣谏大夫博士等分别巡视。

成帝阳朔四年（前 21 年）

△夏四月，下雪。

△四月，雨雪，燕雀死。

成帝鸿嘉三年（前 18 年）

△四月，大旱。

△秋八月乙卯，孝景庙阙火灾。

△秋，勃海、清河黄河水患，受灾者予以赈济借贷。

△这一年，勃海、清河、信都黄河水患，淹灌县邑三十一，毁败官署民舍 4 万余所。

成帝永始元年（前 16 年）

△春正月癸丑，太官凌室火灾。戊午，戾后园阙火灾。

成帝永始二年（前 15 年）

△二月，下诏：关东连年粮食不丰收，吏民中行义收养贫民、交纳谷物帮助朝廷赈济救灾的，已赐给他们所花费的钱财，其费用在百万以上者，加赐给右更爵位，想要当官吏的可补为三百石俸禄官，原为吏者也迁升二等。所费在三十万以上者，赐五大夫爵位，原为吏者也迁升二等，民可补为郎官。所费在十万以上者，家可不出租赋三年。所费在万钱以上者，免租赋一年。

△梁国、平原郡连年遭受水灾，人吃人，刺史守相因此免职。

成帝永始三年、四年（前 14—前 13 年）

△成帝永始三年、四年夏，大旱。

△黄河水大涨，增加 1 丈 7 尺，毁坏黎阳南郭门，进入到堤下。

河水尚未超过堤2尺左右，从堤上向北望，河高出民屋，百姓皆跑上山。水留13天，堤决口，吏民堵塞。

成帝永始四年（前13年）

△夏四月癸未，长乐临华殿、未央宫东司马门皆火灾。

△六月甲午，霸陵园门阙火灾，让杜陵没有临幸的人归家。

成帝元延元年（前12年）

△蚕麦收成都不好。百川沸腾，江河决口泛滥，大水泛滥郡国有50多个。

成帝元延三年（前10年）

△正月丙寅，蜀郡（今四川成都）岷山崩，堵塞江3天，江水竭。

成帝绥和二年（前7年）

△秋，下诏："过去日月无光，五星失行，郡国经常地震。近来河南（今河南洛阳东北）、颍川郡水灾，淹死百姓，坏败房屋。……已派遣光禄大夫循行举籍，赐死者棺钱，每人三千。令水灾所伤郡县的灾害十分之四以上的，百姓财产不满十万的，都不出今年租赋。"

△九月丙辰，地震，自京师至北边郡国30多个城郭毁坏，死415人。

哀帝建平三年（前4年）

△正月癸卯，桂宫鸿宁殿火灾。鸿宁殿为哀帝祖母傅太后居住的地方。

哀帝建平四年（前3年）

△春，大旱。关东百姓传说西王母将至，传播经郡国，向西入关到京师。百姓又聚会祭祀西王母，有人夜晚手持火把登上屋顶，击鼓号呼，相互惊扰恐惧。

△秋八月，恭皇园北门火灾。

平帝元始二年（2年）

△四月，郡国大旱，蝗，青州尤为严重，百姓流亡。

△秋，蝗，遍天下。

平帝元始四年（4年）

△冬，大风吹，长安城东门屋瓦殆尽。

平帝元始五年（5 年）

△七月己亥，高皇帝原庙殿门火灾烧尽。

王莽摄政居摄三年（8 年）

△春，地震。大赦天下。

王莽始建国元年（9 年）

△真定（今河北正定南）、常山（今河北元氏西北）下雹。

王莽始建国三年（11 年）

△濒河的郡蝗虫出现。

△黄河在魏郡决口，泛滥清河以东数郡。以前，王莽害怕河决危害元城县（今河北大名东）祖坟。等到决口东流，元城没有水患，所以不堵塞河堤。

王莽天凤元年（14 年）

△四月，下霜，杀草木，海滨尤甚。六月，黄雾四塞。七月，大风拔树，飞北阙直城门屋瓦。雨雹，杀牛羊。

△边境发生大饥荒，人吃人。

王莽天凤二年（15 年）

△邯郸（今河北邯郸西南）以北大雾，水出，深的地方有数丈，淹死数千人。

王莽天凤三年（16 年）

△二月乙酉，地震，大雪，关东尤其严重，深者一丈，竹柏枯萎。

△五月戊辰，长平馆西岸崩，壅塞泾水不流，改河床向北流。

△七月辛酉，霸城门火灾。

△平蛮将军冯茂击句町（今云南广南境内），士卒疾疫，死者十之六七。

王莽天凤四年（17 年）

△是年八月，王莽亲自到南郊，铸作威斗。铸斗那天，大寒，百官人马有冻死的。

王莽天凤五年（18 年）

△正月朔，北军南门火灾。

王莽天凤六年（19 年）

△是时，关东饥旱数年，力子都等党众日渐增多，更始将军廉丹攻打益州不成，回师。

王莽地皇元年（20 年）

△七月，大风损毁王路堂。

△九月开始下了 60 多天大雨。让百姓缴纳米 600 斛可以做郎官，原来是郎官的可以增加俸禄和赏赐爵位到附城为止。

王莽地皇二年（21 年）

△秋，下霜冻死了豆类，关东饥荒严重，有蝗灾。

王莽地皇三年（22 年）

△二月，霸桥火灾，数千人用水浇泼，火不灭。

△二月，关东地区人吃人。

△夏，蝗从东方飞来，遮蔽了天空，飞到长安，飞入未央宫，附着在殿阁中。王莽设置奖励发动官民去捕捉扑打。

△流民进入函谷关的有数十万人，于是设置养赡官发粮食给他们吃。使者监督领导，与小官吏一起盗窃了那些粮食，流民饿死的有十之七八。

△三年，疾疫严重，死者有一半以上，于是各自分散。

刘玄更始元年（23 年）

△六月，大风吹飞屋瓦，大雨如注，大军崩溃，大喊大叫，老虎、豹子也吓得战栗，士兵奔跑，各自回到了自己的郡。

刘玄更始二年（24 年）

△刘秀等冒着霜雪，晨夜兼行，天气寒冷，面皆冻破裂。

△夏，赤眉军樊崇等数十万人入函谷关，立刘盆子，称尊号，攻打更始帝，更始帝降之。赤眉军于是烧长安宫室市里，杀害更始帝。百姓饥饿人吃人，死者数十万，长安城空，城中无人行。宗庙园陵都受到盗掘，只有霸陵、杜陵完好。

东汉

光武帝建武二年（26 年）

△关中饥馑，百姓人吃人。

△三辅地区大饥荒，人吃人，城郭皆空，白骨蔽野，剩下的人往往聚集为营保护自己，各坚守不下。赤眉军虏掠无所得，十二月，于是向东回去，还有 20 余万人，在路上逐渐分散。

△建武年间，渔阳太守（今北京密云西南）彭宠被征调。诏书到，第二天潞县（今河北三河西南）火灾，从城中发生，飞出城外，焚烧千余家，多人死。

△约八月，刘盆子军至阳城（今河南登封东南告成镇）、番须，遇上大雪，坑谷皆满，士兵多冻死。

光武帝建武三年（27 年）

△七月，雒阳（今河南洛阳）大旱，光武帝至南郊求雨，即日雨。

光武帝建武四年（28 年）

△东郡以北遭受水灾。

光武帝建武五年（29 年）

△夏四月，旱，蝗。……五月丙子，下诏："久旱伤麦，秋种尚未播下，朕很担忧。或许是因为残酷的官吏不称职，致使监狱中有很多冤气郁结，百姓心中愁苦怨恨，因而感动了天气吧？令中都官、三辅、郡国释放牢里的囚犯，对那些没有犯斩首之罪的囚犯全部不要追究，正在服徒刑的免其徒刑释放为平民。务必提升任用柔顺善良的人，罢免贪婪残酷的人，各级官吏端正自己管理的事务。"

光武帝建武六年（30 年）

△建武六年六月、九年春、十二年五月、二十一年六月，明帝永平元年五月、八年冬、十一年八月、十五年八月、十八年三月，都有旱灾。

△九月，大雨连月，庄稼的苗再次生长，老鼠在树上筑巢。

△十二月，雒阳火灾。

光武帝建武七年（31 年）

△正月繁霜，自此以后，天冷的日子多次出现。

△六月戊辰，洛水大涨，泛滥至津城门，光武帝在水中穿行，弘农都尉治析被水淹死，百姓溺死，伤害庄稼，毁坏庐舍。

光武帝建武八年（32 年）

△秋，大水。……是岁大水。

光武帝建武十年（34 年）

△十月戊辰，乐浪（今朝鲜平壤南郊大同江南岸土城洞）、上谷（今河北怀来东南）下雹，伤害庄稼。

△洛水从造津泛滥。

光武帝建武十二年（36 年）

△河南郡、平阳侯国（今山西临汾西南金殿）下雹，大如杯，毁坏官署百姓房屋。

光武帝建武十三年（37 年）

△扬、徐两刺史部疾疫严重，会稽（今江苏苏州）江东地区尤其严重。

光武帝建武十四年（38 年）

△会稽大疫，死者上万，只有钟离意亲自照看慰问病人，送给医药。

光武帝建武十五年（39 年）

△十二月乙卯，钜鹿郡（今河北宁晋西南）下雹，损伤庄稼。

光武帝建武十七年（41 年）

△雒阳暴雨，毁坏百姓房屋，压死人，伤害庄稼。

光武帝建武十八年（42 年）

△夏，旱，公卿大臣请雨。

光武帝建武二十一年（45 年）

△是时，郡国皆大水，百姓饥馑。

光武帝建武二十二年（46 年）

△三月，京师、郡国十九蝗。

△九月，42 个郡国地震，南阳尤其严重，地裂压死人。

△匈奴连年旱蝗，赤地数千里，草木尽枯，人畜饥疫，死耗太半。单于害怕汉朝乘其衰敝，于是遣使到渔阳请求和亲。

光武帝建武二十三年（47 年）

△京师、18 个郡国大蝗，旱，草木都旱死。

△哀牢王贤栗派军队乘竹木筏，南下长江、汉水，攻打夷人鹿茤，鹿茤人弱小，被俘获。这时雷声震动，暴雨，刮起南风，江水倒流，200 多里长的江面翻涌，竹木筏沉入水中，哀牢人溺死数千。

光武帝建武二十四年（48 年）

△正月戊子，雷雨霹雳，高庙北门火灾。

△六月丙申，沛国（今安徽濉溪西北）睢水倒流，一日一夜才停止。

光武帝建武二十五年（49 年）

△三月，进军壶头山（在今湖南桃源西南）。贼兵倚仗高处守着隘口，水流湍急，船无法上去。遇上天热，士卒多发生瘟疫死去，马援也生病，因此被困，就凿岸为洞，躲避炎热。

光武帝建武二十六年（50 年）

△7 个郡国发生大瘟疫。

光武帝建武二十八年（52 年）

△三月，80 个郡国出现蝗灾。

光武帝建武二十九年（53 年）

△四月，武威（今甘肃省武威市）、酒泉（今甘肃省酒泉市）、清河、京兆（今陕西省西安市西北）、魏郡、弘农（今河南省灵宝市故函谷关城）蝗。

光武帝建武三十年（54 年）

△五月，大水。

△五月，旱，赐给全国男子爵，每人二级；鳏、寡、孤、独、贫困不能生活的，每人 5 斛粟。

△六月，12 个郡国大蝗。

光武帝建武三十一年（55 年）

△夏五月，大水。戊辰，赐给全国男子爵，每人二级；鳏、寡、孤、独、笃癃、贫困不能生活的，每人 6 斛粟。

光武帝中元元年（56 年）

△三月，16 个郡国大蝗。

△秋，三郡国蝗。

△山阳、楚、沛多蝗，飞至九江界内，向东西散去。

明帝永平元年（58 年）

△六月己亥，桂阳郡（今湖南郴州）大火，烧毁城墙官署。

明帝永平三年（60 年）

△夏旱，明帝将大举修建北宫，钟离意到朝廷上摘下帽子上书……明帝下诏："汤引用六事，将责任全归在自己身上。请戴上帽子穿上鞋，不要谢罪。连日来上天降下大旱，阴云多次会集，朕悲伤惭愧恐惧，想着获得瑞兆，故而分别祷求，观察等候着风云的来临，北面在明堂祈求，南面设立求雨场。如今又命大匠停止建造各宫室，削减不急用之物，或许能够消除天灾的谴责。"下诏向公卿百官道歉，于是天下起了及时雨。

△八月，十二郡国下雹，损伤庄稼。

△这一年伊水、雒水泛滥，到津城门，冲坏伊桥；共 7 郡 32 县大水。

明帝永平四年（61 年）

△十二月，酒泉大蝗，从塞外飞入。

△未秋截霜，稼苗夭残。

明帝永平八年（65 年）

△秋，14 个郡国水患，伤害庄稼。

明帝永平十年（67 年）

△18 个郡国有的下雹，有的蝗灾。

明帝永平十五年（72 年）

△蝗从泰山郡兴起，兖、豫两州受灾。

明帝永平十八年（75 年）

△四月己未，下诏说："自春以来，时雨不降，旱灾伤害冬小麦，秋天的庄稼没有种下，政策失中，忧心恐惧。"

△京师及三州大旱，下诏不收兖、豫、徐州的田租、刍稿，用现谷赈济给贫民。

△兖、豫、徐州百姓遭受水旱灾害，下令不收田租，用现谷赐给贫民。

章帝建初元年（76 年）

△三月甲寅，山阳郡（今山东金乡西北）、东平国（今山东东平东）地震。

△大旱，谷贵。

△是年，匈奴南部遭受蝗灾，大饥，章帝赈济其贫民 3 万多口。

△十二月，北宫火灾，烧寿安殿，延及右掖门。

章帝建初二年（77 年）

△夏，雒阳旱。四年夏，元和元年（84 年）春，并旱。

△当时新平公主家不慎失火，火势延及北阁后殿。太后认为是自己的过失，起居不乐。当时正准备拜谒原陵，她自认守备不慎，愧见陵园，于是没有前往。

章帝建初七年（82 年）

△京师及郡国螟灾。

章帝建初八年（83 年）

△京师及郡国螟灾。

章帝元和二年（85 年）

△旱。长水校尉贾宗等上奏，认为断狱不在三冬末期判处，因此阴气微弱，阳气发泄，招致灾旱。

章帝元和三年（86 年）

△六月丙午，雷雨，火烧北宫朱爵西阙。

章帝章和元年（87 年）

△下诏以郑弘为太尉。当时旱，朝廷百官皆曝身请雨。夏季炎热，小雨，群臣即还官署。郑弘整日不动，大雨如注，庄稼于是丰收。

△是年，马棱为广陵太守。时谷贵民饥，马棱奏罢盐官，以利于百姓，赈济贫弱，减少赋税，兴复陂湖，溉田二万余顷，官员百姓刻石称颂。

章帝章和二年（88 年）

△五月，京师旱。

△夏，旱。

△鲁恭上书：“三辅、并、凉少雨水，麦根枯焦，牛死日甚，这是不合上天心意的征兆。”

△休兰尸逐侯鞮单于屯屠何章和二年继位。时北方敌虏大乱，加上饥荒和蝗灾，前来投降的人不断。

和帝永元元年（89 年）

△秋七月乙未，会稽山崩。

△七月，大水淹没人民。

△七月，9 个郡国大水，伤害庄稼。

和帝永元二年（90 年）

△14 个郡国旱。

和帝永元四年（92 年）

△四月丙辰，京师地震。

△是夏，旱、蝗。

△六月戊戌朔，有日食。丙辰，13 个郡国地震。

和帝永元五年（93 年）

△二月戊午，陇西地震。

△五月戊寅，南阳大风，拔树木。

△六月，3 个郡国下雹，大小如鸡蛋。

和帝永元六年（94 年）

△秋七月，京师旱。诏令中都官在押囚徒各减除一半徒刑，遣送边地服刑，徒刑在 5 个月以下的免予遣送。丁巳，和帝到洛阳官署，审查囚徒，指出冤狱。收捕洛阳令下狱抵罪，司隶校尉、河南尹都被降职。和帝尚未还宫就遇上及时雨。

△七月大水，漂没大量百姓，伤害庄稼。

和帝永元七年（95 年）

△曹褒为河内太守。时春夏大旱，粮食价格居高不下。曹褒到后，节省吏员合并职务，清退奸吝残暴之人，及时雨几度降临。其秋粮食丰收，百姓给足，流冗皆还。

△秋七月乙巳，易阳地裂。

△九月癸卯，京师地震。

和帝永元八年（96 年）

△五月，河内、陈留蝗。

△九月，京师蝗。

△十二月丁巳，南宫宣室殿火灾。

和帝永元九年（97 年）

△三月庚辰，陇西地震。

△六月，蝗、旱。戊辰，下诏："今年秋稼为蝗虫所伤害的，皆勿收租、更、刍稿；如果有所损失，按照实际损失减少赋税，其余应当收租的按照一半收。山林丰富有利的地方，陂池捕鱼的地方，用来赈济百姓，不收租税。"秋七月，蝗虫飞过京师。

△蝗从夏至秋。

和帝永元十年（98 年）

△五月丁巳，京师大雨，南山水流出至东郊，毁坏百姓房屋。

△冬十月，五州大水。

和帝永元十二年（100 年）

△二月，下诏借贷给受灾诸郡百姓种粮。赐给下贫、鳏、寡、孤、独、不能自己生活的人和郡国的流民，让他们去陂池捕鱼，补充菜蔬粮食。

△三月丙申，下诏："连年不丰收，百姓财力虚弱匮乏。京师去年冬天没有下雪，今年春天没有及时雨，百姓流离失所，艰难困苦辗转于道路上。"

△夏，闰四月戊辰，南郡秭归（今湖北秭归）山高 400 丈，崩填溪，压死百余人。

△六月，舞阳大水，赐给因水害非常贫困的人每人谷 3 斛。颍川大

水，伤害庄稼。

和帝永元十三年（101 年）

△八月己亥，北宫盛馔门阁火灾。

△八月，荆州连续下雨。九月壬子，下诏：“荆州连年气候不正常，今年淫雨为害……深思四方百姓以农耕和粮食为本，朕心中惨然怀有怜悯之心。令全国缴纳一半田租、草料；有应该以实际情况减除的，依照过去的规定办理。借贷给贫民的粮食种子，都不收租。”

和帝永元十四年（102 年）

△是秋，三州雨水。冬十月甲申，下诏：“兖州、豫州、荆州今年遭受过多的雨水，致使农业多受损失。令受害十分之四以上的地区，按照百分之五十收其田租、刍稿；那些损失不足十分之四的地区，以实际情况来减租。”

和帝永元十五年（103 年）

△五月戊寅，南阳大风。

△六月辛酉，汉中成固县（今陕西城固）南城门火灾。

△（丹）［雒］阳二十二郡国并旱，损伤庄稼。

△是秋，四州雨水。十六年（104 年）二月己未，下诏：兖州、豫州、徐州、冀州四州连年雨多伤稼，禁止酿酒买卖。夏四月，派遣三府掾官分别巡行四州，贫民没有能力耕种的，为他们提供雇犁具和耕牛的钱。

和帝永元十六年（104 年）

△秋七月，旱。

和帝元兴元年（105 年）

△五月癸酉，雍地裂。

殇帝延平元年（106 年）

△五月壬辰，河东垣山崩。

△五月，37 个郡国大水，伤害庄稼。

△九月，六州大水。己未，派遣谒者分别巡查了解实际情况，报告灾害的结果，救济穷困的人。

△六州河、济、渭、洛、洧水大涨，泛滥伤害秋稼。

△冬十月，四州大水，下雹。下诏，因冬小麦没有种，救济贫困的人。

安帝永初元年（107 年）

△青、兖、豫、徐、冀、并六州百姓饥荒。春正月癸酉，大赦天下。

△六月丁巳，河东杨县（今山西洪洞东南）地陷。东西为 140 步，南北为 120 步，深 3 丈 5 尺。

△冬十月辛酉，河南郡新城县（今河南伊川西南）山洪暴发，冲毁民田，田坏处有泉水涌出，水深 3 丈。

△十二月。河南郡县火灾，烧死 105 人。

△十二月，18 个郡国发生地震。

△8 个郡国旱，分遣议郎请雨。

△是年，41 个郡国 315 个县大水。四渎泛滥，伤害秋稼，冲坏城郭，淹死百姓。

△是年，18 个郡国地震；41 个郡国雨水，有的山洪突发；28 个郡国大风，下雹。

安帝永初二年（108 年）

△夏四月甲寅，汉阳（今甘肃甘谷东）城中火灾，烧死 3570 人。

△五月，旱。丙寅，皇太后到洛阳官署和若庐监狱，审查囚徒，赏赐河南尹、廷尉、卿及官属以下各不等，即日降雨。

△夏旱，长久祈祷没有反应，周畅因此收葬洛阳附近客死的骸骨共万余具。当时就有及时雨，当年丰收。

△六月，京师及 40 个郡国大水，大风，下雹。

△是年，12 个郡国地震。

△河南郡县又发生火灾，烧死 584 人。

安帝永初三年（109 年）

△五月癸酉，京都大风，拔南郊道梓树 96 棵。

△十二月辛酉，9 个郡国地震。

△是年，京师及 41 个郡国大水、下雹。并、凉二州大饥荒，人吃人。

△是年，并永初四年、五年夏，8 个郡国旱。

安帝永初四年（110 年）

△三月戊子，杜陵园火灾。

△三月癸巳，9 个郡国地震。

△三月癸巳，4 个郡国地震。

△夏四月，六州（《东观记》说：司隶、豫、兖、徐、青、冀六州）蝗。丁丑，大赦天下。

△秋七月乙酉，3 个郡大水。

△九月甲申，益州郡（今云南晋宁晋城镇）地震。

安帝永初五年（111 年）

△正月丙戌，10 个郡国地震。

△夏，九州蝗。

△是岁，九州蝗，8 个郡国大水。

安帝永初六年（112 年）

△三月，十州蝗。

△三月，去年蝗灾发生的地方又有蝗灾。《古今注》曰："郡国四十八蝗。"

△五月，旱。丙寅，诏令中二千石下至黄绶等官员，一律恢复爵级返还赎金，赐给爵位各有差别。戊辰，皇太后到雒阳寺，审讯囚徒，清理冤狱。

△六月壬辰，豫章郡（今江西南昌）员豀原山崩，各有 63 处。

安帝永初七年（113 年）

△正月壬寅，二月丙午，18 个郡国地震。（本书作者按：此年二月无丙午日）

△五月庚子，京师大雩。

△夏，旱。

△八月丙寅，京都大风拔树。蝗虫飞过洛阳。下诏赐给百姓爵位。郡国受蝗灾伤稼十分之五以上的，不收今年田租；不满的，以实际情况减除。

△吴房县（今河南遂平）长张汜因天旱登山祈雨。

安帝元初元年（114年）

△二月己卯，日南（今越南广治省广治河与甘露河汇流处）地坼。

△四月，京师及5个郡国旱，并蝗。下诏三公、特进、列侯、中二千石、二千石、郡守察举敦厚质直的人，各一人。

△夏，旱。郡国五蝗。

△六月丁巳，河东地陷。这一年，15个郡国地震。

安帝元初二年（115年）

△三月癸亥，京师大风。

△五月，京师旱，河南及19个郡国蝗。

△六月，洛阳新城地裂。

△十一月庚申，10个郡国地震。

安帝元初三年（116年）

△二月，10个郡国地震。

△夏四月，京师旱。

△七月，缑氏（今河南偃师东南）地裂。

△十一月癸卯，9个郡国地震。

安帝元初四年（117年）

△二月壬戌，武库火灾。

△六月戊辰，3个郡国雨雹，大如杅杯和鸡蛋，杀死六畜。

△七月，京师及10个郡国大水。

△是年，13个郡国地震。

△遭遇羌人入侵，并有蝗旱灾害，百姓流离失所。

安帝元初五年（118年）

△三月，京师及5个郡国旱，下诏赈济贫民。

△是年，14个郡国地震。

安帝元初六年（119年）

△二月乙巳，京都、42个郡国地震，有的地坼裂，涌出水，毁坏城郭、百姓房屋，压死人。

△夏四月，会稽大瘟疫，派遣光禄大夫带着太医循行视察，赐给棺木，免除田租、口赋。

△夏四月，沛国、勃海大风，拔树 3 万余棵。下雹。

△五月，京师旱。夏，旱。

△十二月初一，8 个郡国地震。

安帝永宁元年（120 年）

△自三月至十月，京师及 33 个郡国大风，大水。

△是年，23 个郡国地震。

安帝建光元年公（121 年）

△秋季，京师及 29 个郡国大水。

△九月己丑，35 个郡国地震，有的地坼裂，毁坏城郭房屋，压死人。

△冬十一月己丑，35 个郡国地震，有的地坼裂。

△4 个郡国旱。

安帝延光元年（122 年）

△夏四月癸未，京师以及 21 个郡国雨雹。

△四月，21 个郡国雨雹，大如鸡蛋，伤害庄稼。

△夏四月，京师地震。癸巳，司空陈褒因为灾异而被免职。

△六月，郡国蝗。

△秋七月癸卯，京师及 13 个郡国地震。

△八月戊子，阳陵园寝火灾。

△九月甲戌，27 个郡国地震。

△是岁，京师及 27 个郡国雨水，大风，有百姓死亡。

△5 个郡国并旱，伤害庄稼。

安帝延光二年（123 年）

△正月丙辰，河东、颍川大风。

△六月壬午，11 个郡国大风拔树。

△夏，京师及郡国下雹 3 天。

△七月，丹阳山崩 47 座。

△九月，5 个郡国大水。

△京都、32 个郡国地震。

安帝延光三年（124 年）

△六月庚午，巴郡阆中（今四川阆中）山崩。

△是年，京师及 23 个郡国地震；36 个郡国雨水，大风，下雹。

△延光三年，大水，淹杀百姓，伤害庄稼禾苗。

△京都及 36 个郡国大风，拔树。

△下雹，大如鸡蛋。

安帝延光四年（125 年）

△秋七月乙丑，渔阳城门楼火灾。

△十月丙午，蜀郡越嶲山崩，压死 400 多人。

△冬季，京师大疫。

△十一月丁巳，京师及 16 个郡国地震。

顺帝永建元年（126 年）

△十月甲辰，下诏：因为疫疠水潦，令百姓出今年田租的一半；受害十分之四以上的，不收租；不满的，以实际情况减除。

顺帝永建二年（127 年）

△三月，旱，遣使者审查囚徒。

△五月戊辰，守宫失火，烧尽宫中收藏的财物。

顺帝永建三年（128 年）

△正月丙子，京都、汉阳地震。汉阳屋坏人死，地裂水涌。

△六月，旱。遣使者审查囚徒，核查罪轻的囚犯。

△秋七月丁酉，茂陵园寝火灾，顺帝缟素避正殿。辛亥，派遣太常王龚持节告祠茂陵。

顺帝永建四年（129 年）

△五月，五州雨水。秋八月庚子，遣使核实死亡人数，收殓赈济赏赐。

△河南郡县失火，烧百姓和六畜。

顺帝永建五年（130 年）

△夏四月，京师旱。辛巳，下诏郡国贫人受灾的，不收今年更役赋税。

△夏，旱。

△四月，京师及12个郡国蝗。

△12个郡国下雹。

顺帝永建六年（131年）

△冀州连续下雨伤害庄稼。

△12个郡国下雹，伤害秋稼。

顺帝阳嘉元年（132年）

△二月，京师旱。庚申，令郡国二千石官员各自祈祷名山岳渎，派遣大夫、谒者到嵩山、首阳山，一并祭祀黄河、洛水，祈雨。戊辰，举行祈雨的祭祀。甲戌，下诏说："政治失去中和，阴阳二气不通畅，冬天少夜雪，春季没有及时下雨。……现在派遣侍中王辅等人，持节分别到岱山、东海、荥阳、黄河、洛水，尽心祈祷。"

△十二月庚子，恭陵百丈庑灾。

△恭陵庑火灾，以及东西幕府失火。

△十二月，河南郡国火烧房屋，烧死了人。

顺帝阳嘉二年（133年）

△丁丑，大风，掩蔽天地。

△四月己亥，京师地震。

△夏，旱。

△六月丁丑，雒阳宣德亭地裂，长85丈，近郊地。

顺帝阳嘉三年（134年）

△春二月己丑，久旱，下诏：京师各监狱无论各种案件都暂且不考查追究，须要得到及时雨。……五月戊戌，复下诏：大赦天下，赐给百姓80岁以上的每人1斛米，肉20斤，酒5斗；90岁以上的加赐帛，每人2匹，絮3斤。

△ 自冬季旱，到次年二月。

顺帝阳嘉四年（135年）

△十二月甲寅，京师地震。

顺帝永和元年（136年）

△杨厚再次上奏："京师会有水患，还会有火灾。"当年夏，洛阳暴发洪水，死千余人；到了冬季，承福殿火灾，太尉庞参被免职；荆、

交二州蛮夷杀害长吏，占领了城池。

△秋七月，偃师（今河南偃师东）蝗。

△冬十月丁亥，承福殿火灾。顺帝避御云台。

顺帝永和二年（137 年）

△夏四月丙申，京师地震。

△十一月丁卯，京师地震。

顺帝永和三年（138 年）

△春二月乙亥，京师及金城（今甘肃永靖西北湮水南岸）、陇西地震，二郡山岸崩，地陷。

△二月乙亥，京都、金城、陇西地震裂，城郭、室屋多数损坏，压死人。

△闰四月己酉，京师地震。

顺帝永和四年（139 年）

△三月乙亥，京师地震。

△秋八月，太原郡旱，百姓流亡。癸丑，派遣光禄大夫巡视赈贷，除去更赋。

顺帝永和五年（140 年）

△春二月戊申，京师地震。

顺帝永和六年（141 年）

△十二月，洛阳失火，酒肆被烧，有百姓亡。

顺帝汉安元年（142 年）

△三月甲午，洛阳刘汉等 197 家被火所烧。

△夏，蝗。

△十二月，洛阳失火。

顺帝汉安二年（143 年）

△是年，凉州发生 180 次地震。

顺帝建康元年（144 年）

△正月，凉州部有 6 个郡地震。从去年九月以来至四月，共发生 180 次地震，山谷开裂，毁坏城墙官署，损伤百姓、物产。

△九月丙午，京师及太原、雁门（今山西朔州夏关城）地震，三

郡水涌土裂。

冲帝永憙元年（145 年）

△夏四月壬申，祭祀祈雨。

△自春涉夏，大旱炎赫。

质帝本初元年（146 年）

△二月，京师旱。

△五月，海水泛滥。戊申日，派遣谒者巡视，收葬乐安（今山东高青高苑镇）、北海被水所淹之人，并赈济贫困体弱的人。

桓帝建和元年（147 年）

△二月，荆、扬二州多人饿死，派遣四府掾分别巡行赈济。

△夏四月庚寅，京师地震。

△四月，6 个郡国地裂，水涌出，井水溢出，毁坏官署房屋，死人。

△九月丁卯，京师地震。

桓帝建和二年（148 年）

△五月癸丑，北宫掖庭中德阳殿及左掖门火灾。

△秋七月，京师大水。

桓帝建和三年（149 年）

△六月乙卯，宪陵寝屋地震。

△八月，京师大水。

△九月己卯，地震。庚寅，又地震。下诏死罪以下及亡命者可以赎买抵罪，各有不等。5 个郡国发生山崩。

桓帝和平元年（150 年）

△秋七月，梓潼山崩。

△河平元年，白茅谷水灾。

桓帝元嘉元年（151 年）

△春正月，京师发生瘟疫，派遣光禄大夫带着医药巡行。

△二月，九江、庐江发生大瘟疫。

△四月，京师旱。任城（今山东微山西北）、梁国饥荒，百姓人吃人。罢免司徒张歆，光禄勋吴雄为司徒。

△夏，旱。

△十一月辛巳，京师地震。

桓帝元嘉二年（152 年）

△正月丙辰，京师地震。

△冬十月乙亥，京师地震。

桓帝永兴元年（153 年）

△秋七月，32 个郡国蝗。河水泛滥。百姓饥荒穷困，流亡者有数十万户，冀州尤其严重。下诏各地赈济困乏绝粮的人，安慰居业。

桓帝永兴二年（154 年）

△二月癸卯，京师地震。

△六月，彭城泗水水位暴涨倒流。下诏司隶校尉、部刺史曰："蝗灾为害，水灾又来，五谷不丰收，百姓没有隔夜粮。令所受灾害的郡国种芜菁来补助百姓粮食的不足。"京师蝗。东海朐山崩。

桓帝永寿元年（155 年）

△二月，司隶、冀州饥荒，人吃人。令州郡赈济贫困弱小。如果王侯官吏百姓有多余粮食的，一律借出十分之三，用来补助借贷；那些百姓官吏，用现钱购买。王侯等到秋后新租后偿还。

△六月，洛水泛滥，毁坏鸿德苑。南阳大水。……令郡县打捞寻找收殓埋葬遗体；突然被压死溺死的，7 岁以上的赐给钱，每人二千。冲坏房屋的，丢失粮食的，特别贫困的开仓赈济，每人二斛。

△六月，巴郡、益州郡山崩。

桓帝永寿二年（156 年）

△十二月，京师地震。

桓帝永寿三年（157 年）

△六月，京师蝗。

△秋七月，河东地裂。

桓帝延熹元年（158 年）

△五月甲戌晦，日食。京师蝗。

△六月，旱。

△秋七月己巳，云阳地裂。

桓帝延熹二年（159年）

△夏，京师雨水。

△夏，霖雨50余日。

桓帝延熹三年（160年）

△五月甲戌，汉中山崩。

桓帝延熹四年（161年）

△正月辛酉，南宫嘉德殿火灾。戊子，丙署火灾。瘟疫严重。

△二月壬辰，武库火灾。

△五月丁卯，原陵长寿门火灾。

△五月己卯，京师下雹，大如鸡蛋。

△六月，京兆、扶风（今陕西西安西北）及凉州地震。

△六月庚子，岱山及博尤来山并颓裂。

△秋七月，京师举行祈雨仪式。减少公卿以下俸禄，借王侯一半租赋。出卖关内侯、虎贲、羽林、缇骑营士、五大夫等官爵，钱多少不等。

桓帝延熹五年（162年）

△正月壬午，南宫丙署火灾。

△四月乙丑，恭陵东阙火灾。戊辰，虎贲掖门火灾。

△五月，康陵园寝火灾。

△五月乙亥，京师地震。

△五月甲申，中藏府承禄署火灾。

△秋七月己未，南宫承善阙火灾。

△皇甫规率骑兵讨陇右，因道路断绝，军中发生大瘟疫，死者十之三四。皇甫规深入庵庐，巡视将士，三军感激心悦。

桓帝延熹六年（163年）

△夏四月辛亥，康陵东署火灾。

△秋七月甲申，平陵园寝火灾。

桓帝延熹七年（164年）

△五月己丑，京师下雹。

桓帝延熹八年（165 年）

△二月己酉，南宫嘉德署出现黄龙。千秋万岁殿火灾。

△四月甲寅，安陵园寝火灾。

△六月丙辰，缑氏地震。

△闰七月甲午日，南宫长秋和欢殿后钩楯、掖庭、朔平署火灾。

△九月丁未，京师地震。

△十一月壬子，德阳殿西阁、黄门北寺火灾，延及广义、神虎门。

△冬季大寒，冻死鸟兽、鱼鳖，城旁竹柏有枯萎。

桓帝延熹九年（166 年）

△三月，司隶、豫州饥馑而死的有十之四五，甚至有绝户之家，派遣三府掾赈济。

△自春夏以来，连续有霜雹及大雨、雷。

△扬州六郡连着出现水患、旱灾、蝗害。

桓帝永康元年（167 年）

△五月丙申，京师及上党（今山西长子西南）地震。

△五月丙午，雒阳高平永寿亭、上党泫氏（今山西高平）发生地震。

△八月，六州大水，勃海海水泛溢。诏令州郡赐溺死的人 7 岁以上每人二千钱；一家皆被害的，全部为其收殓；没有粮食的，每人 3 斛。

灵帝建宁元年（168 年）

△六月，京师雨水。

△夏，霖雨 60 余日。

灵帝建宁二年（169 年）

△四月癸巳，京师大风下雹，拔起郊道十围以上树百余棵。

灵帝建宁四年（171 年）

△二月癸卯，地震，海水泛滥，黄河清。

△三月，瘟疫严重，派遣中谒者巡行给予医药。

△五月，河东地裂 12 处，裂开处有的长十里一百七十步，宽三十余步，深不见底。

△五月，河东地裂，雨雹，山水暴泄而出。

△五月，山水暴出，漂没损坏房屋500余家。

灵帝熹平元年（172年）

△六月，京师大水。

△夏，霖雨70余日。

灵帝熹平二年（173年）

△春正月，瘟疫严重，派遣使者巡行给予医药。

△六月，北海（今山东昌乐西）地震。

△六月，东莱（今山东龙口黄城）、北海海水泛滥，淹没人和物。

△岁在癸丑，厥运淫雨，伤害稼穑。

灵帝熹平三年（174年）

△秋，洛水泛滥。

灵帝熹平四年（175年）

△夏四月，7个郡国大水。五月丁卯，大赦天下。

△夏，3个郡国水患，伤害秋季庄稼。

△五月，延陵园火灾，派遣使者持节告祠延陵。

△六月，弘农、三辅发生螟虫灾。

△熹平四年来请雨嵩高庙。

灵帝熹平五年（176年）

△夏，旱。

△举行祈雨祭祀。派遣侍御史巡视传布诏书到狱亭部，审理冤案，宽宥轻罪囚犯。

灵帝熹平六年（177年）

△夏四月，大旱，七州蝗。

△夏，旱。

△十月辛丑，京师地震。

灵帝光和元年（178年）

△二月己未，地震。

△四月丙辰，地震。

灵帝光和二年（179 年）

△春，瘟疫严重，派遣常侍、中谒者巡行给予医药。

△三月，京兆地震。

灵帝光和三年（180 年）

△自秋至次年春季，酒泉郡表氏发生地震 80 余次，水涌出，城中官署百姓房屋都倒塌。县治迁移，重新修筑城郭。

灵帝光和四年（181 年）

△六月，下雹，大如鸡蛋。

△闰九月辛酉，北宫东掖庭永巷署火灾。

灵帝光和五年（182 年）

△二月，大疫。

△夏，旱。

△夏四月，旱。

△五月庚申，德阳前殿西北入门内永乐太后宫署火灾。

灵帝光和六年（183 年）

△夏，大旱。

△秋，金城郡黄河泛滥，河水溢出 20 余里。

△秋，五原山岸崩。

△冬，东海、东莱、琅邪井中冰厚尺余。

灵帝中平二年（185 年）

△春正月，瘟疫严重。

△二月己酉，南宫云台火灾。庚戌，乐成门火灾，延烧到北阙，往西到嘉德殿、和欢殿。云台的火灾自上而起，椽子头数百根同时燃烧，仿佛悬挂着数百盏华灯，当日全部烧尽，又延烧到白虎、威兴门、尚书、符节、兰台，烧了半月才灭。

△夏四月庚戌，大风，下雹。

△七月，三辅发生螟虫灾。

灵帝中平四年（187 年）

△十二月晦，降雨，雷电大作，冰雹。

灵帝中平五年（188 年）

△六月丙寅，大风拔树。

△六月，7 个郡国大水。

灵帝中平六年（189 年）

△自六月下雨，至九月。

△夏，霖雨 80 余日。

献帝初平元年（190 年）

△八月，霸桥火灾。

献帝初平二年（191 年）

△五月，雹如扇如斗。

△六月丙戌，地震。

献帝初平三年（192 年）

△春，连雨 60 余日。

△董卓葬日，大风雨，雷霆震董卓墓，水流入墓室，漂没其棺木。

献帝初平四年（193 年）

△六月，右扶风冰雹如斗。

△六月，右扶风大风，掀起屋顶、拔树。

△六月，华山崩裂。

△六月，大水。派遣侍御史裴茂审讯诏狱，宽宥轻罪。

△夏，大雨昼夜 20 余日，漂没百姓。又大风。派遣御史裴茂审查诏狱，宽宥 200 余人。其中有为李傕所冤枉的，李傕害怕裴茂赦免罪犯，于是上表奏裴茂擅自放出囚徒，疑有奸诈。下诏："灾异屡次降临，阴雨为害，使者带着命令宣布恩泽，原宥罪行轻微的人，合乎天心。"

△六月，寒风如冬季时候。

△十二月辛丑，地震。

献帝兴平元年（194 年）

△六月丁丑，地震；戊寅，又地震。

△六月，大蝗。

△三辅大旱，自四月至七月。献帝避正殿请雨，派遣使者审讯囚

徒，原宥轻罪的人。当时谷一斛50万钱，豆麦一斛20万钱，人吃人，白骨委积。

△秋，长安旱。

献帝兴平二年（195年）

△四月，大旱。

献帝建安二年（197年）

△夏五月，蝗。

△九月，汉水泛滥，伤害百姓。

△是年饥馑，江淮间百姓人吃人。

献帝建安十二年（207年）

△寒冷并伴有旱灾，200里没有水，军队又缺少粮食，杀马数千匹作为粮食，凿地深30余丈才获得水。

献帝建安十三年（208年）

△十二月，曹操率军与孙权、刘备联军战于赤壁，失利。值瘟疫严重，官员士卒多病死，于是还师。

献帝建安十四年（209年）

△冬十月，荆州地震。

献帝建安十七年（212年）

△秋七月，洧水、颍水泛滥，有螟灾。

献帝建安十八年（213年）

△六月，大水。七月，大水，献帝亲自避正殿；八月，因为雨不停，暂且还殿。

献帝建安十九年（214年）

△夏四月，旱。

△五月，大水。

献帝建安二十二年（217年）

△这一年瘟疫严重。

献帝建安二十四年（219年）

△八月，汉水泛滥，伤害百姓。

△是年瘟疫严重，诏令减除荆州百姓租税。

第二章 魏晋南北朝时期

魏文帝黄初二年（221年）

△冀州百姓因蝗灾发生饥荒。

魏文帝黄初三年（222年）

△七月，冀州蝗灾四起。

魏文帝黄初四年（223年）

△三月，宛（今河南南阳）、许（今河南许昌）等地发生疫情。

△六月，连绵大雨导致伊水和洛水泛滥。

魏文帝黄初五年（224年）

△十一月庚寅日，冀州饥荒。

魏文帝黄初六年（225年）

△春，魏文帝派遣使者巡视沛郡，询问民生疾苦，赈济贫困百姓。

魏明帝太和四年（230年）

△八月，大雨连绵30余日，伊、洛、河、汉水泛滥。

魏明帝太和五年（231年）

△三月，从去年十月到本月都没降雨。

△五月，清商殿发生火灾。

△五年，司马懿上奏把冀州的农夫迁到上邽。

魏明帝青龙二年（234年）

△四月，崇华殿发生火灾。

△十一月，洛阳发生地震。

魏明帝青龙三年（235年）

△正月，洛阳再次发生疫情。

吴大帝嘉禾四年（235年）

长沙郡临湘侯国（今湖南长沙）约13341亩土地遭受旱灾。

吴大帝嘉禾五年（236 年）

△长沙郡临湘侯国约 13834 亩土地遭受旱灾。

△据《走马楼吴简》载，嘉禾年间长沙郡临湘侯国共有 705 人次得病或死亡。

魏明帝景初元年（237 年）

△九月，冀、兖、徐、豫四州遭受水灾。

魏齐王正始元年，吴大帝赤乌三年（240 年）

△吴大帝赤乌三年正月，因百姓赋役沉重，水旱灾害频繁，孙权下诏，让督军郡守谨察非法，种植农作物时，以役事扰民者，举正以闻。

△魏齐王正始元年二月，从去年冬天到这一月没有下雨。

△吴大帝赤乌三年十一月，百姓遭遇饥荒。

魏齐王正始二年，吴大帝赤乌四年（241 年）

△吴大帝赤乌四年正月，天降大雪。

△魏齐王正始二年，邓艾开凿广漕渠，可泛舟而下至江淮地区，便于粮草储备减少水害。

吴大帝赤乌八年（245 年）

△夏季，茶陵（今湖南株洲）大水泛滥。

魏齐王正始九年（248 年）

△十月，大风毁坏房屋、折断树木。

△十一月，狂风肆虐数十日。十二月，大风吹得太极殿东阁都摇动了。

吴大帝赤乌十三年（250 年）

△八月，丹阳（今安徽马鞍山东南）、句容和故鄣（今浙江安吉北）、宁国（今安徽宁国南）等地发生山崩，洪水泛滥。

吴大帝太元元年（251 年）

△八月，建业（今江苏南京）刮大风，江、海之上波涛汹涌。

孙吴建兴元年（252 年）

△十二月，雷雨交加，雷电击中武昌端门，发生火灾，重新筑起后，端门再次发生火灾。

吴会稽王五凤二年（255 年）

△发生旱灾。

魏元帝景元四年，吴景帝永安六年（263 年）

△吴景帝永安六年十月，建邺石头城发生火灾，大火向西南蔓延180 丈。

△魏元帝景元四年，赦免益州百姓，免除一半的租税。

晋武帝泰始二年（266 年）

△粮食价格低而布帛价格高，皇帝下诏欲设平籴法，用布匹丝帛买粮食，作为粮食储备，劝勉农事。

晋武帝泰始三年（267 年）

△青、徐、兖三州发生水灾。

晋武帝泰始四年（268 年）

△正月，丁亥日皇帝亲自耕种籍田，庚寅日发布诏令，劝勉农事，并对各郡县郡国劝农事成绩突出的官员予以奖励。

△九月，青州、徐州、兖州、豫州四州发生严重水灾。

晋武帝泰始五年（269 年）

△二月，青州、徐州和兖州发大水。

晋武帝泰始六年（270 年）

△三月，东吴雷电引发火灾。

晋武帝泰始七年（271 年）

△五月，雍州、凉州、秦州三州发生饥荒。

△闰五月，举行求雨祭祀。

△六月，大雨连绵，伊水、洛水、沁水与黄河同时泛滥。

晋武帝泰始八年（272 年）

△河洛地区大雨成灾。

晋武帝泰始十年（274 年）

△光禄勋夏侯和上奏修建新渠、富寿、游陂三条水渠。

晋武帝咸宁元年（275 年）

△五月，下邳（今江苏邳州）、广陵（今江苏扬州）大风折断树木毁坏房屋。该月的甲申日，广陵、司吾（今江苏新沂）、下邳再次大

风折断树木。

△九月，青州发生螟蛉虫害，徐州发大水。

△十一月，有瘟疫大规模流行。

△十二月，疫情继续发展，洛阳病死者大半。

△雨水过量，又有虫灾。

晋武帝咸宁二年（276年）

△七月，河南、魏郡（今河北临漳西南）暴发洪灾。

△八月庚辰日，河南、河东、平阳（今山西临汾西南）三郡发生地震。

△九月丁未日，在洛阳城东起建太仓，在东西市建常平仓。

△闰九月，荆州五郡发大水。

晋武帝咸宁三年（277年）

△六月，益州、梁州等8个郡发洪水。

△七月，荆州发大水。

△八月，平原、安平、上党、泰山四郡天降寒霜，三豆颗粒无收。河间地区，暴风寒冰。

△九月，始平郡（今陕西咸阳附近）发大水。兖、豫、徐、青、荆、益、梁七州发大水。

晋武帝咸宁四年（278年）

△七月，司州、冀州、兖州、豫州、荆州、扬州的20个郡国发大水。

△七月，螟虫成灾。

晋武帝咸宁五年（279年）

△四月丁亥日，有8个郡国遭受冰雹。

△五月，钜鹿、魏郡、雁门下冰雹。六月，汲郡（今河南汲县西南）、广平、陈留、荥阳下冰雹。之后再次降下霜雹。安定（今甘肃泾川北泾河北岸）也降下冰雹。七月，魏郡再次下冰雹。闰七月，新兴再次下冰雹。八月，河南、河东、弘农再次下冰雹。

晋武帝太康元年（280年）

△三月，河东、高平（今山东巨野南）等地下冰雹，降霜。四

月，河南、河内、河东、魏郡、弘农、畿内以及东平、范阳（今河北涿州）等地下冰雹。五月，东平、平阳、上党、雁门、济南等地下冰雹。

晋武帝太康二年（281 年）

△二月庚申日，淮南、丹阳两郡发生地震。

△二月辛酉日，济南、琅邪降霜。壬申日，琅邪下雨雹。三月甲午日，河东降霜。五月丙戌日，城阳、章武、琅邪庄稼受害。庚寅日，河东、乐安、东平、济阴、弘农、濮阳、齐国、顿丘、魏郡、河内、汲郡、上党下雨雹。六月，郡国十七下雨雹。七月，上党下雨雹。

△五月，济南暴风。六月，高平大风。七月，上党又大风。

△六月，泰山郡（今山东泰安东）和江夏郡（今湖北云梦）发大水。

晋武帝太康三年（282 年）

△诏令：水旱灾害严重的地方，免除田租。

晋武帝太康四年（283 年）

△七月，兖州发大水。十二月，河南、荆州、扬州等 6 州发大水。

晋武帝太康五年（284 年）

△九月，南安（今甘肃陇西东南）刮大风，有 5 个郡国发大水，降霜。

△晋武帝太康五年九月，南安等 5 郡发大水。

晋武帝太康六年（285 年）

△正月庚申日，皇帝下诏：近年收成不好，免去旧的借贷租赋。

△三月，青、梁、幽、冀等郡国发生旱灾。六月，济阴、武陵发生旱灾。

△十月，南安郡新兴（今甘肃陇西以南）有山崩塌，大水涌出。

晋武帝太康七年（286 年）

七月，朱提郡的大泸山发生崩塌。阴平郡的仇池崖发生滑塌。

晋武帝太康八年（287 年）

△三月乙丑日，地震震毁西合楚王居留的官署和临着商铺的窗户。

△四月，齐国、天水降霜，冻伤麦子。

△六月，鲁国刮起大风。

晋武帝太康九年（288年）

△正月，洛阳大风冰雹。会稽、丹阳、吴兴三郡发生地震。

△四月辛酉，陇西下霜，冻伤冬小麦；长沙、南海等8个郡国发生地震；七月至八月，这些地区又发生了4次余震。

△夏季，有33个郡国发生旱灾。扶风、始平、京兆、安定发生旱灾。

△洛阳疾疫流行，死者相继。

晋武帝太康十年（289年）

△四月癸丑日，崇贤殿发生火灾。十一月庚辰日，含章鞠室、脩成堂前庑、景坊东屋、晖章殿南阁发生火灾。

晋惠帝元康二年（292年）

△沛国下冰雹。

晋惠帝元康三年（293年）

△六月，弘农郡下冰雹，深3尺。

晋惠帝元康四年（294年）

△二月，蜀郡有山崩塌。淮南寿春（今安徽寿县）山洪暴发。上谷、上庸（今湖北竹山西南）、辽东三郡发生地震。

△六月，寿春、上庸发生地震和山崩。

△八月，上谷居庸、上庸两地地震，当地遭受饥荒。

晋惠帝元康五年（295年）

△四月庚寅日，洛阳夜里刮起暴风，城东渠波涛汹涌。七月，下邳（今江苏睢宁西北古邳镇东）刮起大风。九月，雁门（今山西朔州东南夏关城）、新兴（今山西忻州）、太原、上党（今山西长治）刮起大风。

△五月，颍川、淮南发大水。六月，城阳、东莞（今山东沂蒙）发大水。荆州、扬州、兖州、豫州、青州、徐州发大水。

△十月，武库发生火灾。

△六月，东海冰雹。十二月，丹阳、建邺下雨雹并下大雪。

△七月十二日，洛阳的雨量大于平常。

晋惠帝元康七年（297 年）

△五月，秦、雍二州瘟疫流行。

△七月，雍州、梁州发生疫病。同时发生旱灾和霜冻，以致关中发生饥荒。

晋惠帝元康八年（298 年）

△正月丙辰日，发生地震。

△九月，荆、豫、扬、徐、冀五州发大水。

晋惠帝永康元年（300 年）

△十一月，京都洛阳刮起大风。

晋惠帝永宁元年（301 年）

△七月，南阳国和东海郡（今山东郯城北）发大水。

△从夏天到秋天，青、徐、幽、并四州发生旱灾。十二月，又有13 个郡国遭受旱灾。

晋惠帝永兴二年（305 年）

△七月甲午日，尚书诸曹发生火灾。

晋惠帝光熙元年（306 年）

△宁州（今云南昆明晋宁区）连年有饥荒和瘟疫。

晋怀帝永嘉三年（309 年）

△五月，发生大旱灾。

晋怀帝永嘉四年（310 年）

△五月，幽、并、司、冀、秦、雍六州蝗虫肆虐。

△五月，秦、雍二州有饥荒，而且瘟疫流行。

△十一月，襄阳发生火灾。

晋愍帝建兴三年（315 年）

△三月，平阳城（今山西临汾附近）发生地震。十一月，平阳城再次发生地震。

晋愍帝建兴四年，前赵汉昭武帝建元二年（316 年）

△六月，有日食现象出现，发生大蝗灾。河东平阳发生蝗灾。

△八月，平阳城发生地震。

晋元帝建武元年（317 年）

△七月，发生大旱；司州、冀州、并州、青州、雍州发生蝗灾；黄河和汾河泛滥。

晋元帝大兴元年（318 年）

△二月，庐陵（今江西吉水东北）、豫章、武昌、西阳（今湖北黄冈东）四郡地震。

△四月，西平郡（今青海西宁附近）发生地震，有大水涌出。

△六月，天下大旱。

△七月，东海、彭城、下邳、临淮（今江苏泗洪南）四郡蝗虫成灾，啃食禾豆。八月，冀、青、徐三州蝗虫成灾，食尽草木。

晋元帝大兴二年（319 年）

△五月癸丑，祁山发生地震，山体崩塌。徐、扬及江西诸郡蝗虫成灾。吴郡（今江苏苏州）、吴兴（今浙江湖州）、东阳（今浙江金华）发生饥荒。

晋元帝大兴三年（320 年）

△四月庚寅日，丹阳、吴郡、晋陵（今江苏常州）三地发生地震。同年，南平郡有山崩塌。

晋元帝大兴四年（321 年）

△八月，恒山崩塌，引发山洪，造成滹沱河决堤。

△大兴年间（318—321 年），武昌发生火灾，东西南北数十处都有火情，数日不曾断绝。

晋元帝永昌元年（322 年）

△六月，发生旱灾。闰十一月，南京发生旱灾。

△十一月，京师地区有大规模疫情暴发。河朔地区情况也是这样。

△七月丙寅日，大风吹落屋瓦。八月，大风毁坏房屋，折断御道两旁的柳树百余株。

晋明帝太宁元年（323 年）

△正月癸巳日，京师发生火灾。三月，饶安（今河北盐山西南）、东光、安陵（今河北吴桥东北）三县发生火灾。

△五月，丹阳、宣城、吴兴、寿春发大水。

晋成帝咸和元年（326年）

△宣城郡春谷（今安徽铜陵附近）有山崩塌。

晋成帝咸和二年（327年）

△二月，江陵发生地震。

△三月，益州发生地震；四月己未日，豫章发生地震。

△五月戊子日，南京发大水。

晋成帝咸和四年（329年）

△七月，丹阳、宣城、吴兴、会稽发大水。

后赵石勒建平元年（330年）

△九月，连绵大雨，中山郡（今河北定州市）西北发生洪水。

晋成帝咸和九年（334年）

△六月，发生旱灾。

晋成帝咸康元年（335年）

△二月甲子日，扬州诸郡饥荒，派人前去赈济。

△六月，发生旱灾。

△秋八月，长沙郡、武陵郡发大水。

晋成帝咸康四年（338年）

△冀州八郡发生蝗灾，地方长官赵司隶请罪。

△三月壬辰日，成都刮起大风。

晋穆帝永和三年（347年）

△八月，下大雪。

晋穆帝永和七年（351年）

△七月甲辰日，夜间，洪水冲入石头城。

晋穆帝永和八年（352年）

△从五月到十二月都没有下雨。

晋穆帝永和十一年（355年）

△二月，秦地发生蝗灾。

晋穆帝永和十二年（356年）

△四月，长安大风吹坏房屋、折断树木。

晋穆帝升平二年（358 年）

△秦地大旱。

晋穆帝升平五年（361 年）

△六月，发生旱灾。

△皇帝赏赐鳏、寡、孤、独等不能自谋生计者，每人 5 斛米。

晋哀帝兴宁元年（363 年）

△四月甲戌日，扬州发生地震，导致湖渎泛滥。

晋海西公太和元年（366 年）

△二月，凉州发生地震，河水上涌。

△晋海西公太和年间（366—371 年），发生旱灾和火灾。

晋海西公太和四年（369 年）

△冬，发生旱灾。凉州地区旱灾从春天持续至夏天。

△晋海西公太和四年冬，当时徭役繁重，加上疠疫流行。

晋海西公太和六年（371 年）

△六月，京师（今江苏南京）发大水，丹阳、晋陵、吴郡、吴兴、临海（今浙江临海）这五郡也发大水，百姓发生饥荒。同年十二月壬午日，洪水冲进石头城（今江苏南京）。

晋简文帝咸安二年（372 年）

△十月，三吴地区发生旱灾。

晋孝武帝宁康二年（374 年）

△诏令：三吴地区发生水旱灾害，百姓流离失所……三吴的义兴、晋陵和会稽受水灾最严重，免除一年的租布；其他的免除半年。赈济灾民。

晋孝武帝太元元年（376 年）

△五月癸丑日，发生地震。

晋孝武帝太元二年，前秦建元十三年（377 年）

△春，暴风折断树木，夏季又起暴风，飞沙走石。

△闰三月甲申，暴风折断树木，毁坏房屋。

△二月乙丑日清晨，暴风折断树木。闰三月甲子日，风雨交加，毁坏房屋、折断树木。暴风折断树木，毁坏房屋。六月己巳日，再次

刮起暴风，扬起沙石。

△苻坚因为关中水旱不合农时，征发王侯以下及豪门望族富贵人家的奴仆 3 万人，开挖泾水上游，挖山筑堤，开渠引水，灌溉盐碱地。

晋孝武帝太元三年（378 年）

△三月，下起雷雨刮起暴风。

△六月，长安刮起大风。

晋孝武帝太元四年（379 年）

△诏令由于战事频繁和粮食歉收，举国上下一切从俭。

晋孝武帝太元五年（380 年）

△四月，发生严重旱灾。

△夏，地震使含章殿的四柱倒塌，砸死两个侍者。

△五月，去年冬天暴发瘟疫，持续到今年夏天。

△六月，因连年灾荒，大赦天下。

晋孝武帝太元六年（381 年）

△六月，日食。扬州、荆州、江州（今湖北黄梅西南）发大水。

晋孝武帝太元七年（382 年）

△五月，幽州发生蝗灾，受害面积广袤千里。

晋孝武帝太元八年（383 年）

△三月，始兴（今广东韶关）、南康（今江西赣州）、庐陵（今江西吉水）发大水，水深 5 丈。

晋孝武帝太元十年（385 年）

△正月，国子监学生顺着风放火，焚烧了百余间房屋。

△七月，发生旱灾，并引发饥荒。

晋孝武帝太元十三年（388 年）

△十二月，大水冲进石头城。

晋孝武帝太元十五年（390 年）

△三月，发生地震。

△八月，沔中各郡和兖州发大水。

晋孝武帝太元十六年（391 年）

△五月，蝗虫从南面飞来，集结在棠邑（今山东聊城）境内。

晋孝武帝太元十七年（392 年）

△六月甲寅日，洪水冲进石头城。

晋孝武帝太元十八年（393 年）

△六月己亥日，始兴、南康、庐陵发大水。

晋孝武帝太元十九年（394 年）

△七月，荆州、徐州发生大水。

北魏道武帝皇始二年（397 年）

△八月丙寅日，饥荒和瘟疫在军中蔓延。

晋安帝隆安三年（399 年）

△荆州发大水。

晋安帝元兴二年（403 年）

△二月初，夜有大风雨。十一月，刮大风。

晋安帝元兴三年（404 年）

△正月，桓玄坐大船向南出游，大风吹飞其轨盖。五月，江陵又刮大风。十一月，刮起大风。

△二月，夜间，洪水冲进石头城。

△十月，广州夜间发生火灾。

晋安帝义熙元年（405 年）

△二月庚寅日，夜里洪水冲入石头城（今江苏南京）。

北魏道武帝天赐四年（407 年）

△五月，天降大雨。

西凉建初四年（408 年）

△又兵曹八幢在中部屯守。到达屯戍之日，兵曹八幢和校将一人选取士兵 15 人，当夜驻屯下来保卫水源。老校将一人，将残兵带着狗返回烽燧驻守。

晋安帝义熙五年（409 年）

△正月戊戌日夜间，寻阳（今江西九江）发生地震。

北魏道武帝天赐六年（409年）

△三月，恒山崩塌。

晋安帝义熙六年（410年）

△五月，大风刮断建康北郊百年老树，又将琅邪、扬州二射堂毁坏。当月甲戌日，又刮起大风。

晋安帝义熙九年（413年）

△建康发生火灾。

晋安帝义熙十年（414年）

△五月丁丑日，发大水。秋七月，淮北发生风灾，又发大水。

△九月，有旱灾。冬十二月，有旱灾。

△十二月……檀石槐逃走，派遣奚斤等追击，遭遇大雪。

晋安帝义熙十一年（415年）

△秋七月丙戌日，建康发生大水。

北魏明元帝神瑞二年（415年）

△七月，明元帝拓跋嗣返宫，免除所到之处一半的田租。九月，黄河以南的流民前后3000余家归附。京师民众发生饥荒，允许民众到山东寻找生计。

△冬十月丙寅日，皇帝下诏说："近段时间来，频频遇霜灾旱灾，庄稼颗粒无收，百姓饥寒交迫，不能生存的人有很多，命令开仓发放布帛粮食赈济贫困的百姓。"

△秦中地区发生大旱，昆明池水干涸。

△北魏连年发生霜冻和旱灾。

姚泓永和元年（416年）

△前秦永和元年，秦州（今甘肃天水）地面下陷开裂，岩岭崩塌坠落。

北魏明元帝泰常二年（417年）

△勃海、范阳两郡发大水。

北魏明元帝泰常三年（418年）

△八月，雁门、河内两郡大雨成灾。

△由于勃海、范阳两郡上年发生水灾，所以免除两郡的租税。

宋武帝永初三年（422 年）

△三月，秦州、雍州地区的流民南下进入刘宋所辖的梁州；庚申日，刘宋武帝派遣使臣赠送 1 万匹绢，并将荆州、雍州二处的谷米粮食漕运到梁州，赈济流民。

北魏明元帝泰常八年、宋少帝景平元年（423 年）

△泰常八年夏四月丁卯日，成皋（今河南荥阳）城内严重缺水。七月九日，武牢城破，士兵流行瘟疫。

△宋少帝景平元年七月丁丑日，因旱灾诏令赦免 5 年以下刑罚的犯人。

宋文帝元嘉三年（426 年）

△秋，发生旱灾，并引发蝗灾。

△旱灾尚未平复，又发生疾疫。

宋文帝元嘉四年（427 年）

△五月，京师瘟疫流行。

宋文帝元嘉五年（428 年）

△正月戊子日，京师发生火灾。

△春，发生旱灾，王弘引咎辞职。

宋文帝元嘉七年（430 年）

△关中一带自正月到九月没有降雨。

△冬十二月乙亥日，京师发生火灾。

△刘义欣担任荆河刺史，镇守寿阳时，针对芍陂堤堰年久失修，秋夏两季经常闹旱灾的情况，对芍陂加以治理。

北魏太武帝神麚四年、宋文帝元嘉八年（431 年）

△北魏太武帝神麚四年二月，定州发生饥荒。

△宋文帝元嘉八年三月，朝廷祭祀求雨。夏六月乙丑日，大赦天下，旱灾依旧。

△闰六月庚子日，宋文帝颁布诏书说：“近来农桑之业衰败，弃耕求食者众多，田土荒芜无人垦辟，督责考核也无人过问。一遇水旱灾害，就会粮尽财竭，如不重视抓农业，丰衣足食则无从谈起。郡守授政境内，县令是爱民之主，应当设法劝勉，用良法引导。使人们都极

尽而为，地尽其利，或种桑养蚕，或种粮种菜，人则各尽其力。若有成效出众的，年终逐一上报。”扬州发生旱灾。乙巳日派遣侍御史审核刑狱诉讼。

△北魏南部地区发生水灾。

北魏太武帝延和元年、宋文帝元嘉九年（432年）

△宋文帝元嘉九年春，京师下冰雹，溧阳、盱眙尤为严重。

△北魏太武帝延和元年六月甲戌日，京师发生水灾。

北魏太武帝太延元年、宋文帝元嘉十二年（435年）

△六月甲午日，北魏太武帝下诏令：“去年春天稍有旱情，致使春耕时禾苗不茂盛，我奉公克己勤劳忧虑，祈祷请求神灵赐福。难道是我的至真至诚有所感动，报应才这么神速吗？云涌起、雨洒落，散布的恩泽沾润黎民。有一位乡鄙妇女手持一寸见方的玉印来到潞县侯孙家里，一会儿便消失不见，不知去向。玉印刻有三个字，为龙鸟的形状，精妙奇巧，不像是人雕刻的手迹。刻文是‘旱疫平’。推究它的情理，大概是神灵的报应。最近以来，祯祥嘉瑞接连而来：甘露流液，降落在殿内；几颗嘉瓜并蒂，生长在中山；野生树木异根连枝，生长在魏郡；在先君出生的乡里，白燕聚集在盛乐旧都，还有燕子随从，大约有一千多只；一茎多穗的嘉禾连年在恒农吐穗；白兔在渤海成双出现；白雉三只又聚集在平阳的太祖神庙。上天降赐嘉瑞，我们用什么德业来酬报它呢？我现在命令天下官民大聚会饮酒五日，以礼报答百神。各地方的守宰祭祀所辖境内的名山大川，以报答上天的嘉意。”

△宋文帝元嘉十二年六月，丹阳、淮南、吴兴、义兴发水灾。

△北魏太武帝太延元年七月庚辰日，天降寒霜。

北魏太武帝太延二年、宋文帝元嘉十三年（436年）

△北魏太武帝太延二年四月甲申日，京师刮起暴风，吹倒宫墙，压死数十人。

△宋文帝元嘉十三年，余杭洪水，冲塌大堤。

北魏太武帝太延三年、宋文帝元嘉十五年（438年）

△宋文帝元嘉十五年，漠北发生大旱灾。

△北魏太武帝太延三年十二月，京师刮起大风。

北魏太武帝太平真君元年、宋文帝元嘉十七年（440 年）

△北魏太武帝太平真君元年二月，京师漫天刮起黑风。

△北魏太武帝太平真君元年，黄河下游 15 个州镇发生饥荒。

△宋文帝元嘉十七年八月，徐、兖、青、冀四州发生水灾。

宋文帝元嘉十八年（441 年）

△五月，江水泛滥。

△五月，沔水泛滥。

宋文帝元嘉十九年（442 年）

△闰五月，京师雨大成灾。

宋文帝元嘉二十年（443 年）

△元嘉中期，三关地区发生水灾，谷价上涨，百姓发生饥荒。元嘉二十年，一些州郡发生水旱灾害，百姓发生饥荒。

宋文帝元嘉二十一年（444 年）

△春正月己亥日，南徐州、南豫州、扬州的浙江以西地区禁止酿酒，大赦全国囚犯。元嘉十九年以前的各种债务，一律豁免。去年歉收的，计量申报减轻赋税。受害最严重的地方，派遣使者到郡县中妥善地给予赈济抚恤。凡是打算务农，而缺乏粮种的人，都给予借贷。每个经营千亩田的统司中服役的人，按等次赏赐布匹。

△夏四月，晋陵延陵县（今江苏丹阳西南）民徐耕捐米 1000 斛，以帮助安抚灾民。

△六月，京师下雨持续 100 多天，雨大成灾。

△秋七月乙巳日，颁布诏书说："今年庄稼受损，水旱成灾，也因播种之事，还有疏略之处。南徐、兖、豫三州及扬州之浙江以西的属郡，从现在起都要督促种麦，以弥补其不足。迅速运送彭城下邳郡现存的麦种，交付刺史借贷给民众。徐、豫地方多稻田，而民间专门致力于旱地，应命令二州长官，巡查旧有陂泽，相继修整完好，同时督促开垦田地，使其赶得上来年耕种。所有的州郡，都命令要充分发挥土地的生产能力，劝导播种栽植，蚕桑麻纻，各项都要想尽办法，不要应付差事。"

△魏太子督促百姓耕种，让没有牛的借别人的牛来耕种，以代替

耕种为回报。给自己耕 22 亩，则替别人耕 7 亩，以此为标准。让百姓把姓名标记在田首，以此来判断田主的勤惰。禁止饮酒、游戏，于是开辟的田亩大大增加。

北魏太武帝太平真君八年、宋文帝元嘉二十四年（447 年）

△北魏太武帝太平真君八年五月，北方六镇天气寒冷，下暴雪。

△宋文帝元嘉二十四年六月，京师有疠疫流行。

北魏太武帝太平真君九年、宋文帝元嘉二十五年（448 年）

△宋文帝元嘉二十五年春正月戊辰日，下诏说："近十多天连降大雪，柴米价格猛涨，贫困的人家，多有窘迫穷困。应巡视京师二县和营署，赐给柴米。"

△宋文帝元嘉二十五年正月，地面积雪结冰，天气寒冷。

△北魏太武帝太平真君九年，太行山以东的百姓发生饥荒。

△宋文帝元嘉二十五年，陕西汉中一带发生饥荒。

宋文帝元嘉二十六年（449 年）

△二月庚申日，寿阳忽然下起大雨，旋风强烈。

宋文帝元嘉二十八年（451 年）

△十一月壬寅日，特赦二兖、徐、豫、青、冀六州囚犯。这一年冬季，将彭城流民迁到瓜步，将淮西流民迁到姑孰，共有 1 万多户。

北魏文成帝兴安元年、宋文帝元嘉二十九年（452 年）

△宋文帝元嘉二十九年春正月甲午日，朝廷颁布诏书说："受到侵犯的淮河流域的六个州，生产还未恢复，又遇到涝灾，极为贫困。可迅速命令各地方长官，从优予以救济。时下耕种将要开始，务必充分利用地力。如果需要种子，根据实际情况供给。"五月，京师降雨成灾。六月，朝廷派遣部司官员巡查灾情，赐予柴米，提供船只。

△宋文帝元嘉二十九年三月壬午日，京师发生火灾，风刮得很大，雷声轰鸣。

△宋文帝元嘉二十九年五月，盱眙下冰雹。

△北魏文成帝兴安元年十二月癸亥日，皇帝下诏，因营州发生蝗灾，开仓救济百姓。

宋文帝元嘉三十年（453 年）

△正月，大风折断树木，下雨，天气寒冷。

△正月，青州和徐州发生饥荒。

北魏文成帝太安元年、宋孝武帝孝建二年（455 年）

△北魏文成帝太安元年五月以后，三吴发生饥荒与疾疫。

△宋孝武帝孝建二年八月，三吴百姓饥荒。

北魏文成帝太安三年、宋孝武帝大明元年（457 年）

△宋孝武帝大明元年正月，京师下雨成灾。

△宋孝武帝大明元年五月，吴兴、义兴（今江苏宜兴）发生水灾，人民发生饥荒。

△北魏文成帝太安三年十二月，共有 5 个州镇发生蝗灾，百姓饥贫。

△宋孝武帝大明元年四月，京师瘟疫流行。

宋孝武帝大明二年（458 年）

△正月壬子日，颁布诏书说："去年东方多受水灾。已到春耕时节，应优先加以督促。所需粮种，按时借给。"

△九月，襄阳发生水灾。

北魏文成帝太安五年、宋孝武帝大明三年（459 年）

△北魏文成帝太安五年三月，肥如（今河北卢龙北）城内发生火灾。

△宋孝武帝大明三年，荆州发生饥荒。

△北魏文成帝太安五年十二月戊申日，下诏说："六镇、云中、高平、二雍、秦州，普遍遭遇旱灾，谷物无收成。现派人打开仓廪赈济。有流浪迁徙的，告谕返回故乡。想要在其他地区贸易籴粮，为他们关照旁郡，打通交易的道路。如果主管的官员，理事不均匀，使上面的恩惠不能传达到下层，下面的民众此时不丰足，处以重罪，不得有所放纵。"

北魏文成帝和平元年、宋孝武帝大明四年（460 年）

△宋孝武帝大明四年四月辛酉日，下诏："都城节气失调，瘟疫多有发生，考虑到民间疾苦，心情悲痛。应该派遣使者慰问，并供给医

药；因病死亡的人，要妥善抚恤。”八月，雍州发生水灾。

△北魏文成帝和平元年四月，不同地区发生旱灾。

宋孝武帝大明五年（461 年）

△四月戊戌日，颁布诏书说：“南徐、兖二州去年大水成灾，百姓大多贫困。拖欠租赋未交的可延至秋收时。”七月，又颁布诏书说：“雨水成灾，街道漫溢。应派遣使者巡察。对穷困的家户，赐以柴米。”

宋孝武帝大明六年（462 年）

△七月甲申日，有地震。

北魏文成帝和平四年、宋孝武帝大明七年（463 年）

△宋孝武帝大明七年以及八年，浙江东郡发生大旱灾。

△宋孝武帝大明七年九月己卯日，颁布诏书说：“近来太阳亢烈气候反常，庄稼因此受损。现在二麦下种还不算晚，频频降雨，应下令东境的郡县，督促耕种。对于特别贫困人家，酌情借贷麦种。”

△北魏文成帝和平四年冬十月，定州和相州降霜，庄稼因此受损。

北魏文成帝和平五年、宋孝武帝大明八年（464 年）

△宋孝武帝大明八年正月甲戌日，颁诏：“东部地区去年庄稼歉收，应当扩大贸易。远近贩卖粮食的，可以免收途中杂税。他们用兵器自卫的，一律不要禁止。”二月又颁诏：“去年东部地区偏旱，农田没有收成。前来被使唤的人，大多到了穷困的地步。有的沦为赤贫而流离失所，在街头巷尾伏地露宿，我十分怜悯他们。应该拿出仓中的粮食交付建康、秣陵二县，妥善地予以救济。如果不及时拯救，以致有所遗弃的，严加举发弹劾。”

△北魏文成帝和平五年二月，有 14 个州去年遭受虫灾和水灾，北魏朝廷下诏开仓赈济。闰四月戊子日，皇帝因为旱灾的缘故，减少膳食并深刻自责。当夜，下雨。

△宋孝武帝大明八年八月，京师大雨。

△宋孝武帝大明八年，去年和今年，东部诸郡大旱。

宋明帝泰始元年（465 年）

△冬十二月丙子日，下诏说：“皇室多变故，费用越来越多，多年来粮食收成不好，政府和民间的积累都不够。必须立即从俭，方可度

过艰难时期。政道还未为人信服，我感到十分愧疚。皇宫供应膳食，可根据具体情况减撤，尚方御府雕文篆刻等无用的东西，一律减省。务存简约品性，才符合我的心意。”

北魏献文帝天安元年（466 年）

△有 11 个州镇发生旱灾。

宋明帝泰始三年（467 年）

△闰月庚午日，京师下大雨雪。

△正月，张永等人弃城连夜逃跑。当时恰逢天降大雪，泗水河面结冰。

北魏献文帝皇兴二年（468 年）

△夏，旱灾，黄河决口，27 个州镇发生饥荒，不久，又发生疾疫。

△十月，豫州有瘟疫。

△十一月，因为有 27 个州镇发生水旱灾害，政府开仓赈济。

北魏献文帝皇兴四年（470 年）

△正月，黄河下游一些州镇发生饥荒。

北魏孝文帝延兴二年、宋明帝泰豫元年（472 年）

△北魏孝文帝延兴二年六月，安州（今湖北安陆）民众遭遇水灾冰雹，九月己酉日，皇帝诏令因 11 个州镇发生水灾，免除民众的田租，开仓赈济抚恤。

△宋明帝泰豫元年六月，京师雨水成灾。

北魏孝文帝延兴三年、宋后废帝元徽元年（473 年）

△宋后废帝元徽元年六月，寿阳（今安徽寿县）水灾。

△宋后废帝元徽元年，京师发生旱灾。

△北魏献文帝延兴三年，有 11 个州镇发生水、旱灾害。

北魏孝文帝延兴四年、宋后废帝元徽二年（474 年）

△宋后废帝元徽二年四月戊申日，发生地震。

△北魏孝文帝延兴四年四月庚午日，泾州下大冰雹。

△北魏孝文帝延兴四年五月，雁门郡崎城（今山西繁峙东齐城）发生地震。十月己亥日，京师（今山西大同）地震。

△北魏孝文帝延兴四年，13 个州镇发生严重饥荒。

宋后废帝元徽三年（475 年）

△三月，京师发生水灾。

北魏孝文帝承明元年（476 年）

△三月丙午日，发布诏令说，去年耕牛发生疾疫，死伤很多，以致影响到耕垦。

△八月庚申日，并州乡郡下大冰雹；癸未日，定州下冰雹。

△八月甲申日，因为长安蚕大量死亡，朝廷免去百姓一半的赋税。

北魏孝文帝太和元年、宋顺帝昇明元年（477 年）

△北魏孝文帝太和元年正月，云中发生饥荒。

△五月乙酉日，孝文帝驾车到武州山祈雨，不久大雨密集落下。

△宋顺帝昇明元年七月，雍州发生水灾。

△北魏孝文帝太和元年十二月丁未日，孝文帝诏令 8 个州郡发生水灾、旱灾和蝗灾，百姓饥荒，开粮仓进行赈济抚恤。

△北魏孝文帝太和元年，有 8 个州郡发生水灾。

北魏孝文帝太和二年、宋顺帝昇明二年（478 年）

△宋顺帝昇明二年二月，于潜（今浙江临安于潜镇）翼异山某日晚上突然有 52 处涌出水来，冲走淹没当地居民。

△北魏孝文帝太和二年四月，京师发生旱灾。

△宋顺帝昇明二年七月丙午日清晨，江水涌入石头城。

△北魏孝文帝太和二年七月庚申日，武川镇（今内蒙古武川西南）刮起大风。

△北魏孝文帝太和二年有 20 多个州镇发生水灾和旱灾。

北魏孝文帝太和三年、宋顺帝昇明三年（479 年）

△宋顺帝昇明三年四月乙亥日，吴郡桐庐县刮起暴风伴有雷电。

△北魏孝文帝太和三年五月，孝文帝在北苑祈雨，关闭阳门，当日降大雨。

△北魏孝文帝太和三年六月辛未日，雍州百姓饥荒，开仓放粮赈济抚恤。

△北魏孝文帝太和三年七月，雍州和朔州及枹罕（今甘肃临夏）、吐京（今山西石楼）、薄骨律（今宁夏灵武西南）、敦煌、仇池镇（今

甘肃西和西南）都天降寒霜。

北魏孝文帝太和四年、南齐高帝建元二年（480 年）

△北魏孝文帝太和四年二月癸巳日，旱灾，孝文帝下诏祭祀山川及主管降水的神祇，整理祠堂。

△南齐高帝建元二年六月癸未日，诏令："往年因水旱灾害，局部宽免丹阳、二吴、义兴四郡遭受水灾异常严重的县。建元元年以前，各种租调还未完成，虚报的数据已经完成，除有关官吏应共同补收外，其余的应慎重地予以免除。"

△北魏孝文帝太和四年，孝文帝诏令因 18 个州镇发生水灾和旱灾，百姓饥荒，开仓放粮进行赈济抚恤。

北魏孝文帝太和五年（481 年）

△七月，敦煌镇蝗虫成灾。

△十二月癸巳日，孝文帝诏令，因 12 个州镇百姓饥荒，开仓放粮进行赈济抚恤。

北魏孝文帝太和六年、南齐高帝建元四年（482 年）

△南齐高帝建元四年四月，长江两岸降水颇多，致使两岸居民被淹。

△北魏孝文帝太和六年七月，青、雍二州虸蚄成灾。

△建元四年诏令：连年歉收，京师附近百姓受困。

△北魏孝文帝太和六年诏令："去年秋天雨水不断，引发水灾，百姓饥荒，遂派遣使者负责赈济，但是有关官吏办事不力。应该督促将未入和将要入的租税都免去。"

北魏孝文帝太和七年（483 年）

△三月甲戌日，冀、定二州发生饥荒。

△四月，相、豫二州蝗虫成灾。

△冀、定二州发生饥荒。

△诏令，因 13 个州镇百姓遭遇饥荒，开仓放粮进行赈济抚恤。

北魏孝文帝太和八年（484 年）

△三月，冀、州、相 3 个州虸蚄成灾。

△四月，济、光、幽、肆、雍、齐、平 7 个州发生蝗灾。

△六月乙巳日，相、齐、光、青四州蚜蚄成灾。

△六月戊辰日，武州（今山西左云）河流泛滥。

△十二月，孝文帝诏令，因15个州镇发生水灾和旱灾，百姓饥荒。派遣使者沿途巡视，询问百姓疾苦，并开仓放粮进行赈济抚恤。

北魏孝文帝太和九年、南齐武帝永明三年（485年）

△北魏孝文帝太和九年八月庚申日，多个州县发生水灾，造成饥荒，以致出现买卖人口的现象。

△北魏孝文帝太和九年九月，南豫（今安徽和县）、朔这两州发生大水。

△南齐武帝永明三年，浙江发生旱灾。

北魏孝文帝太和十年、南齐武帝永明四年（486年）

△北魏孝文帝太和十年十二月乙酉日，孝文帝诏令因汝南、颍川发生严重饥荒，免去百姓田租，并开粮仓进行赈济抚恤。

△南齐武帝永明四年诏令：免除三年以前的负债。对孤老贫穷赐10石谷物。凡是想要种地而无粮种的，都要贷给。

北魏孝文帝太和十一年、南齐武帝永明五年（487年）

△北魏孝文帝太和十一年二月甲子日，孝文帝诏令因肆州的雁门和代郡地区的百姓饥荒，开仓放粮进行赈济抚恤。

△北魏孝文帝太和十一年六月辛巳日，秦州发生饥荒。

△北魏孝文帝太和十一年七月己丑日，孝文帝下诏："今年粮食没有丰收，准许百姓出关谋食。派遣使者造簿籍，分别安排百姓的去留，所在地要打开粮仓进行赈济抚恤。"

△北魏孝文帝太和十一年九月庚戌日，孝文帝下诏："从去年夏以来，百姓发生饥荒，四处讨食，造成户籍杂乱，以致朝廷的赈济措施未能产生应有的效果。现在要以地域为标准重新登记户籍，进行赈济。"

△南齐武帝永明五年九月丙午日，武帝下诏："京师及四方出钱亿万，购进米、谷、丝、绵之类物品，以平价优惠卖给百姓。曾经在边远地区采购的杂物，如果不是当地传统的产品，全部都停止。一定要让当年的赋税事宜，都邑所缺乏的，可以根据现价议价购买，不要拖

欠削减。”

△南齐武帝永明五年，武帝诏令自丧乱以来，生灵涂炭，人民不如以前殷实。凡是下贫之家，可以免去三调。

北魏孝文帝太和十二年、南齐武帝永明六年（488 年）

△北魏孝文帝太和十二年五月，孝文帝下诏六镇、云中（今内蒙古和林格尔西北）、河西以及关内各郡，各自兴修水田，挖通水渠以便灌溉农田。

△南齐武帝永明六年八月，下诏对遭受水灾的吴兴、义兴两地，按贫困程度赐予粮食。

△北魏孝文帝太和十二年十一月，孝文帝诏令因雍州、东雍州、豫州三州百姓遭遇饥荒，开仓放粮进行赈济抚恤。

△北魏孝文帝太和十二年，孝文帝下诏要求百官提出安定百姓的措施。

△北魏孝文帝太和十二年，秘书丞李彪上书说：“建议另立农官，抽调州郡十分之一的农户作为屯民由农官督率，选择条件较好的地方，按户分给一定数量的田地，用国家没收的罪犯赃款赃物购买牛力给这些民户使用，让其努力耕作。一夫所耕之田，一年要求其交纳六十斛粮食，免其正常租调及一切杂役。采取这两项措施，数年之内便可做到粮食丰满而民众富足。”皇帝看了奏疏后，觉得是个好办法，随后便付诸实施。从此以后，国家和民众都丰足起来，虽然时有水旱灾害，也没有造成大的灾难。

北魏孝文帝太和十三年、南齐武帝永明七年（489 年）

△南齐武帝永明七年正月戊申日，武帝下诏，雍州地区连年征兵劳役，又有水旱灾害，免除四年以前拖欠的租税。

△北魏孝文帝太和十三年四月，15 个州镇发生严重饥荒。

北魏孝文帝太和十四年、南齐武帝永明八年（490 年）

△北魏孝文帝太和十四年四月，黄河下游有 15 个州镇发生饥荒。

△南齐武帝永明八年六月乙酉日，京师有大风吹倒房屋。

△南齐武帝永明八年七月癸亥日，武帝下诏，司州与雍州地区连年没有丰收，免除雍州永明八年以前和司州永明七年以前拖欠的租税，

汝南郡延长5年。

△南齐武帝永明八年八月丙寅日，武帝下诏，京师的大雨形成水灾，派遣中书舍人与当地官长进行赈济。

南齐武帝永明九年（491年）

△京师发生水灾，吴兴尤其严重。

南齐武帝永明十年（492年）

△十一月戊午日，武帝下诏：近来连绵大雨，柴米价格上涨，京师的百姓多受其苦。派遣中书舍人和两县的官长进行赈济。

北魏孝文帝太和十七年、南齐武帝永明十一年（493年）

△北魏孝文帝太和十七年五月丁丑日，因为旱灾，孝文帝撤去膳食。

△南齐武帝永明十一年七月丁巳日，武帝下诏说："近来风雨成灾，两岸百姓，多受其害。再加上贫穷、疾病、孤寡、年老、幼小和体弱的人，更引起怜悯与惦念。所以派遣中书舍人亲自巡视抚恤百姓。"又下诏说："水旱成灾，实际伤害的是农田庄稼。江、淮之间，粮仓已经空虚，草寇盗贼随之而起，相互之间进行侵夺，并凭依山河湖泊的有利地形，得以逃遁。特赦免南兖、兖、豫、司、徐五州，南豫州的历阳、谯、临江、庐江四郡等地的各种租调，百姓拖欠的旧债，一并免除。那些在淮河以及青州、冀州地区新迁入的侨民，对已经免除的徭役进行更改并再延长五年。"

南齐明帝建武二年（495年）

△发生旱灾。

△二年、三年和四年，这三年的七月、八月，都有大风，三吴特别严重。

北魏孝文帝太和二十年、南齐明帝建武三年（496年）

△北魏孝文帝太和二十年五月，南安王元桢到达邺城。初一这一天，下暴雨刮大风。

△北魏孝文帝太和二十年十二月甲子日，因为西北一些州郡发生旱灾，孝文帝派遣侍臣巡查，开粮仓赈济，戊辰日设立常平仓。

△北魏孝文帝太和二十年，因南方和北方均有州郡发生旱灾，

于是孝文帝派遣近侍大臣沿途巡视考察，并开仓放粮赈济抚恤百姓。

△南齐明帝建武三年初，郢城关闭，明帝所带领的辅助官员男女十万多人，因疫病流行死去的占了十之七八。

北魏孝文帝太和二十三年、南齐东昏侯永元元年（499 年）

△北魏孝文帝太和二十三年六月，青、齐、光、南青、徐、豫、兖、东豫 8 州发生水灾。

△南齐东昏侯永元元年秋七月，京师发生水灾，洪水冲入石头城。

△南齐东昏侯永元元年七月，建康发生地震，到了第二年仍然昼夜不停。

△南齐东昏侯永元元年七月十二日，京师地区有大风。

△北魏孝文帝太和二十三年，有 18 个州镇发生水灾。

北魏宣武帝景明元年（500 年）

△二月癸巳日，幽州刮起暴风。

△四月丙子日，夏州降霜冻死草木。

△五月乙丑日，齐州山茌县（今济南长清区）太阴山发生崩塌，有喷泉涌出。

△五月，青、齐、徐、兖、光、南青六州蚜蝣成灾。

△五月甲寅日，北镇（今河北阜平）发生饥荒。

△六月丁亥日，建兴郡（今山西阳城西北大阳）降霜。

△六月庚午日，秦州发生地震。

△六月，雍、青二州下冰雹。

△七月，青、齐、南青、光、徐、兖、豫、东豫，司州的颍川、汲郡发生水灾。

△八月乙亥日，雍、并、朔、夏、汾五州，司州的正平、平阳频频刮暴风降霜。

△有 18 个州镇发生水灾，并产生饥荒。

△豫州发生饥荒。

北魏宣武帝景明二年、南齐东昏侯永元三年（501 年）

△北魏宣武帝景明二年三月壬戌日，青、齐、徐、兖四州发生

饥荒。

△南齐东昏侯永元三年三月，加湖城（今湖北黄陂东南）附近的江水上涨，城市被淹。

北魏宣武帝景明三年、梁武帝天监元年（502 年）

△北魏宣武帝景明三年二月戊寅日，宣武帝下诏说："近来干旱很长时间，农民荒废了耕种，谈论起来更加惭愧，在于我的责任很多。申令到州郡，有骨骸暴露在野外的，全部加以掩埋。"

△北魏宣武帝景明三年闰四月甲午日，京师刮起大风。九月丙辰日，幽、岐、梁、东秦州刮起暴风。

△北魏宣武帝景明三年十一月，河州（今甘肃临夏）发生饥荒。

△梁武帝天监元年，发生大旱灾。

△梁武帝天监元年，发生饥荒。

北魏宣武帝景明四年、梁武帝天监二年（503 年）

△北魏宣武帝景明四年三月壬午日，河州螟虫成灾。

△北魏宣武帝景明四年四月戊戌日，宣武帝下诏说："现在一百天不下雨，想来是有冤狱吧？尚书讯问京师在押的囚徒，务必尽到听取体察的作用。"己亥日，皇帝因天旱减少膳食、撤去悬挂的乐器。辛丑日，大雨降下。

△北魏宣武帝景明四年五月，光州（今山东莱州）蚜蚄成灾。

△北魏宣武帝景明四年五月癸酉日，汾州下大冰雹。

△梁武帝天监二年六月丁亥日，梁武帝下诏，东阳、信安（今浙江衢州）、丰安（今浙江浦江）三县发生水灾，百姓财产受到损失，派遣使者巡查并酌量免其租调。

△北魏宣武帝景明四年六月，河州有蝗灾。

△北魏宣武帝景明四年六月乙巳日，汾州再次下冰雹。

△北魏宣武帝景明四年七月，东莱郡（今山东莱州）蚜蚄成灾。

△北魏宣武帝景明四年七月甲戌日，刮暴风，下冰雹。

北魏宣武帝正始元年（504 年）

△庚子日，宣武帝因旱灾接见公卿以下的官员，承认过失责备自己。

△六月，因为有旱灾，宣武帝撤去乐器，减少饭食。

北魏宣武帝正始二年（505 年）

△三月，青、徐二州大雨连绵成灾。

△三月，徐州有蚕蛾吃人，伤残者 110 余人，死者 22 人。

北魏宣武帝正始三年、梁武帝天监五年（506 年）

△北魏宣武帝正始三年五月丙寅日，宣武帝诏令，由于旱灾，有些百姓无人救济而死，令洛阳官吏进行埋葬。

△梁武帝天监五年十二月，京师地区发生地震。次年，下霜，粮食歉收，发生饥荒。

北魏宣武帝正始四年、梁武帝天监六年（507 年）

△北魏宣武帝正始四年八月，泾州黄鼠、蝗虫、班虫成灾；河州蚜蚄、班虫成灾；凉州、司州恒农郡蝗虫成灾。

△北魏宣武帝正始四年八月，敦煌百姓发生饥荒。

△北魏宣武帝正始四年九月，司州百姓发生饥荒。

△梁武帝天监六年，旱灾严重，梁武帝下诏祈雨，100 天没有降水。

△北魏宣武帝正始四年，正值天灾，是饥荒之年。

北魏宣武帝永平元年、梁武帝天监七年（508 年）

△梁武帝天监七年五月，沮水暴涨，毁坏农田。

△北魏宣武帝永平元年五月辛卯日，旱灾，宣武帝减少膳食，撤去乐器。

北魏宣武帝永平二年（509 年）

△四月己酉日，武川镇发生饥荒。

△五月辛丑日，皇帝因旱灾的缘故，减少膳食，撤去悬挂的乐器，禁止屠杀。

北魏宣武帝永平三年（510 年）

△四月，平阳的禽昌（今山西临汾西北）、襄陵（今山西襄汾古城庄）二县瘟疫流行。

△五月庚子日，南秦广业郡（今甘肃成县）下冰雹。

△五月丁亥日，冀州、定州发生旱灾。

△十月丙申日，下诏太常立馆，令京畿内外患有疾病者，都居住在馆内。

北魏宣武帝永平四年（511年）

△春，青、齐、徐、兖4个州发生饥荒。

△十一月，特别寒冷，士兵有冻死者。

北魏宣武帝延昌元年、梁武帝天监十一年（512年）

△北魏宣武帝延昌元年正月乙巳日，因连年发生水旱灾害，百姓饥饿困乏，分别派遣官员，开仓粮进行赈济抚恤。

△北魏宣武帝延昌元年三月甲午日，11个州郡发生严重洪灾。

△梁武帝天监十一年三月丁巳日，因旱灾的缘故，特减免扬州和徐州的租税。

△北魏宣武帝延昌元年四月，宣武帝诏令由于旱灾，禁止喂粟给牲畜。

△北魏宣武帝延昌元年四月癸未日，宣武帝诏令因肆州地震给百姓造成重大伤亡的，令太医前去救治，并给以药品。

△北魏宣武帝延昌元年四月庚辰日，京师与并、朔、相、冀、定、瀛六州发生地震。恒州的繁畤、桑乾、灵丘，肆州的秀容、雁门发生地震，山体崩塌，地面陷落，地下水涌出。

△北魏宣武帝延昌元年六月庚辰日，诏令调出太仓50石的粟，赈济洛阳及附近州郡受灾的饥民。

△北魏宣武帝永平五年七月，蝗虫肆虐，京师地区蚜蚄成灾。

△北魏宣武帝永平五年八月，青、齐、光三州蚜蚄成灾。

△北魏宣武帝延昌元年十月壬申日，秦州地震并伴随有声音。十一月己酉日，定州、肆州发生地震。

△北魏宣武帝延昌元年十二月辛未日，京师发生地震。

△北魏宣武帝延昌元年，沁州地震，伤亡很多。又有几年沁州秀容（今山西忻州）、敷城（今山西原平西北）、雁门山体发出声音，地震一直持续。

北魏宣武帝延昌二年、梁武帝天监十二年（513年）

△北魏宣武帝延昌二年二月甲戌日，六镇发生饥荒。

△梁武帝天监十二年四月，京师发生水灾。这年夏天有 13 个州郡发生水灾。

△北魏宣武帝延昌二年四月庚子日，政府拿出绢 15 万匹赈济抚恤河南地区的饥民。

△梁武帝天监十二年五月，寿春（今安徽寿县）连绵大雨，大水涌入城内。

△北魏宣武帝延昌二年六月乙酉日，青州百姓有饥荒。

△北魏宣武帝延昌二年十月，诏令因恒、肆二州地震，百姓死伤很多，免除两河地区一年的租赋。

△北魏宣武帝延昌二年春，黄河下游地区发生饥荒。

北魏宣武帝延昌三年、梁武帝天监十三年（514 年）

△北魏宣武帝延昌三年四月，青州百姓发生饥荒。

△梁武帝天监十三年夏，苏北淮河沿岸发生疾疫。

北魏宣武帝延昌四年、梁武帝天监十四年（515 年）

△北魏宣武帝延昌四年三月癸亥日，京师刮起暴风。

△北魏宣武帝延昌四年，英子熙七月来到相州（今河北临漳西南），当日大风伴有寒雨。

△梁武帝天监十四年冬，天气寒冷，淮水与泗水结冰。

北魏孝明帝熙平元年、梁武帝天监十五年（516 年）

△北魏孝明帝熙平元年六月，徐州发生大水。

△梁武帝天监十五年，淮河堤坝破裂。

北魏孝明帝熙平二年（517 年）

△北魏孝明帝熙平二年十月庚寅日，因幽、冀、沧、瀛四州发生严重饥荒，派遣尚书长孙稚，兼尚书邓羡、元纂等人巡视安抚百姓，并开仓放粮进行赈济抚恤。

北魏孝明帝神龟元年、梁武帝天监十七年（518 年）

△北魏孝明帝神龟元年正月，幽州发生严重饥荒。

△梁武帝天监十七年，诏令：流徙到其他地方的百姓，应回到原来的地方，免其三年的课税。不回去的，即编入所在地户籍，按旧例上交课税。

北魏孝明帝正光元年（520 年）

△五月辛巳日，因为旱灾，诏令检查冤狱。

△五月，钩盾官署所属禁地发生火灾禁灾。

△九月，沃野镇（今内蒙古乌拉特前旗东北乌梁素海之北）的官马有虫子进入耳朵，因此而死的有十之四五。

△北魏孝明帝神龟三年后，旱灾等灾害多发，京师尤为严重。

北魏孝明帝正光二年、梁武帝普通二年（521 年）

△梁武帝普通二年五月，琬琰殿发生火灾。

△北魏孝明帝正光二年七月己丑日，旱灾，孝明帝诏令修改法律。

△北魏孝明帝正光二年，某天夜间襄阳有大风雨雪。

梁武帝普通三年（522 年）

△六月己巳日，旱灾，诏令派遣官员祭祀主管云雨的神灵。

北魏孝明帝孝昌二年（526 年）

△五月丙寅日，京师刮起暴风。

北魏孝明帝孝昌三年（527 年）

△二月丁酉日，下诏说："关陇地区遭受贼寇祸难，燕赵一带叛逆侵凌，百姓流浪，农民失业，加上转运，劳役很多，州中粮仓储备已经空无所有。凡有能运输谷粟到瀛、定、岐、雍四州的，官斗二百斛赏官位一级；输入到南北华州的，五百石赏一级。不限定多少，谷粟送后就授予官职。"

△春，瀛州（今河北河间）城内发生火灾。

梁武帝中大通元年（529 年）

△四月，下大冰雹。

△六月，京师地区瘟疫流传严重。

北魏节闵帝普泰元年（531 年）

△七月丙戌日，司徒公尔朱彦伯因为旱灾辞职。

北魏孝武帝太昌元年（532 年）

△六月庚午日，京师发生水灾，谷水泛滥。

北魏孝武帝永熙三年、东魏孝静帝天平元年（534 年）

△北魏孝武帝永熙三年二月，永宁寺九层佛塔发生火灾。三月，

并州三级寺南门发生火灾。

△东魏孝静帝天平元年，孝静帝颁布诏书，因移民的家财尚未建立，拿出130万石粮食予以赈济。

东魏孝静帝天平二年、高昌章和五年（535年）

△三月辛未日，因旱灾缘故，孝静帝命令京邑及各州郡县收埋死者骸骨。

东魏孝静帝天平三年、梁武帝大同二年、西魏文帝大统二年（536年）

△梁武帝大同二年，豫州遭遇饥荒。

△西魏文帝大统二年，关中发生饥荒。

东魏孝静帝天平四年（537年）

△并、肆、汾、建、晋、绛、秦、陕等州发生大旱灾。

△光州境内遭遇灾荒。

西魏文帝大统四年、梁武帝大同四年（538年）

△梁武帝大同四年八月甲辰日，下诏令南兖等12个州，免除欠下的租税和过去的债务，不收今年的三调。

东魏孝静帝武定二年、梁武帝大同十年（544年）

△东魏孝静帝武定二年三月，因旱灾的缘故，释放死罪以下的囚犯。

△梁武帝大同十年九月己丑日，梁武帝下诏："最近几年，风调雨顺，朝廷所征收的赋税已经足够，估计可达到万箱的规模。现在应该让百姓生活安乐。凡是天下受罪之人，无论轻重，是否捉拿归案，都予以赦免。那些侵吞耗散官府财物的，不论数量多少，也一概消除档案记录。农田荒废、水旱田不耕作的、没有之前文书的以及应该被追加税收的，一律停止征收田税。各州犯法罪人一律免罪。有因为饥荒背井离乡谋生的，准许他们恢复旧业，蠲免五年课税。"

东魏孝静帝武定四年（546年）

△二月，大雪。

△九月，军队准备回到山东地区，途经晋州（今山西临汾）时遇上寒雨。

东魏孝静帝武定五年（547 年）

△八月，广宗郡（今河北威县东）发生火灾。

东魏孝静帝武定六年、梁武帝太清二年（548 年）

△东魏孝静帝武定六年正月辛亥日，因冬春两季大旱，施行有差别地赦免罪犯。

△梁武帝太清二年八月，侯景举兵在豫州叛乱，设坛结盟，发生地震。

△梁武帝太清二年九月戊辰日，发生地震。

△梁武帝太清二年九月，益州飞蜂成群，蜇人致死。

梁武帝太清三年（549 年）

△七月，九江出现饥荒。

梁简文帝大宝元年（550 年）

△旱灾从春天一直延续到夏天，京师最为严重。

△江南连年发生旱灾和蝗灾，江、扬地区最为严重。

梁元帝承圣三年（554 年）

△十一月，江陵（今湖北江陵）城内发生火灾。

△十一月，江陵出现寒雪。

北齐文宣帝天保七年（556 年）

△三月，驻军于丹阳城下，遇上 50 多天的连绵大雨。

北周孝闵帝元年、北齐文宣帝天保八年（557 年）

△北周孝闵帝元年三月壬子日，下诏："淅州去年庄稼歉收，百姓饥馑贫困，朕心中为此忧愁。本州没有缴纳完的租税，全部应当免除。并且要派遣使者巡视，有穷困饥饿的人，加以救济。"癸亥日，各省六府官吏，裁减三分之一。

△北齐文宣帝天保八年，自夏天至九月，河北 6 州、河南 13 州、畿内 8 郡发生大规模的蝗灾。

北齐文宣帝天保九年（558 年）

△二月丁亥日，给罪犯减刑。己丑日，诏令放火烧田仅限仲冬季节，不得在其他季节放火，损害昆虫草木。

△四月，大旱灾。七月戊申日，皇帝命令赵、燕、瀛、定、南营

等5州，及司州的广平、清河二郡，因去年遭虫害和水灾，加上春夏两季少雨，禾稼歉收的地方，免除当年的租税。

△夏，山东发生蝗灾。

北周明帝武成元年、陈武帝永定三年（559年）

△陈武帝永定三年闰四月，长时间不下雨。

△北周明帝武成元年六月戊子，大雨连绵。

北齐废帝乾明元年、陈文帝天嘉元年（560年）

△北齐废帝乾明元年四月癸亥日，河南、定、冀、赵、瀛、沧、南胶、光、青9州出现虫灾和水灾。

△陈文帝天嘉元年，秋水泛滥。

北周武帝保定元年（561年）

△七月戊申日，武帝下诏："大旱长久，禾苗枯萎。难道是牢狱失去常理，刑罚违背了中正吗？凡是现在被囚禁的犯人：死刑以下，一年刑罚以上的，各降原罪一级；罚一百鞭以下的，全部将其原罪赦免。"

北周武帝保定二年（562年）

△正月癸丑日，因为长时间不下雨，遂减免罪人的罪行，在京师30里以内禁止饮酒。四月甲辰日，因为天旱的缘故，禁止屠宰。

北齐武成帝河清二年、北周武帝保定三年（563年）

△北齐武成帝河清二年四月，并、汾、晋、东雍、南汾5州发生旱灾。

△北周武帝保定三年四月癸卯日，举行祈雨祭典。五月甲子日清晨，因干旱，武帝不在正殿接受朝拜。甲戌日，降雨。

△北齐武成帝河清二年十二月，华北地区接连几个月下大雪。平地上雪深数尺，白天下霜，太原下血雨。

△北齐武成帝河清二年四月，并、汾、京、东雍、南汾5州虫、旱灾害损坏庄稼。

北齐武成帝河清三年、陈文帝天嘉五年（564年）

△北齐武成帝河清三年六月庚子日，连绵大雨，昼夜不停，到甲辰日雨才停。

△北齐武成帝河清三年，西兖、梁、沧、赵州、司州的东郡、阳平、清河、武都、冀州的长乐、勃海发生水灾。

△陈文帝天嘉五年，文帝命令老百姓中满18岁的授给田地并交纳赋税，20岁的当兵，60岁可以免除劳役，66岁时交还田地，免去赋税。男子一人授给80亩露田，妇女授给40亩，奴婢授给同样的亩数，有一头耕牛的增授60亩。大致一对夫妇的赋税是一匹绢、八两绵，垦租二石，义租五斗；奴婢是平民的一半，一头牛征赋税二尺绢，垦租一斗，义租五升，垦租上缴中央，义租缴给所在郡以防水旱灾年。

△北齐武成帝河清三年，斛律羡导高梁水北合易京，东汇于潞河，用以灌田。

北齐后主天统元年（565年）

△二月壬申日诏令，今年粮食歉收，禁止卖酒。己卯日又下诏不同程度地减省百官俸禄。三月戊子日，下诏给西兖州、梁州、沧州、赵州，司州的东郡、阳平郡、清河郡、武都郡，冀州之长乐郡、勃海郡遭到水涝灾害的贫困户不同程度地发放粮食。

北齐后主天统二年（566年）

△三月，因为旱灾，减轻囚禁罪犯的刑罚。

北齐后主天统三年（567年）

△秋，山东发生大水。

△并州汾水漫溢。

△九龙殿发生火灾。明年，昭阳殿、宣光殿、瑶华殿发生火灾。

北齐后主天统五年（569年）

△七月戊申日，后主命令派出使者巡视省察黄河以北干旱的地方，境内偏旱的州郡，都宽免当地的租税户调。

陈宣帝太建二年（570年）

△六月辛卯日，有大雨雹。

北周武帝天和六年（571年）

△冬，牛疫流行。

北周武帝建德元年（572年）

△三月癸亥日，武帝下诏："百姓生活困苦，则星象会有异动；政

事不合时令，则石头也会在国中说话。因此，处理政事要清静，清静在于安宁百姓；治理国家要安定，安定在于停止劳役。近年来营造建设没有节制，徭役征发不止，加之连年征战，使得农田荒芜。去年秋天发生蝗灾，使得谷物歉收，百姓流离失所，家徒四壁，无人纺织。朕常常白日里反思自己，夜里又担心恐惧。从现在起，除正调以外，不随意添加任何征调。希望时世殷厚，风俗淳朴，符合我的心意。”

△五月壬戌日，武帝因为大旱，在朝廷召集百官，商量对策。

北周武帝建德二年（573 年）

△七月己巳日，祭祀太庙。从春天以来没有下雨，直到这一个月。

△于翼出任安州总管时，旱灾严重，涢水断流。

北周武帝建德三年、北齐后主武平五年（574 年）

△北齐后主武平五年五月，河北、山西发生严重旱灾。

△北周武帝建德三年十月庚子日，武帝下诏，蒲州（今山西永济西南）遭受饥荒贫乏的百姓，命令他们到郿城以西，以及荆州管辖的地区谋求生计。

北周武帝建德四年、北齐后主武平六年（575 年）

△北周武帝建德四年，关中的百姓出现饥荒。

△北齐后主武平六年八月，冀、定、赵、幽、沧、瀛六州发生严重水灾。

北齐后主武平七年（576 年）

△北齐后主武平七年正月壬辰日，后主诏令说：从去年以来，水涝为灾，饥饿而不能自保的人，各地应将他们交付给大的寺庙以及富实的家庭，以救济他们的生命。秋七月，连绵大雨不停。这个月，因为水涝为灾，派遣使者抚慰流亡的民户。

北周静帝大象二年、陈宣帝太建十二年（580 年）

△北周静帝大象二年四月乙丑日，祭祀太庙，壬午日，皇帝前往仲山求雨，到咸阳宫时，天上下雨。

△陈宣帝太建十二年诏令：夏季发生的旱灾，京畿最为严重，百姓发生饥荒，将丹阳等 10 郡的田租减去一半。

陈后主祯明二年（588 年）

△四月戊申日，有无数老鼠从蔡州（今河南新蔡）渡过淮河，来到青塘，几天之后死，随着水流漂出长江。

△五月，东冶铸铁的地方，有一个红色如斗一般大小的东西，从天上坠入熔炉。隆隆作响，铁花飞溅，破屋而入，四散开来，烧毁房屋。

△六月，刮大风，从西北激起大水涌入石头城，淮水漫溢。

第三编

灾　情

秦汉时期的自然灾害种类繁多，包括旱灾、水灾、地震、蝗灾、疫灾、风灾、雹灾、火灾等。但以频发程度之高、持续时间之长、波及范围之广、破坏程度之大而论，无疑以旱灾、水灾、地震、蝗灾为主。

秦汉时期的旱灾记载，主要存见于《史记》《汉书》及《后汉书》之中，《文献通考》等对其亦有一定的辑录，它们是研究这一时期历史灾害所不可忽略的文献典籍。关于秦汉时期旱魃灾次的统计，邓拓先生于20世纪30年代所统计的次数为81次，居于诸灾之首。20世纪末，杨振红《汉代自然灾害初探》一文以年次统计自然灾害的次数。她的统计数字超过了邓拓的次数，指出秦汉时期旱灾次数为91年次，其中西汉32年次、东汉59年次。另外，袁祖亮主编的《中国灾害通史（秦汉卷）》统计为123次。

秦汉时期的水灾，既包括淫雨历时良久或骤雨而形成的水灾，又包括江河特别是黄河决溢而导致的水泛事件。前者致灾之水乃自然降水，故称为雨水型水灾；后者乃江河决溢所致，故称为河溢型水灾。秦汉时期的水灾次数，邓拓先生统计为76次。高文学等在对历史灾害文献仔细爬梳的基础上，以10年为一统计基本时间单位，对秦汉自然灾害的次数进行了统计，关于雨涝之灾的年数，其结果为：西汉27年次，东汉43年次。与以上统计数字相比，杨振红所作统计相对而言较为接近秦汉水灾发生的真实情况。她以年计算灾害发生的次数，认为西汉水涝灾为26年次，东汉水涝灾为53年次，共计79年次。袁祖亮等人则认为秦汉水灾次数为125次，其中秦代3次，西汉47次，东汉75次。

秦汉是中国历史上地震较为频繁的一个时期，有学者认为它是中国历史上的一个地震活跃期。对于秦汉时期所发生的地震次数，邓拓先生曾做过粗略的统计，他在《中国救荒史》中认为地震达68次。之后，此数为众多论者所引用。此外，袁祖亮等人统计为148次。杨振红则认为秦汉时的地震共计85年次，其中西汉21年次，东汉64年次。

秦汉时期，虫灾种类以蝗、螟特别是蝗灾为主。蝗虫可分两大类，即飞蝗和土蝗。飞蝗有东亚飞蝗、亚洲飞蝗和西藏飞蝗。对中国绝大部分地区来说，为害者多为东亚飞蝗。飞蝗大规模发作时，可以使农作物顷刻间化为光秆，以致颗粒无收。中国历史上常常将飞蝗成灾与水、旱之灾一并视为威胁农业生产、影响和危害百姓生活的最严重的自然灾害。较早统计秦汉蝗灾次数的，当为邓拓先生。据邓拓所计，秦汉时蝗灾为50次，居中国历史各时期第五位（明94次、清93次、宋90次、元61次）；而陆人骥先生对两汉蝗灾次数的统计，远较邓拓先生之数字为低，仅为30次。邹逸麟先生等所著《黄淮海平原历史地理》一书对黄淮海平原地区两汉蝗灾所统计的数字，比邓拓统计略多，达55次，并言："由于历史上早期的蝗灾一般记载较为简略，可以肯定亦有相当部分的脱漏。"杨振红以年次来统计这一时期蝗灾发生的次数，统计结果与《黄淮海平原历史地理》一书基本一致，为57年次。另外，袁祖亮等人的统计为74次。

疾疫自古以来就是人类所不得不面临的重大灾害之一，它不仅对人类的身心健康造成影响，而且还严重危及人类的生存。关于中国历史上疾疫之概况，邓拓先生在其所著《中国救荒史》的相关章节中有所涉及。据他统计，从周秦至民国时期，中国共发生261次疾疫，其中清74次、明64次、元20次、宋32次、唐16次、魏晋和南北朝各17次、秦汉13次。陈高傭先生在《中国历代天灾人祸表》一书中统计的秦汉时期疾疫次数为14次。杨振红在《汉代自然灾害初探》一文中的统计为27年次。张剑光等在《略论两汉疫情的特点和救灾措施》一文中的统计较为仔细，其数字（38次）基本上是将记载两汉疾疫之情形的文献披览之后的产物，较为客观地反映出两汉疾疫发生的概况。此外，袁祖亮等人的统计为52次。

同时，秦汉时期还发生了风、霜、雪、雹、冻等自然灾害。据邓拓先生《中国救荒史》统计，秦汉时期这些灾害的总次数为：风灾29次，雪霜之灾9次，雹灾35次。杨振红以年次为单位，统计结果为：风灾25年次，霜灾8年次，雹灾28年次，冻灾20年次。袁祖亮等人的统计结果是：风灾36次，雹灾37次，霜灾12次，雪灾20次，寒灾16次，火灾77次。

第一章 旱 灾

一、秦汉时期

惠帝二年（前 193 年）夏季，发生旱灾。惠帝五年（前 190 年）夏季，发生大旱灾。

文帝三年（前 177 年）秋季，发生旱灾。文帝九年（前 171 年）春季，发生大旱灾。在后元元年（前 163 年）之前，连续数年发生灾害，当年三月，文帝十分忧虑，下诏说道："百姓的收成连续数年匮乏，又兼有水、旱、疾病、瘟疫等灾害。"后元六年（前 158 年）春季，发生旱灾，夏季四月与冬季，又发生旱灾与蝗灾。

景帝中元三年（前 147 年）夏、秋两季，分别发生旱灾。后元二年（前 142 年）秋季，发生大旱灾。

武帝建元四年（前 137 年）六月，发生旱灾。元光六年（前 129 年）夏季，发生大旱灾与蝗灾。元朔五年（前 124 年）春季，发生大旱灾。元狩三年（前 120 年）夏季，发生大旱灾。元封元年（前 110 年），发生小规模旱灾，汉武帝命令官吏祈雨。元封二年（前 109 年），发生旱灾。元封三年（前 108 年）夏季，发生旱灾。元封四年（前 107 年）夏季，发生大旱灾。元封六年（前 105 年）秋季，发生大旱灾、蝗灾。天汉元年（前 100 年）夏季，发生大旱灾。天汉三年（前 98 年）夏季，发生大旱灾。太始二年（前 95 年）秋季，发生旱灾。征和元年（前 92 年）夏季，发生大旱灾。

昭帝始元六年（前 81 年），发生大旱灾。元凤五年（前 76 年）夏季，发生大旱灾。

宣帝本始三年（前 71 年）夏季，发生大旱灾，绵延东西数千里。神爵元年（前 61 年）秋季，发生大旱灾。

元帝初元三年（前 46 年）夏季，发生旱灾。

成帝建始二年（前 31 年）夏季，发生大旱灾。河平元年（前 28 年）三月，发生旱灾，麦苗遭到损坏，百姓食榆皮充饥。鸿嘉三年（前 18 年）四月，发生大旱灾。鸿嘉四年（前 17 年）正月，成帝下诏说道："水灾、旱灾发生之后，关东地区流亡者很多，青州、幽州、冀州尤为突出，朕十分痛心。"永始三年（前 14 年）与永始四年（前 13 年）夏季，分别发生大旱灾。

哀帝建平四年（前 3 年）春季，发生大旱灾。

平帝元始二年（2 年），天下发生大旱灾与蝗灾，青州最为惨烈，百姓流亡。

王莽天凤六年（19 年）以前，关东地区连续数年发生饥荒、旱灾。

光武帝建武三年（27 年）七月，洛阳发生大旱灾。建武五年（29 年）四月，发生旱灾与蝗灾。建武六年（30 年）六月、建武九年（33 年）春季、建武十二年（36 年）五月、建武十八年（42 年）五月、建武二十一年（45 年）六月，发生旱灾。建武三十年（54 年）五月，发生旱灾。

明帝永平元年（58 年）五月、永平八年（65 年）冬、永平十一年（68 年）八月、永平十五年（72 年）八月、永平十八年（75 年）三月，发生旱灾。另外，永平三年（60 年）夏季，也发生旱灾。

章帝建初元年（76 年）发生大旱灾，章帝十分担忧。建初二年（77 年）夏季、建初四年（79 年）夏季、元和元年（84 年）春季，发生旱灾。在此期间，建初五年（80 年）春季，章帝诏令说道："去年秋季雨水不均，今年春季又出现旱灾，情况十分危急。"元和二年（85 年），发生旱灾。章和元年（87 年），发生旱灾，朝中大臣纷纷祈雨。章和二年（88 年）五月，洛阳发生旱灾。

和帝永元二年（90 年），14 个郡国发生旱灾。永元四年（92 年）夏季，发生旱灾与蝗灾。永元六年（94 年）七月，洛阳发生旱灾。永元七年（95 年），曹褒出任河内太守，当时春、夏两季皆有大旱灾，粮食谷物价格飙升。永元九年（97 年）六月，发生蝗灾与旱灾。永元十五年（103 年），洛阳与 22 个郡国发生旱灾，庄稼遭到损害。永元十六年（104年）七月，发生旱灾。

安帝永初元年（107年）、永初二年（108年）五月、永初三年（109年）、永初四年（110年）夏季、永初五年（111年）夏季，皆有旱灾。永初元年，旱灾发生后，安帝派遣议郎祈雨。永初二年五月，发生旱灾后，皇太后临幸洛阳寺，释放囚徒，当天便降雨。永初六年（112年）五月，发生旱灾。元初元年（114年）四月，洛阳与部分郡国发生旱灾与蝗灾。元初二年（115年）五月，洛阳发生旱灾。元初三年（116年）四月，洛阳发生旱灾。元初五年（118年）三月，洛阳与5个郡国发生旱灾，安帝诏令为遭遇旱灾的贫苦百姓提供食物。元初六年（119年）五月，洛阳发生旱灾。建光元年（121年），4个郡国发生旱灾。延光元年（122年），5个郡国发生旱灾，损害庄稼。

顺帝永建二年（127年）三月，发生旱灾，顺帝派遣使者释放囚徒。永建三年（128年）六月，发生旱灾，顺帝再次派遣使者释放囚徒。永建五年（130年）四月，洛阳发生旱灾。阳嘉元年（132年）二月，洛阳发生旱灾。阳嘉二年（133年）六月，洛阳发生旱灾。阳嘉三年（134年），春、夏、冬三季皆有旱灾，一直延续至次年二月。永和四年（139年）八月，太原郡发生旱灾，民众流亡甚多。

冲帝永憙元年（145年）夏季，发生旱灾。

质帝本初元年（146年）二月，洛阳发生旱灾。

桓帝元嘉元年（151年）四月，洛阳发生旱灾。延熹元年（158年）六月，发生旱灾。延熹九年（166年），青州、徐州发生旱灾，五谷遭到损害，百姓流亡迁徙，食物不足。

灵帝熹平五年（176年）夏季，发生旱灾。熹平六年（177年）四月，发生大旱灾。光和五年（182年）四月，发生旱灾。光和六年（183年）夏季，发生大旱灾。

献帝初平四年（193年），旱灾情势剧烈。兴平元年（194年），三辅地区发生大旱灾，从四月延续至七月。当年秋季，长安又发生旱灾。兴平二年（195年）四月，发生大旱灾。建安二年（197年），发生旱灾与饥荒，军士与百姓饱受冻馁之苦，江、淮地区食物匮乏。建安十二年（207年）九月，天气寒冷，又伴有旱灾，200里内水源枯竭，曹操的军队缺少食物，因此，杀掉数千匹马作为军粮，凿地30余丈深才得到水。建安十九年（214年）四月，发生旱灾。

二、魏晋南北朝时期

魏明帝太和二年（228年）五月，发生旱灾。太和五年（231年）三月，从上年十月到本月都没降雨，于是进行盛大的求雨祭典。

吴大帝嘉禾四年（235年），从去年冬十月到今年夏天没有降水。嘉禾五年（236年），自上年十月到今年夏天都没有降雨。

魏正始元年（240年）春二月，自去年冬十二月至此月不雨。丙寅日，令狱官理囚，平冤狱；公卿百官出谋划策。

吴大帝赤乌三年（240年）春正月，孙权下诏说："君主没有人民就不能当政，人民没有粮食就不能生存。最近以来，百姓承担很多赋税劳役，又有水灾旱灾，收获的谷物有所减少，而官员做得很不好，侵占民众农忙时间，以致百姓饥饿贫困。从今以后，督军和郡守，应该谨慎查处不法的行为，在农耕蚕桑季节，用劳役事务侵扰民众的人，要察举纠正向上报知。"春二月，从去年冬天到这年一月没有下雨。魏齐王下诏书命令执法的官员尽快平反冤案，审理释放犯罪轻微的人；公卿官员们要发表持中的意见、提出最好的策略，各自尽心尽意。

吴会稽王五凤二年（255年），发生大旱灾。

魏高贵乡公甘露二年（257年）秋到三年（258年）正月，天旱。

吴孙皓宝鼎元年（266年）春、夏，发生旱灾。

晋武帝泰始七年（271年）五月，雍州、凉州、秦州闹灾荒五谷不收。泰始八年（272年）夏五月，发生旱灾。泰始九年（273年），从正月开始到六月一直没有降雨。泰始十年（274年）夏四月，发生旱灾。咸宁二年（276年）夏五月，进行求雨祭典。咸宁二年（276年）六月，春天的旱灾一直持续到本月才结束。太康二年（281年），旱灾从去年冬天一直持续到是年春天。太康三年（282年）夏四月，发生旱灾。太康五年（284年）夏六月，发生旱灾。太康六年（285

年）春三月，青、梁、幽、冀等郡国发生旱灾。太康六年（285 年）四月，4 个郡国旱。太康六年（285 年）夏六月，济阴、武陵发生旱灾，庄稼受损。太康七年（286 年）夏五月，有 13 个郡国发生旱灾。太康八年（287 年）夏四月，冀州发生旱灾。太康九年（288 年）夏，有 33 个郡国发生旱灾。扶风、始平、京兆、安定发生旱灾，毁坏庄稼。太康十年（289 年）春二月，发生旱灾。太熙元年（290 年）春三月，发生旱灾。

晋惠帝元康七年（297 年）秋七月，雍州、梁州发生疫病，发生旱灾，下霜，毁坏庄稼。关中发生饥荒，一斛米值万钱。永宁元年（301 年），从夏天到秋天，青、徐、幽、并四州发生旱灾；十二月，又有 13 个郡国发生旱灾。

晋怀帝永嘉三年（309 年）夏五月，发生大旱灾。永嘉五年（311 年），旱灾从去年冬天一直延续到是年春天。

晋愍帝建兴元年（313 年）夏六月，扬州发生旱灾。

晋元帝建武元年（317 年）秋七月，发生大旱灾；司、冀、并、青、雍 5 个州发生蝗灾；黄河、汾水发生漫溢。建武元年（317 年），扬州发生旱灾。大兴元年（318 年）六月，发生旱灾。大兴四年（321 年）夏五月，发生旱灾。永昌元年（322 年）夏六月，发生旱灾。永昌元年（322 年）冬闰十一月，京师发生旱灾，河流干涸。

晋明帝太宁三年（325 年），旱灾从春天一直延续到六月。

晋成帝咸和元年（326 年），旱灾从六月一直延续到十一月。咸和二年（327 年）夏，发生旱灾。咸和五年（330 年）夏五月，发生旱灾。咸和六年（331 年）夏四月，发生旱灾。咸和八年（333 年）秋七月，发生旱灾。咸和九年（334 年），发生旱灾。咸康元年（335 年）二月，皇帝亲自祭奠先圣先师，扬州诸郡饥荒，派人前去赈济。咸康元年（335 年）六月，发生旱灾。咸康二年（336 年）春三月，发生旱灾。咸康三年（337 年）夏六月，发生旱灾。

石虎建武年间（335—348 年），从正月到六月，久旱不雨。

晋康帝建元元年（343 年）夏五月，发生旱灾。

晋穆帝永和元年（345 年）夏五月，发生旱灾。永和五年（349

年)，从秋七月开始不降雨直到十月。永和六年（350 年）夏天，发生旱灾。永和八年（352 年），从五月没有下雨直到十二月。永和九年（353 年）春三月，发生旱灾。升平二年（358 年），秦地大旱。升平三年（359 年）冬天，发生旱灾。升平四年（360 年）冬天，发生旱灾。升平五年（361 年）六月，发生旱灾。

晋哀帝隆和元年（362 年）夏天，发生旱灾。

晋海西公太和元年（366 年）夏天四月，发生旱灾。太和四年（369）冬天发生旱灾。凉州的旱灾从春天持续至夏天。

晋简文帝咸安二年（372 年）十月，三吴地区发生旱灾。

晋孝武帝宁康元年（373 年）夏五月，发生旱灾。宁康三年（375 年）冬天，发生旱灾。太元四年（379 年）夏天，发生大旱灾。太元八年（383 年）夏六月，发生旱灾。太元十年（385 年）秋七月，发生旱灾，并引发饥荒。太元十三年（388 年）六月，发生旱灾。太元十五年（390 年）秋七月，发生旱灾。太元十六年（391 年）夏天，发生旱灾。太元十七年（392 年），旱灾从秋天一直延续至冬天。

晋安帝隆安二年（398 年）冬天，发生旱灾。隆安四年（400 年）夏五月，发生旱灾。隆安五年（401 年）夏秋两季发生大旱灾。十二月，整月没有降雨。元兴元年（402 年）九月和十月，连续两个月没有降雨。元兴二年（403 年）六月，整月没有降雨。冬天，又发生旱灾。元兴三年（404 年）八月，整月没有降雨。义熙四年（408 年）冬天，一直没有降雨。义熙六年（410 年）九月，整月没有降雨。义熙八年（412 年）冬十月，整月没有降雨。义熙九年（413 年）秋、冬两季没有降雨。义熙十年（414 年）九月，发生旱灾。冬十二月，水井和河川很多干涸。义熙十一年（415 年），北魏连年发生霜冻和旱灾。

后秦姚兴弘始十七年（415 年），秦中地区发生大旱。

宋少帝景平元年（423 年）七月，因为发生旱灾，诏令赦免 5 年以下刑罚的犯人。

宋文帝元嘉二年（425 年）夏天，发生旱灾。元嘉四年（427 年）秋天，京师发生旱灾。元嘉七年（430 年），关中从正月到九月没有降雨。元嘉八年（431 年）闰六月，扬州发生旱灾。

北魏太武帝太延元年（435 年）六月，下诏令说："去年春天稍有旱情，致使春耕时禾苗不茂盛。"太延四年（438 年），漠北发生大旱灾。

宋文帝元嘉二十年（443 年），一些州发生旱灾。元嘉二十一年（444 年），南朝境内有旱灾，百姓发生饥荒。元嘉二十七年（450 年），旱灾从本年八月，一直延续到次年三月。

北魏文成帝太安五年（459 年）冬十二月，下诏说："我继承宏大的基业，统治天下，想着用弘扬教化来救助百姓。所以降低赋税来充实他们的财产，减轻徭役来舒缓他们的劳力，想使百姓致力本业，人人不缺衣食。可是六镇、云中、高平、二雍、秦州，普遍遭遇旱灾，谷物无收成。现派人打开仓廪来赈济他们。"

宋孝武帝大明七年（463 年）九月，颁布诏书说："近来太阳亢烈气候反常，庄稼受损。现在大麦小麦下种还不晚，而且频降甘雨，应下令东境之郡，抓紧督促耕种。特别困难的人家，酌情借贷麦种。"大明七年（463 年）、八年（464 年），浙江东郡发生大旱灾。大明八年（464 年）春正月，诏书说："东部地区去年庄稼歉收，当扩大贸易。远近贩卖粮食的，可以免收途中杂税。他们用兵器自卫的，一律不要禁止。"二月，颁布诏书说："去年东部地区偏旱，农田没有收成。前来被使唤的人，大多到了穷困的地步。有的沦为赤贫而流离失所，在街头巷尾伏地露宿，我十分怜悯他们。应该拿出仓中的粮食交付建康、秣陵二县，妥善地予以救济。如果不及时拯救，以致有所遗弃的，严加举报弹劾。"

北魏文成帝和平五年（464 年）闰四月，皇帝因为旱灾的缘故，减少膳食并深刻自省。

北魏献文帝天安元年（466 年），有 11 个州镇发生旱灾，百姓遭受饥荒。皇兴二年（468 年）十一月，因为有 27 个州镇发生水灾和旱灾，诏令开仓廪赈济灾民。

北魏孝文帝延兴二年（472 年），有 11 个州镇发生旱灾。延兴三年（473 年），有 11 个州镇发生水灾和旱灾。

宋后废帝元徽元年（473 年），京师旱灾。

北魏孝文帝太和元年（477 年），有 8 个州郡发生旱灾。北魏孝文帝太和二年（478 年），有 20 多个州镇发生旱灾。太和三年（479 年）五月，孝文帝在北苑祈雨。太和四年（480 年），有 18 个郡镇发生旱灾。

南朝齐高帝建元三年（481 年），南京发生旱灾。

北魏孝文帝太和五年（481 年）四月，诏书记载当时没有降雨，春苗枯萎。太和八年（484 年），有 15 个州镇发生旱灾。太和九年（485 年），京师和其他 11 个州镇发生旱灾。太和十一年（487 年），京师、大同发生旱灾。太和十二年（488 年），两雍地区和豫州旱灾导致饥荒。太和十五年（491 年），从正月不降雨，直到四月。

梁武帝天监元年（502 年），发生大旱灾。

北魏宣武帝景明三年（502 年）春二月，下诏说："近来干旱很长时间，农民荒废了耕种，言及此事尤为惭愧，我的责任很大。申令到州郡，有骨骸暴露在野外的，全部加以掩埋。"景明四年（503 年），下诏说："残酷的狱吏造成灾祸，自古为人厌恶；孝顺的媳妇被滥用刑罚，东海成为干枯的土壤。现在一百天不下雨，想来是有冤狱吧？尚书讯问京师在押的囚徒，务必尽到听取体察的作用。"皇帝因天旱减少膳食，罢乐。几天之后，及时雨大降。

北魏宣武帝正始元年（504 年）夏六月，发生旱灾，皇帝因此罢乐，减少膳食。永平二年（509 年），发生旱灾。永平三年（510 年）夏五月，冀、定两州发生旱灾。延昌元年（512 年），从二月到五月一直没有降雨。夏四月，发生旱灾。

北魏孝明帝神龟元年（518 年），从正月到六月一直没有降雨。正光元年（520 年）五月，因为炎热干旱的缘故，诏令朝廷重臣审理现有的囚徒，辨明冤屈不实的罪行。正光元年（520 年）秋七月，发生旱灾。正光二年（521 年），发生旱灾。

梁武帝中大通二年（530 年），并、肆二州连年遭遇霜灾、旱灾。

北魏节闵帝普泰元年（531 年），司徒公尔朱彦伯由于旱灾退位。

北魏孝武帝永熙元年（532 年），发生大旱。

东魏孝静帝天平二年（535年）三月，因为发生旱灾的缘故，皇帝命令京邑及各州郡县收埋死者的骸骨。天平四年（537年），并、肆、汾、建、晋、绛、秦、陕等州发生大旱灾。武定二年（544年）冬、春，发生旱灾。武定六年（548年），旱灾从去年冬天一直持续到今年春天。

梁简文帝大宝元年（550年），旱灾从春天一直持续到夏天，江、扬最为严重。

北齐文宣帝天保八年（557年）春三月，大热。天保九年（558年）夏四月，大旱灾。

陈武帝永定三年（559年）夏四月，当时长时间不下雨。

北齐废帝乾明元年（560年）春，发生旱灾。

北周武帝保定元年（561年）秋七月，武帝下诏说："大旱使禾苗枯萎。难道是牢狱失去常理，刑罚失当了吗？凡是现在被囚禁的犯人，死刑以下、一年刑罚以上的，各降原罪一级；罚一百鞭以下的，全部将其原罪赦免。"保定二年（562年）春季正月，开始在蒲州开凿黄河渠道，在同州开凿龙首渠，用来扩充灌溉。二月，火星侵犯太微星垣的上相星。癸丑日，因为长时间不下雨，减免罪人的罪行，在京师30里以内禁止饮酒。夏四月，禁止屠宰，这是因为天旱的缘故。

北齐武成帝河清二年（563年）四月，并、汾、晋、东雍、南汾五州发生旱灾。

北周武帝保定三年（563年）夏四月，武帝亲临正武殿审查囚犯。癸卯日，举行盛大的祈雨祭典。壬戌日，诏令百官及平民百姓上书密奏政事，尽情陈述政事的得失。五月，因天旱缘故，武帝避开正殿不接受朝拜。甲戌日，降雨。

北齐后主天统二年（566年）春，发生旱灾。天统二年（566年）三月，由于旱灾，禁止囚禁。天统四年（568年），从正月到五月没有下雨。天统五年（569年）秋七月，后主诏令给罪人减刑，各有不同程度地减降。戊申日，后主命令派出使者巡视省察黄河以北干旱的地方，境内偏旱的州郡，都宽免当地的租税户调。冬十月，后主命令禁止造酒。

北周武帝建德元年（572 年）五月，武帝因为大旱，在朝廷召集百官。建德二年（573 年）秋七月，祭祀太庙。从春天以来没有下雨，直到这一个月。

北齐后主武平五年（574 年）夏五月，发生严重旱灾。

北周武帝建德五年（576 年）秋七月，京师发生旱灾。

北周静帝大象二年（580 年）夏四月壬午日，皇帝前往仲山求雨，到咸阳宫时，天上下雨。

第二章　水　灾

一、秦汉时期

秦二世元年（前 209 年）七月，秦朝政府征发贫民戍守渔阳，有 900 人屯居在大泽乡。陈胜、吴广也在其中，担任屯长。当时天降大雨，道路不通。秦二世二年（前 208 年）七月至九月，天降大霖雨。秦二世三年（前 207 年），东平郡无盐（今山东东平东）地区天寒大雨，士卒又冻又饥。

汉高后三年（前 185 年）夏季，江水、汉水泛滥，4000 余家百姓流离失所。高后四年（前 184 年）秋季，河南地区发生大水灾，伊水、洛水毁坏 1600 余家屋舍，汝水毁坏 800 余家屋舍。高后八年（前 180 年）夏季，江水、汉水泛滥，毁坏万余家屋舍。

文帝元年（前 179 年）四月，齐楚两国发生地震，29 座山同日崩塌，大水奔涌而出。文帝十二年（前 168 年）十二月，东郡河水泛滥。后元元年（前 163 年）三月，文帝下诏说："百姓的收成连续数年匮乏，兼有水、旱、疾病、瘟疫等灾害，朕非常忧虑。"后元三年（前 161 年）秋季，天降大雨，持续了 35 天。蓝田水溢出，毁坏 900 余家屋舍。同时，汉水泛滥，毁坏 8000 余家民居，300 余人遇难。

景帝中元五年（前 145 年）六月，天下发生水灾。

武帝建元三年（前 138 年）春季，河水在平原地区泛滥，造成严重的饥荒，人相食。建元三年（前 138 年），汲黯路过河内郡，看到河内郡万余家贫苦百姓遭受水灾、旱灾，甚至引发父子相食的惨事。元光三年（前 132 年）春季，黄河泛滥，从顿丘东南地区流入渤海。五月，黄河又在濮阳决口，绵延 16 个郡。汉武帝征发 10 万百姓前去救灾。元狩三年（前 120 年）秋季，汉武帝派遣谒者劝告遭受水灾的郡国的人民种植宿麦。元鼎二年（前 115 年）夏季，发生水灾，关东地区数千人饿死。

昭帝始元元年（前 86 年）七月，天降大雨，渭桥被淹没。元凤三年（前 78 年），发生水灾，昭帝的诏令说道："百姓遭受水灾，食物匮乏，朕开放仓廪，派遣使者赈济贫困乏力的百姓。"

宣帝地节四年（前 66 年）发生水灾，宣帝诏令："今年部分郡国遭受水灾，已经派人前去赈济。"

元帝初元元年（前 48 年）九月，关东 11 个郡国遭遇水灾与饥荒，发生人相食的惨状。初元二年（前 47 年）秋季，北海水溢，损毁民居，部分百姓被淹死。永光五年（前 39 年）秋，颍水泛滥，损毁民居，一部分百姓被淹死。

成帝建始三年（前 30 年）夏季，发生大水灾，三辅地区连续 30 余日降霖雨，19 个郡国降雨，山谷中的水流出，淹死 4000 余人，毁坏 83000 余所官寺民舍。当年秋季，关内发生水灾，淹死千余名百姓。建始四年（前 29 年）秋季，发生水灾，黄河在东郡金堤处决口。河平二年（前 27 年），黄河在平原郡决口，流入济南、千乘地区。河平三年（前 26 年）二月，犍为郡柏江周围的山崩塌，捐江周围的山崩塌，堵塞了江水，江水逆流入城，淹死 13 人。阳朔二年（前 23 年）秋季，关东地区发生水灾，流民意欲到函谷、天井、壶口、五阮关避难。汉成帝派遣谏大夫、博士前往探视流民。鸿嘉四年（前 17 年）秋季，勃海、清河泛滥。元延元年（前 12 年），虫害严重，百川沸涌，江河溢决，大水泛滥 50 余个郡国。绥和二年（前 7 年），汉哀帝继位之初下诏说道："河南郡、颍川郡大水泛滥，淹死人民，毁坏庐舍。朕的德行不够，致使百姓遭遇不幸，心中十分忧惧。朕已经派遣光禄大夫前往核实户籍，赐予每位死者三千钱，作为购买棺材入殓之资。又诏令遭遇水灾的县邑与遭遇其他灾害的郡国，民众年满十四以上、资财不足十万钱的，都不再缴纳今年的租赋。”

平帝元始年间（1—5 年），黄河、汴河决口，却并未加以修缮。

王莽始建国三年（11 年），黄河在魏郡决口，泛滥于清河以东数郡。天凤二年（15 年），邯郸以北天降大雨雾，水流汹涌，深达数丈，淹死数千人。地皇四年（23 年），天降雷、风，屋瓦都被吹飞，大雨倾盆，滍川泛滥，士卒争相渡河，数万人溺死。

光武帝建武六年（30 年）九月，大雨连绵数月，苗稼无法生长。建武八年（32 年）秋季，发生水灾。建武十七年（41 年），洛阳暴雨，毁坏百姓庐舍，庐舍倾倒压伤百姓，庄稼遭到损害。建武二十三年（47 年），哀牢王贤栗进击鹿爹，获胜之后，天降雷雨，刮起南风，水流逆行，翻滚奔涌 200 余里，箄船沉没，数千哀牢百姓溺死。建武三十年（54 年）五月，发生水灾。建武三十一年（55 年）五月，发生水灾。

明帝永平三年（60 年），洛阳与 7 个郡国发生水灾。永平七年（64 年），雨水较多，14 个郡国的庄稼遭到损害。永平八年（65 年）秋季，14 个郡国遭遇雨水。永平十三年（70 年），兖、豫两州的人民多次遭受水患。

章帝建初八年（83 年）秋季，14 个郡国遭遇降雨。

和帝永元元年（89 年），9 个郡国发生水灾。永元六年（94 年）七月，发生水灾，淹死人民，五谷遭到损害。永元十年（98 年）五月，洛阳发大水。《东观记》还记载：“洛阳大雨，南山的水流溢至东郊，毁坏百姓庐舍。十月，五个州发生强降雨。”永元十二年（100 年）六月，舞阳发生大水。永元十三年（101 年），荆州天降雨水。永元十四年（102 年）秋季，3 个州天降雨水。永元十五年（103 年）秋季，4 个州天降雨水。永元十六年（104）二月，诏令兖、豫、徐、冀四州，由于去年大雨损害庄稼，禁止沽酒。

殇帝延平元年（106 年）六月，37 个郡国天降雨水。九月，6 个州发大水。殇帝派遣谒者前往查证虚实，上报灾害，赈济困乏。十月，4 个州发大水，降雨雹。殇帝诏令用宿麦赈济贫苦百姓。

安帝永初元年（107 年）十月，新城山泉水涌出。《东观记》说道："毁坏田地，水深三丈。"当年，41 个郡国天降雨水，或者山水奔涌。永初二年（108 年）六月，洛阳与 40 个郡国发生大水、大风或者雨雹。永初三年（109 年），洛阳与 41 个郡国遭遇雨水或雹。永初四年（110 年）七月，3 个郡发大水。永初五年（111 年），8 个郡国天降雨水。元初四年（117 年）六月，3 个郡发生雨雹，七月，洛阳与 10 个郡国天降雨水。永宁元年（120 年）三月到十月，洛阳与 33 个郡国刮大风，天降雨水。建光元年（121 年）秋季，洛阳与 29 个郡国天降雨水。延光元年（122 年），洛阳与 27 个郡国遭遇雨水、大风，人民死亡。延光二年（123 年）九月，5 个郡国天降雨水。延光三年（124 年），36 个郡国分别发生雨水、疾风与雨雹。

顺帝永建元年（126 年）十月，汉顺帝发布诏令，对于遭受疾疫水灾的百姓，仅收一半的田租；损害程度在十分之四以上，不用立刻收缴；未满十分之四者，按照相应比例收取。永建四年（129 年）五月，司隶、荆、豫、兖、冀五州天降雨水，庄稼遭到损坏。永建五年（130 年），8 个郡国发生大水。永建六年（131 年），冀州天降大雨，庄稼遭到损坏。阳嘉元年（132 年），冀州连年发生水灾，百姓食物匮乏。永和元年（136 年）夏季，洛水因暴雨而发生泛滥，淹死千余名百姓。

质帝本初元年（146 年）五月，海水泛滥。汉质帝派遣谒者前往，将乐安、北海地区被水淹死者收殓入葬，又给贫羸的百姓发放食物。

桓帝永兴元年（153 年）七月，黄河水泛滥，百姓遭受饥荒穷困，有数十万户奔走流滞于道路上，冀州尤其严重。永寿元年（155 年）六月，洛水泛滥，毁坏鸿德苑。南阳郡发生大水。《续汉志》说："水淹到津城门，百姓及物品都浸泡在水中。"永康元年（167 年）八月，6 个州发生水灾，渤海泛滥。

灵帝建宁四年（171 年）五月，山水奔涌而出，毁坏 500 余家庐舍。熹平二年（173 年）六月，东莱、北海地区海水泛滥，百姓及物品都浸泡在水中。熹平四年（175 年）夏季，3 个郡国发生大水，损坏了秋季的庄稼。光和三年（180 年）秋季至光和四年（181 年）春季，酒泉郡表氏县发生 80 余次地动，水流迸出，城中官寺民舍皆有毁坏，导致县治更换了地方，城市新建。

献帝初平四年（193 年）六月，扶风发生大风与雨雹。建安二年（197 年）九月，汉水泛滥，一些百姓被淹死。建安十八年（213 年）六月发大水。建安二十四年（219 年）八月，天降霖雨，汉水泛滥，百姓受灾，于禁统领的军士全部被淹致死。

二、魏晋南北朝时期

魏文帝黄初四年（223 年）六月，连绵大雨导致伊水和洛水泛滥。

魏明帝太和四年（230 年）八月至九月，大雨连绵 30 多天，伊、洛、河、汉水泛滥。诏（曹）真等班师。景初元年（237 年）九月，冀、兖、徐、豫 4 州人民遭受水灾。景初二年（238 年）秋七月，魏国大将司马懿北征公孙渊。围困敌军于襄平城（今辽宁辽阳附近），当时赶上连绵大雨，辽水急剧上涨。运船自辽口径至城下。

吴孙权赤乌三年（240 年）春正月，朝廷下诏："君主没有人民就不能当政，人民没有粮食就不能生存。最近以来，人民有很多劳役赋税，年景又有水灾旱灾，收获的粮食有所减少，而有的官员又很不好，侵占农忙时间，以致百姓饥饿贫困，从此以后，督军和郡守应谨慎地查处不法行为，在农耕蚕桑季节，用劳役事务侵扰百姓的人，要察举纠正向上报告。"赤乌八年（245 年）夏天，茶陵县大水泛滥。赤乌十三年（250 年）秋八月，丹阳、句容、故鄣和宁国大水泛滥。太元元年（251 年）秋八月，刮大风，江水和海水上涌泛滥，水深有 8 尺。

吴会稽王五凤元年（254 年）夏天，发生洪水。

吴景帝永安四年（261 年）五月，下大雨，大水泛滥。永安五年（262 年）八月，下大雨，电闪雷鸣，大水泛滥。

晋武帝泰始四年（268 年）九月，青州、徐州、兖州和豫州发大水，伊水和洛水上涨。泰始五年（269 年）二月，青州、徐州和兖州发大水。

晋武帝泰始七年（271 年）六月，大雨连绵，伊水、洛水、沁水和黄河同时泛滥。毁坏 4000 多家房屋，死亡 200 多人。咸宁元年（275 年）九月，青州发生螟蛉虫害，徐州发大水。咸宁二年（276 年）秋七月，河南和魏郡发大水。咸宁二年（276 年）闰九月，荆州 5 郡发大水。咸宁三年（277 年）六月，益州、梁州等 8 个郡发洪水。九月，始平郡发大水。兖、豫、徐、青、荆、益、梁 7 州发大水。咸宁三年（277 年）秋七月，荆州发大水。九月，始平郡发大水。咸宁四年（278 年）秋七月，司州、冀州、兖州、豫州、荆州、扬州的 20 个郡国发大水。太康二年（281 年）六月，泰山郡和江夏郡发大水。太康四年（283 年）七月，兖州发大水。十二月，河南、荆州、扬州等 6 个州发大水。太康五年（284 年）九月，南安刮大风，树木折断，有 5 个郡国发大水，出现霜冻天气，伤害了秋天庄稼。同月，南安等 5 郡发大水。太康六年（285 年）夏四月，有 10 个郡国发大水。太康六年（285 年），陇右连年大雨。太康七年（286 年）秋九月，有 8 个郡国发大水。太康八年（287 年）六月，有 8 个郡国发大水。

晋惠帝元康二年（292 年），发生水灾。元康四年（294 年）五月，蜀郡的山发生移动；淮南寿春发生洪水，山体崩塌。元康四年（294 年）秋八月，上谷居庸、上庸都发生地面陷裂，泉水从中涌出，有死者，发生大饥荒。元康五年（295 年）夏五月，颍川、淮南发大水。六月，城阳、东莞发大水，有淹死人现象。荆州、扬州、兖州、豫州、青州、徐州发大水。元康五年（295 年）七月十二日，雨量大于平常。元康六年（296 年）五月，荆州和扬州二州发大水。元康八年（298 年）秋天九月，荆州、豫州、扬州、徐州、冀州发大水。永宁元年（301 年）秋七月，南阳国和东海郡发大水。太安元年（302 年）秋七月，兖州、豫州、徐州、冀州发大水。

晋怀帝永嘉四年（310 年）夏四月，江东发大水。永嘉六年（312 年），正赶上大雨，3 个月没有停止，石勒军中发生饥饿和疫病。

东晋元帝建武元年（317 年）秋，七月，发生大旱；司州、冀州、并州、青州、雍州发生蝗灾；黄河和汾河泛滥。大兴三年（320 年）夏六月，发大水。大兴四年（321 年）秋七月，发大水。

东晋明帝太宁元年（323 年）夏五月，丹阳、宣城、吴兴、寿春发大水。

东晋成帝咸和元年（326 年）五月，发大水。咸和二年（327 年）五月，京师发大水。咸和四年（329 年）秋七月，丹阳、宣城、吴兴、会稽发大水。

后赵石勒建平元年（330 年）九月，连绵大雨，中山郡西北发生洪水。

东晋成帝咸和七年（332 年）夏五月，发大水。咸康元年（335 年）秋八月，长沙郡、武陵郡发大水。咸康八年（342 年）正月，有日食。京都下大雨。

东晋穆帝永和四年（348 年）夏五月，发大水。永和五年（349 年）夏五月，发大水。永和六年（350 年）夏五月，发大水。永和七年（351 年）秋七月，夜间，洪水进入石头城。永和八年（352 年），从五月到十二月都没有下雨。慕容俊派遣使者祭祀，追加谥号为武悼天王，当日下大雨雹。升平二年（358 年）夏五月，发大水。升平五年（361 年）夏四月，发大水。

东晋哀帝兴宁元年（363 年）夏四月，河湖泛滥。

东晋海西公太和元年（366 年）二月，凉州发生地震，河水上涌。太和六年（371 年）夏六月，京师发大水。丹阳、晋陵、吴郡、吴兴、临海 5 郡也发大水，百姓发生饥荒。

东晋简文帝咸安元年（371 年）冬十二月，洪水冲进石头城。

前凉悼公张天锡太清十年（372 年）七月，发大水。太元三年（378 年）夏天六月，发大水。太元五年（380 年）夏天五月，发大水。太元六年（381 年）夏天六月，日食。扬州、荆州、江州发大水。太元八年（383 年）三月，始兴、南康、庐陵发大水。太元十年（385 年）夏五月，发大水。

东晋孝武帝太元十三年（388 年）冬十二月，大水冲进石头城，淹死人。太元十五年（390 年）八月，沔中各郡和兖州发大水。太元十七年（392 年）夏六月，洪水冲进石头城，永嘉郡海潮上涌。太元十八年（393 年）夏六月，始兴、南康、庐陵发大水。太元十九年（394 年）秋七月，荆州、徐州发生大水。太元二十年（395 年）夏六月，荆州和徐州发大水。太元二十一年（396 年）夏五月，发大水。

东晋安帝隆安三年（399 年），荆州发大水。隆安五年（401 年）五月，发大水。元兴三年（404 年）春二月，夜间，洪水冲进石头城。义熙元年（405 年）二月，夜间，洪水冲入石头城。

北魏道武帝天赐四年（407 年）夏五月，皇帝向北巡视。从参合陂东过蟠羊山，天降大雨。

东晋安帝义熙四年（408 年）冬十二月，洪水冲进石头城。义熙六年（410 年）夏五月，发大水。义熙八年（412 年）夏六月，发大水。义熙九年（413 年）夏五月，发大水。义熙十年（414 年）夏五月，发大水。秋七月，淮北发生风灾又发大水。义熙十一年（415 年）秋七月，京师发生大水。

北魏明元帝泰常二年（417 年），勃海、范阳两郡发大水。泰常三年（418 年）三月，雁门、河内两郡发生大水。

宋文帝元嘉五年（428 年）六月，京师发生大水。元嘉七年（430 年），吴兴、晋陵、义兴 3 个郡发大水。元嘉八年（431 年），北魏南部发生水灾。

北魏太武帝延和元年（432 年）六月，京师发生水灾。

宋文帝元嘉十一年（434 年）五月，京师发生大水。元嘉十二年（435 年）六月，丹阳、淮南、吴兴、义兴发水灾。元嘉中期，盛产木材的利水有 1000 多根木材顺水流出。元嘉十七年（440 年）八月，徐、兖、青、冀 4 州发生水灾。元嘉十八年（441 年）五月，江水泛滥。元嘉十九年（442 年）闰五月，京师雨大成灾。元嘉二十年（443 年），一些州郡或发生水灾，或发生旱灾，人民发生饥荒。元嘉二十一年（444 年）秋七月，颁布诏书说："今年庄稼受损，水旱成灾，也因播种之事，还有疏略之处。南徐、兖、豫 3 个州及扬州之浙江以西的属郡，从现在起都要督促种麦，以弥补其不足。迅速运送彭城下邳郡现存的麦种，交付刺史借贷给民众。徐、豫地方多稻田，而民间专门致力于旱地，应命令二州长官，巡查旧有陂泽，相继修整完好，同时督促开垦田地，使其赶得上来年耕种。所有的州郡，都要充分发挥土地的生产能力，劝导播种栽植，蚕桑麻纻，各项都要想尽办法，不要应付差事。”

北魏太武帝太平真君八年（447 年）七月，平州（今河北卢龙北）发生水灾。

宋文帝元嘉二十四年（447 年），徐、兖、青、冀 4 个州发生水灾。元嘉二十九年（452 年）春正月，朝廷颁布诏书说：“受到进犯的六个州，生产还未恢复，又遇到涝灾，极为贫困。各地方长官，应从速从优予以救济。时下耕种将要开始，务必充分利用地力。如果需要种子，根据实际情况供给。”元嘉二十九年（452 年）五月，京师降雨成灾。元嘉二十九年（452 年）六月，朝廷派遣部司官员巡查灾情，赐予柴米，提供船只。

宋孝武帝孝建元年（454 年）八月，会稽郡发生水灾。大明元年（457 年）正月，京师下雨成灾。大明元年（457 年）五月，吴兴、义兴发生水灾，人民发生饥荒。大明二年（458 年）正月，颁布诏书说：“去年东方多受水灾。已到春耕时节，应优先加以督促。所需粮种，按时借给。”大明二年（458 年）九月，襄阳发生大水灾。大明四年（460 年）八月，雍州发生水灾。大明五年（461 年）四月，颁布诏书说：“南徐、兖二州去年大水成灾，百姓大多贫困，拖欠租赋未交的可延至秋收时。”大明五年（461 年）秋七月，颁布诏书说：“雨水大降，街道漫溢。应派遣使者巡察。穷困之家，赐以柴米。”

北魏文成帝和平五年（464 年）二月，有 15 个州去年遭受虫灾和水灾，朝廷下诏开仓赈济。

宋孝武帝大明八年（464 年），京师雨水成灾。

宋明帝泰始二年（466 年）六月，京师雨水成灾。

北魏献文帝皇兴二年（468 年）十一月，有 27 个州镇发生水灾或旱灾。

北魏孝文帝延兴二年（472 年）六月，安州民众遭遇水灾冰雹。延兴二年（472 年）九月，诏令发生水灾的 11 个州镇，免除民众的田租，开仓赈济抚恤。

宋明帝泰豫元年（472 年）六月，京师雨水成灾。

宋后废帝元徽元年（473 年）六月，寿阳发生水灾。

北魏孝文帝延兴三年（473 年），有 11 个州镇发生水灾、旱灾。

宋后废帝元徽三年（475 年）三月，京师发生水灾。

宋顺帝昇明元年（477 年）七月，雍州发生水灾。

北魏孝文帝太和元年（477 年），有 8 个州郡发生水灾。

北魏孝文帝太和二年（478 年）夏四月，南豫、徐、兖州连绵大雨成灾。太和二年（478 年），有 20 多个州镇发生水灾。

宋顺帝昇明三年（479 年）四月，吴郡桐庐县刮起暴风，伴随有雷电，将沙子刮走，把树木折断，大水水深 2 丈，当地居民被淹没冲走。

齐高帝建元元年（479 年），吴郡、吴兴、义兴 3 个郡发生水灾。

北魏孝文帝太和四年（480 年），有 18 个州镇发生水灾。太和六年（482 年）七月，青、雍二州发生水灾。太和六年（482 年）八月，徐、东徐、兖、济、平、豫、光 7 个州，平原、枋头、广阿、临济 4 个镇发生水灾。

南齐高帝建元四年（482 年）五月，大雨频降，河流满溢。

北魏孝文帝太和八年（484 年），有 15 个州镇发生水灾。太和八年（484 年），武州发生水灾。太和九年（485 年）九月，南豫、朔两州发生大水。太和九年（485 年），京师和另外 13 个州镇发生水灾。太和九年（485 年）八月，数州发生水灾，发生饥荒。

齐武帝永明八年（490 年），发大水。永明九年（491 年）秋八月，吴兴、义兴发生水灾。

北魏孝文帝太和二十二年（498 年），兖州与豫州连绵大雨成灾。太和二十三年（499 年），有 18 个州镇发生水灾，人民发生饥荒。太和二十三年（499 年）六月，青、齐、光、南青、徐、豫、兖、东豫 8 个州发生水灾。

齐东昏侯永元元年（499年），京师发生大水。

北魏宣武帝景明元年（500年）七月，青、齐、南青、光、徐、兖、豫、东豫，司州的颍川、汲郡发生水灾。景明元年（500年），北魏有18个州镇发生水灾，并产生饥荒。

梁武帝天监二年（503年）夏六月，太末、信安、丰安3个县发生水灾。

北魏宣武帝正始二年（505年）三月，青、徐二州大雨连绵成灾。正始四年（507年）夏四月，钟离发生水灾。

梁武帝天监六年（507年）秋八月，京师发生大水。天监七年（508年）夏五月，京师发生水灾。

北魏宣武帝永平三年（510年）七月，有20个州郡发生水灾。延昌元年（512年）春三月，有11个州郡发生水灾。延昌元年（512年），京师和其他地方发生水灾。延昌二年（513年）五月，寿春发生水灾。

梁武帝天监十二年（513年）夏四月，京师发生大水；夏五月，寿阳连绵大雨。

北魏孝明帝熙平元年（516年）六月，徐州发生大水。

梁武帝天监十五年（516年），淮河的堤坝破裂，淮河边的城戌村落中的十几万人被冲进海里。

北魏孝明帝熙平二年（517年）九月，冀、瀛、沧3个州发生水灾。

梁武帝普通元年（520年）秋七月，江、淮、海同时发生漫溢。

北魏孝明帝正光二年（521年）夏，定、冀、瀛、相4个州发生水灾。孝昌三年（527年）秋，京师发生水灾。

梁武帝中大通元年（529年），河南中部发生山洪，军人死散。

北魏孝武帝太昌元年（532年）六月，京师发生水灾，谷水泛滥。

梁武帝中大通五年（533年）夏五月，建康发生水灾。

东魏孝静帝元象元年（538年），定、冀、瀛、沧4个州发生水灾；夏，山东发大水。兴和四年（542年），沧州发生水灾。

西魏文帝大统十六年（550年）九月，连绵阴雨从秋天一直到冬天。

北周明帝武成元年（559 年）六月，大雨连绵。

北齐武成帝河清二年（563 年）十二月，兖、赵、魏 3 个州发生水灾。河清三年（564 年）六月，连绵大雨，昼夜不停；闰九月，朝廷派遣 12 个使者巡视遭受水灾的州郡，免去灾民的租调。

陈文帝天嘉五年（564 年），北齐山东地区发生水灾。

北齐武成帝河清三年（564 年），西兖、梁、沧、赵州，司州的东郡、阳平、清河、武都，冀州的长乐、渤海等地发生水灾。

北齐后主天统三年（567 年）秋，山东地区发生大水，人民发生饥荒。天统三年（567 年），并州汾水发生漫溢。天统四年（568 年），从正月开始到五月一直不下雨，六月下大雨。有大风，将树拔出，刮断。

陈宣帝太建元年（569 年），陈朝东境发生水灾。

北齐后主武平六年（575 年）八月，冀、定、赵、幽、沧、瀛 6 个州发生水灾。武平七年（576 年）春正月，诏令说：从去年以来，水涝为灾，饥饿而不能自保的人，各地应将他们交付给大的寺庙以及富实的家庭，以救济他们的生命。武平七年（576 年）秋七月，连绵大雨不停。

陈后主祯明二年（588 年）夏六月，刮大风，从西北激起大水涌入石头城。淮水漫溢。

第三章　震　灾

一、秦汉时期

惠帝二年（前 193 年）正月，陇西发生地震，400 余家百姓受灾。

高后二年（前 186 年）正月，武都地区山崩，760 人遇难，地动持续到八月才停止。

文帝元年（前 179 年）四月，齐楚两国发生地震，29 座山同日崩塌。五年（前175年）二月，发生地震。十一年（前169年），汉文帝驾临代国，地动。

景帝中元元年（前149年）四月，地动。中元三年（前147年）四月，地动。中元五年（前145年）秋季，地动。后元元年（前143年）五月，地动，早晨时候再次地动。上庸地动持续了22日，城垣被毁坏。后元二年（前142年）正月，一天之内发生了3次地动。

武帝元光四年（前131年）五月，发生地震。十二月，再次发生地动。征和二年（前91年）八月，发生地震，压死不少百姓。后元元年（前88年）七月，发生地震，泉水奔涌而出。

宣帝本始元年（前73年）四月，发生地震。本始四年（前70年）四月，河南以东49郡发生地震，北海郡琅琊宗庙城郭毁坏，6000余人死亡。地节三年（前67年）九月，发生地震。

元帝初元元年（前48年）四月，地动不止。初元二年（前47年）二月，陇西郡发生地震，毁坏太上皇庙大殿壁上的木饰，毁坏原道县城郭官寺、百姓屋舍，百姓死伤众多，导致山体崩塌，大地裂开，水泉喷涌而出。七月，再次发生地震。永光二年（前42年）三月至六月，发生日食、地震。永光三年（前41年）十一月，发生地震。建昭二年（前37年）十一月，齐国、楚国发生地震与大雨雪，树木被折毁，房屋遭到毁坏。

成帝建始三年（前30年）十二月，未央宫殿中发生地震。河平三年（前26年）二月，犍为郡发生地震，山体崩塌，堵塞江水，江水逆流。永始四年（前13年）六月，长安发生地震。

哀帝建平二年（前5年），山体崩塌，大地震动，河水枯竭，泉水奔涌，淹死不少百姓，还有众多百姓流离失所。

孺子婴居摄三年（8年）春季，发生地震。

王莽天凤三年（16年）二月，发生地震。

光武帝建武二十二年（46年）九月，发生地震，南阳尤其严重。

章帝建初元年（76年）三月，山阳、东平发生地震。

和帝永元四年（92年）六月，13个郡国发生地震。永元五年（93

年）二月，陇西发生地震。永元七年（95 年）九月，洛阳发生地震。永元九年（97 年）三月，陇西发生地震。

安帝永初元年（107 年），18 个郡国发生地震。永初二年（108 年），12 个郡国发生地震。永初三年（109 年）十二月，9 个郡国发生地震。永初四年（110 年）三月，9 个郡国发生地震。九月，益州郡发生地震。永初五年（111 年）正月，10 个郡国发生地震。永初七年（113 年）二月，18 个郡国发生地震。元初元年（114 年），15 个郡国发生地震。元初二年（115 年）十一月，10 个郡国发生地震。元初三年（116 年）二月，10 个郡国发生地震。十一月，9 个郡国发生地震。元初四年（117 年），13 个郡国发生地震。元初五年（118 年），14 个郡国发生地震。元初六年（119 年）二月，洛阳与 42 个郡国发生地震，造成大地开裂，水流奔涌，毁坏城郭民舍，压死一些百姓。冬季，8 个郡国发生地震。永宁元年（120 年），23 个郡国发生地震。建光元年（121 年）十一月，35 个郡国发生地震，造成大地开裂。延光元年（122 年）七月，洛阳与 13 个郡国发生地震。九月，27 个郡国发生地震。延光二年（123 年），洛阳与部分郡国发生地震。延光三年（124 年），洛阳与 23 个郡国发生地震。延光四年（125 年）十一月，洛阳与 16 个郡国发生地震。

顺帝永建三年（128 年）正月，洛阳、汉阳发生地震。汉阳的房屋毁坏，压死一些百姓，大地开裂，水流奔涌而出。阳嘉二年（133 年）四月，洛阳发生地震。阳嘉四年（135 年）十二月，洛阳发生地震。永和二年（137 年）四月、十一月，洛阳发生地震。永和三年（138 年）二月，洛阳、金城、陇西发生地震，毁坏城郭与房屋，压死不少百姓。四月，洛阳再次发生地震。永和四年（139 年）三月，洛阳发生地震。永和五年（140 年）二月，洛阳发生地震。建康元年（144 年）正月，凉州地区 6 个郡发生地震。从汉安二年（143 年）九月至次年四月，共发生 180 次地震，山谷开裂，毁坏城郭寺庙，压伤、压死一些百姓。九月，洛阳、太原、雁门发生地震，三地水流奔涌而出、土地开裂。

桓帝建和元年（147 年）四月，洛阳发生地震。九月，洛阳再次发生地震。建和三年（149 年）九月，发生两次地震。十一月的诏令说："洛阳的房舍毁坏，死者很多，郡县之中也有一些死者。"元嘉元年（151 年）十一月，洛阳发生地震。元嘉二年（152 年）正月，洛阳发生地震。十月，洛阳再次发生地震。永兴二年（154 年）二月，洛阳发生地震。永寿二年（156 年）十二月，洛阳发生地震。延熹二年（159 年），发生数次地震，土地裂开。延熹四年（161 年）六月，京兆、扶风与凉州发生地震。延熹五年（162 年）五月，洛阳发生地震。延熹八年（165 年）九月，洛阳发生地震。

灵帝建宁四年（171 年）二月，发生地震，海水泛滥。熹平二年（173 年）六月，北海发生地震。熹平六年（177 年）十月，洛阳发生地震。光和元年（178 年）二月，发生地震；四月，再次发生地震。光和二年（179 年）三月，京兆发生地震。光和三年（180 年）秋季至光和四年（181 年）春季，酒泉郡表氏县发生 80 余次地动。

献帝初平二年（191 年）六月，发生地震。初平四年（193 年）六月，华山发生崩裂。初平四年（193 年）十二月，发生地震。兴平元年（194 年）六月，洛阳发生两次地震。建安七、八年（202—203 年），长沙醴陵有座大山常有怪声发出，声音大如牛叫，前后有数年之久。建安十四年（209 年）十月，荆州发生地震。

二、魏晋南北朝时期

吴大帝黄武四年（225 年），江东一年之内多次发生地震。

魏明帝青龙二年（234 年）十一月，京都发生地震。

吴大帝嘉禾六年（237 年）五月，江东发生地震。

魏明帝景初元年（237 年）六月，京都发生地震。

吴大帝赤乌二年（239 年）正月，江东再次发生地震。

魏齐王正始二年（241 年）冬十二月，南安郡发生地震。正始三年（242 年）秋七月，南安郡发生地震；冬十二月，魏郡也发生地震。正始六年（245 年）春二月，南安郡发生地震。

魏齐王曹芳当政时，连续几年发生地震。

吴大帝赤乌十一年（248 年）二月，江东仍有地震。赤乌十三年（250 年）秋八月，丹阳、句容、故鄣和宁国四地的山发生崩塌，有大水溢出。

吴大帝在位时连续几年发生地震。

蜀汉后主炎兴元年（263 年），蜀地发生地震。

魏元帝咸熙二年（265 年）春二月，太行山发生崩塌。

晋武帝泰始三年（267 年）春三月，大石山（今江苏省苏州市境内）发生崩塌。泰始四年（268 年）秋七月，泰山发生崩塌。泰始五年（269 年）四月，有地震。泰始七年（271 年）六月，有地震。咸宁二年（276 年）八月，河南、河东、平阳三郡发生地震。咸宁四年（278 年）六月，阴平（今甘肃文县西北）、广武（今山西代县西南）两地在本月各发生两次地震。太康二年（281 年）二月，淮南、丹阳两郡发生地震。太康五年（284 年）二月，京师洛阳发生地震。太康六年（285 年）秋七月，巴西郡发生地震。太康六年（285 年）冬十月，南安郡新兴（今甘肃陇西以南）有山崩塌，大水涌出。太康七年（286 年）七月，南安郡、犍为郡发生地震。八月，京兆地区地震。太康七年（286 年）秋七月，朱提郡的大泸山发生崩塌，震坏房屋。阴平郡的仇池崖发生滑塌。同月，南安郡、犍为郡发生地震。太康八年（287 年）三月，地震失火烧西合楚王居留的坊和临商观窗。太康八年（287 年）五月，建安郡发生地震；七月，阴平郡发生地震；八月，丹阳郡发生地震。太康九年（288 年）正月，会稽、丹阳、吴兴三郡发生地震；四月，长沙、南海等 8 个郡国发生地震。七月到八月之间，又有 4 次地震。太康九年（288 年）九月，临贺郡发生地震；十二月，临贺郡又有地震。太康十年（289 年）十二月，丹阳郡发生地震。太熙元年（290 年）正月，丹阳郡又发生地震。太熙元年（290 年），发生地震。

晋武帝在位时，连续几年发生地震。

晋惠帝元康元年（291 年）十二月，京都洛阳发生地震。元康四年（294 年）二月，蜀郡有山崩塌，上谷、上庸、辽东三郡发生地震；五月，寿春（今安徽寿县）有山崩塌并有洪水；六月，寿春发生地震，上庸郡有山崩塌；八月，上谷郡地震，有大水涌出。居庸（今北京延庆）地面开裂，并且有水涌出，当地遭受饥荒。上庸郡有四处大山崩塌，有水溢出；十月，京都洛阳地震；十一月，荥阳、襄城、汝阴（今安徽阜阳）、梁国（今河南商丘南）和南阳都发生地震；十二月，京都洛阳又有地震。元康四年（294 年）五月，蜀郡的山发生移动。寿春发生地震，致使 20 多户人死亡，大山崩塌，土地开裂，平民陷入而死。上庸郡有山崩塌，死亡 20 多人。元康四年（294 年）八月，上谷郡地震，有大水涌出，淹死 100 多人。居庸地面开裂，裂口宽 36 丈，长 84 丈，并且有水涌出，当地遭受饥荒。元康五年（295 年）五月，发生地震。六月，金城郡（今甘肃兰州附近）发生地震。元康六年（296 年）正月，发生地震。元康八年（298 年）春正月，发生地震，朝廷下诏开仓放粮，赈济雍州遭受饥荒的平民。太安元年（302 年）十月，发生地震。太安二年（303 年）十二月，发生地震。

晋怀帝永嘉三年（309 年）十月，荆、湘二州发生地震。永嘉三年（309 年）十月，宜都郡夷道（今湖北宜都）有山崩塌。永嘉四年（310 年）夏四月，兖州发生地震。湘东郡酃县（今湖南衡阳附近）的黑石山崩塌。

晋愍帝建兴二年（314 年）四月，长安发生地震。建兴三年（315 年）六月，长安发生地震。

前赵刘聪建元元年（315 年）三月，平阳城（今山西临汾附近）发生地震。十一月，发生地震。

晋怀帝、愍帝在位时，连续几年发生地震。

前赵刘聪建元二年（316 年）八月，平阳城发生地震。

前凉张寔五年（317 年），祁山发生地震。

东晋元帝大兴元年（318 年）春二月，庐陵、豫章、武昌、西阳四郡有山崩塌。大兴元年（318 年）四月，西平郡（今青海西宁附近）发生地震，有大水涌出。十二月，庐陵、豫章、武昌、西陵四郡地震，有山崩塌。大兴二年（319 年）五月，祁山发生地震。大兴三年（320

年）四月，丹阳、吴郡、晋陵三地发生地震。南平郡有山崩塌，出现数千斤的雄黄。大兴四年（321 年）秋八月，恒山崩塌，有水涌出，滹沱河决溢。

东晋成帝咸和元年（326 年），宣城郡春谷（今安徽铜陵附近）有山崩塌。咸和二年（327 年）二月，江陵发生地震。三月，益州发生地震。四月，豫章发生地震。咸和四年（329 年）冬十月，柴桑（今江西九江）庐山西北的山崖崩塌。咸和四年（329 年），经常地震。咸和九年（334 年）三月，会稽郡发生地震。

东晋穆帝永和元年（345 年）六月，发生地震。永和二年（346 年）十月，发生地震。永和二年（346 年）十二月，再次发生地震。永和三年（347 年）正月，发生地震。永和三年（347 年）夏四月，发生地震。九月，发生地震。永和四年（348 年）十月，发生地震。永和五年（349 年）正月，发生地震。永和七年（351 年）秋九月，峻平、崇阳二陵崩塌。永和九年（353 年）八月，京都（今南京）发生地震。永和十年（354 年）正月，发生地震。永和十一年（355 年）四月，发生地震。五月，再次发生地震。

前秦苻坚在位时，秦、雍这两州发生地震，地面开裂，有泉水涌出。长安有大风和闪电。

东晋穆帝升平二年（358 年）十一月，发生地震。升平五年（361 年）八月，凉州发生地震。

东晋哀帝隆和元年（362 年）夏四月，发生地震，浩亹山发生崩塌。隆和二年（363 年）二月，江陵发生地震。兴宁元年（363 年）四月，扬州发生地震，导致湖渎泛滥。兴宁二年（364 年）春二月，江陵发生地震。

前凉张天锡三年（365 年）四月，延兴发生地震。

东晋海西公太和元年（366 年）二月，凉州发生地震。四月，延兴发生地震。

东晋简文帝咸安二年（372 年）十月，安成郡（治所在今江西安福附近）发生地震。

东晋孝武帝宁康元年（373 年）十月，发生地震。宁康二年

（374年）二月，发生地震。七月，凉州发生地震，有山崩塌。太元二年（377年）闰三月，发生地震。五月，发生地震。太元五年（380年）夏，地震使含章殿的四柱倒塌。太元十一年（386年）六月，发生地震。太元十五年（390年）三月，夜间发生地震。太元十五年（390年）八月，京师（今南京）发生地震。冬十二月，发生地震。太元十七年（392年）六月，发生地震。十二月，该地又发生地震。太元十八年（393年）正月，发生地震。二月，正月发生地震处又发生地震。

后秦姚兴皇初四年（397年），发生地震。

东晋安帝隆安四年（400年）四月，发生地震。九月，发生地震。

后燕慕容熙光始五年（405年）二月，夜间发生地震。

西秦乞伏乾归太初十九年（406年），苑川地面开裂。

东晋安帝义熙四年（408年）正月，夜间大地震动并有声响。义熙四年（408年）十月，发生地震。义熙五年（409年）正月，夜间，寻阳发生地震。

北魏道武帝天赐五年（408年）春三月，恒山崩塌。

北魏道武帝天赐六年（409年）夏，发生地震。

东晋安帝义熙八年（412年），从正月到四月，南康郡（治所在今江西赣州）和庐陵郡（治所在今江西吉安东北）发生了4次地震。义熙十年（414年）三月，发生地震。义熙十一年（415年）夏五月，霍山崩塌。

后秦姚泓永和元年（416年），秦州（今甘肃天水）地面下陷开裂，岩岭崩塌坠落。刚开始天水郡冀县（今甘肃甘谷东）的石鼓发出声音，百里外都可以听到，野鸡也啼叫，秦州发生地震32次。

东晋安帝义熙十三年（417年）秋七月，汉中郡城固县水岸崩塌。义熙年间，连续几年发生地震。

北魏明元帝泰常四年（419年）二月，司州地震。

宋武帝永初元年（420年）秋七月，发生地震。

宋文帝元嘉六年（429年），秦地发生地震。元嘉十二年（435年）三月，京都（今南京）发生地震；四月，夜间京都发生地震。

北魏太武帝太延二年（436 年）十一月，并州（治所在今山西太原附近）发生地震。

宋文帝元嘉十五年（438 年）秋七月，发生地震。

北魏太武帝太延四年（438 年）三月，京师（今山西大同）发生地震；四月，华山崩塌；十一月，幽州、兖州发生地震。

宋文帝元嘉十六年（439 年），发生地震。

北魏太武帝太平真君元年（440 年）五月，河东郡发生地震。

宋孝武帝大明二年（458 年）四月，发生地震。大明六年（462 年），发生地震。

宋明帝泰始二年（466 年）四月，发生地震。泰始四年（468 年）七月，东北方向有炸雷般的声音，随后便发生地震。泰豫元年（472 年）闰七月，东北方向有炸雷般的声音，随后发生地震。

宋后废帝元徽二年（474 年）四月，发生地震。

北魏孝文帝延兴四年（474 年）五月，雁门郡崎城有炸雷般的声响，从天上延续至西方共有十几声，声音停止后，发生地震；十月，京师地震。宋后废帝元徽五年（477 年）五月，发生地震；四月，京师发生地震。太和元年五月，统万镇（今山西靖边）发生地震；闰月，秦州地震。太和二年（478 年）二月，兖州发生地震；七月，并州地震。太和三年（479 年）三月，平州（今河北卢龙附近）发生地震；七月，京师发生地震。太和四年（480 年）五月，并州发生地震。太和五年（481 年）二月，秦州（今甘肃天水附近）发生地震。太和六年（482 年）五月，秦州发生地震；八月，秦州两次发生地震。太和七年（483 年）三月，秦州发生地震；四月，肆州（今山西忻州）发生地震；六月，东雍州（今山西新绛）发生地震。太和八年（484 年）十一月，并州发生地震。太和十年（486 年）正月，并州发生地震，并伴有急促的声音。闰月，秦州发生地震。太和十年（486 年）二月，京师发生两次地震，秦州也发生地震；三月，京师与营州（今辽宁朝阳）发生地震。太和十九年（495 年）二月，光州（今山东莱州）发生地震。太和二十年（496 年）正月，并州发生地震；四月，营州发生地震。太和二十二年（498 年）三月，营州发生地震；八月，兖州发生地震。太和二十二年（498 年）九月，并州发生地震。太和二十三年（499 年）六月，京师（今河南洛阳）发生地震。

南齐东昏侯永元元年（499 年）七月，发生地震，至次年仍然昼夜不停。

北魏宣武帝景明元年（500 年）五月，齐州山茌县（今济南长清）太阴山发生崩塌，有喷泉涌出；六月，秦州发生地震。景明四年（503 年）正月，凉州和并州发生地震；六月，秦州发生地震；十一月，恒山崩塌；十二月，秦州发生地震。正始元年（504 年）四月，京师发生地震；六月，京师又发生地震；十一月，恒山崩塌。正始二年（505 年）九月，恒州（治所在今山西大同）发生地震。正始三年（506 年）七月，梁州地震；八月，秦州发生地震。

梁武帝天监五年（506 年）冬十一月，京师（今南京）发生地震；十二月，京师发生地震。京房《易飞候》记载："地震以后十一个月，本地区受到饥荒，当地人逃往他处。"第二年，下霜，粮食歉收，发生饥荒。

北魏宣武帝永平元年（508 年）春正月，秦州发生地震。永平二年（509 年）正月，青州（治所在今山东潍坊）发生地震。永平三年（510 年）九月，青州发生地震。永平四年（511 年）五月，恒、定两州发生地震；十月，恒州发生地震。延昌元年（512 年）四月，京师与并、朔、相、冀、定、瀛 6 州发生地震。恒州的繁畤、桑乾、灵丘，肆州的秀容、雁门发生地震；是年，汃州地震，伤亡很多，又有几年汃州秀容、敷城、雁门山体发出声音，地震一直持续；十月，秦州地震并伴随有声音；十一月，定、肆二州发生地震；十二月，京师发生地震。延昌二年（513 年）三月，济州发生地震，并伴随有声音。同年京师发生地震。

梁武帝天监十二年（513 年），北魏恒、肆两州地震、山鸣几年，一年之后仍不停止。

北魏宣武帝延昌三年（514 年）正月，有司上奏："肆州地方官上书说秀容郡敷城县从上一年四月地震，到现在还没有停止。"八月，兖州地方官上书说："泰山崩塌，石块下落，有泉涌出，此种情况有十七处。"延昌四年（515 年）正月，华州发生地震；十一月，地震从西北传来，并带有急促的声音，后又有地震从东北传来。

北魏孝明帝熙平二年（517 年）十二月，秦州发生地震，并伴随有声音。正光二年（521 年）六月，秦州发生地震并且伴随有来自东北的声音。正光三年（522 年）六月，徐州发生地震。

梁武帝普通三年（522 年）正月，建康发生地震。普通六年（525 年）冬十二月，京师发生地震。中大通五年（533 年）正月，京师发生地震。大同二年（536 年）十一月，京师发生地震。大同五年（539 年）十月，建康发生地震。大同七年（541 年）二月，京师发生地震。大同九年（543 年）春闰正月，发生地震。

东魏孝静帝武定二年（544 年）十月，西河郡（治所在今山西汾阳）地面下陷，并出现自燃现象。武定三年（545 年）冬天，并州发生地震。

梁武帝太清二年（548 年）八月，侯景举兵在豫州叛乱，设坛结盟，发生地震；九月，发生地震。太清三年（549 年）夏四月，京师发生两次地震。

东魏孝静帝武定七年（549 年）夏天，并州发生地震。

梁武帝太清三年（549 年）冬十月，发生地震；京师第二次地震时，侯景自封大丞相。

陈武帝永定二年（558 年）五月，京师发生地震。

北齐武成帝河清二年（563 年），并州发生地震。

北周武帝天和二年（567 年）闰月，发生地震。

陈宣帝太建四年（572 年）十一月，发生地震。

北周武帝建德二年（573 年），凉州发生地震；之后凉州连年发生地震。

陈后主祯明元年（587 年）正月，发生地震。

第四章　虫　灾

一、秦汉时期

文帝后元六年（前158年）四月，发生大旱灾与蝗灾。冬季，再次发生旱灾与蝗灾。

景帝中元三年（前147年）九月，发生蝗灾。中元四年（前146年）三月，发生蝗灾。

武帝建元五年（前136年）五月，发生蝗灾。元光五年（前130年）八月，发生螟虫灾害。元光六年（前129年）夏季，发生旱灾与蝗灾。元鼎五年（前112年）秋季，发生蝗灾。元封六年（前105年）秋季，发生旱灾与蝗灾。太初元年（前104年），蝗虫从东方飞至敦煌。太初二年（前103年）秋季，发生蝗灾。太初三年（前102年）秋季，再次发生蝗灾。征和三年（前90年）秋季，发生蝗灾。征和四年（前89年）夏季，发生蝗灾。

宣帝神爵四年（前58年），河南郡出现蝗虫。

汉平帝元始二年（2年）秋季，蝗虫遍布天下。

王莽始建国三年（11年），濒河郡发生蝗灾。地皇二年（21年）秋季，降霜毁坏了农作物，关东地区发生饥荒与蝗灾。地皇三年（22年）夏季，蝗虫铺天盖地地从东方飞来，到达长安，有些飞入了未央宫。

光武帝建武五年（29年）四月，发生旱灾与蝗灾。建武六年（30年）夏季，发生蝗灾。建武二十二年（46年），青州发生蝗灾。当时，匈奴境内连续数年发生旱灾、蝗灾，赤地千里，草木枯萎，人畜饥饿，感染疫病，死伤数额过半。三月，洛阳与19个郡国发生蝗灾。建武二十三年（47年），洛阳与18个郡国发生蝗灾、旱灾，草木死亡。建武二十八年（52年）三月，18个郡国发生蝗灾。建武二十九年（53 年）四月，武威、酒泉、清河、京兆、魏郡、弘农发生蝗灾。建武三十年（54 年）六月，12 个郡国发生蝗灾。建武三十一年（55 年），部分郡国发生蝗灾。建武中元元年（56 年）三月，16 个郡国发生蝗灾。当年秋季，山阳、楚、沛发生蝗灾，蝗虫飞至九江边界，向东西分别散去。

明帝永平四年（61 年）十二月，酒泉发生蝗灾，从塞外而来。永平十五年（72 年），蝗虫从泰山而起，弥漫于兖州、豫州。

章帝建初元年（76 年），匈奴南部遭受蝗灾，导致饥荒。建初七年（82 年），洛阳与郡国发生螟虫。建初八年（83 年），洛阳与郡国发生螟虫。章和二年（88 年），北方匈奴大乱，出现饥荒、蝗灾，投降者众多。

和帝永元四年（92 年）夏季，发生旱灾与蝗灾。永元八年（96 年）五月，河内、陈留发生蝗灾。九月，洛阳发生蝗灾。永元九年（97 年）六月，发生蝗灾与旱灾。九月，蝗虫飞过洛阳。

安帝永初四年（110 年）四月，6 个州发生蝗灾。永初五年（111 年），9 个州发生蝗灾。永初六年（112 年）三月，10 个州发生蝗灾。蝗虫飞走之后，蝗虫卵又生，计有 48 个郡国发生蝗灾。永初七年（113 年）夏季，发生蝗灾。八月，蝗虫飞过洛阳。元初元年（114 年）四月，洛阳与 5 个郡国发生旱灾与蝗灾。元初二年（115 年）五月，洛阳发生旱灾，河南与 19 个郡国发生蝗灾。延光元年（122 年）六月，郡国发生蝗灾。

顺帝永建四年（129 年），6 个州发生蝗灾，疫气流行。永建五年（130 年）四月，洛阳与 12 个郡国发生蝗灾。永和元年（136 年）七月，偃师发生蝗灾。

桓帝永兴元年（153 年）七月，32 个郡国发生蝗灾。永兴二年（154 年），洛阳发生蝗灾。永寿元年（155 年），弘农县有螟虫吞食庄稼。永寿三年（157 年）六月，洛阳发生蝗灾。延熹元年（158 年）五月，洛阳发生蝗灾。延熹九年（166 年），扬州 6 个郡发生水灾、旱灾与蝗灾。

灵帝熹平四年（175 年）六月，弘农、三辅地区发生螟虫。熹平六年（177 年）夏四月，七州发生蝗灾。中平二年（185 年）七月，三辅地区发生螟虫灾害。

献帝兴平元年（194 年）六月，发生蝗灾。兴平二年（195 年），发生旱灾与蝗灾，谷价高昂，百姓相食。建安二年（197 年）五月，发生蝗灾。建安十七年（212 年）七月，出现螟虫。

二、魏晋南北朝时期

魏文帝黄初三年（222 年）秋七月，冀州蝗灾四起。

晋武帝泰始十年（274 年）夏天，蝗灾四起。咸宁元年（275 年），各郡国螟虫成灾。

晋惠帝永宁元年（301 年），共有 6 个郡国发生蝗灾。

晋怀帝永嘉四年（310 年）五月，幽、并、司、冀、秦、雍 6 州蝗虫肆虐。

晋愍帝建兴四年（316 年）六月初一发生日食，发生大蝗灾。建兴四年（316 年）六月，河东平阳发生蝗灾。建兴五年（317 年），愍帝在平阳，司、冀、青、雍四州螽虫成灾。

晋元帝建武元年（317 年）秋，七月发生旱灾。司、冀、并、青、雍州发生蝗灾。大兴元年（318 年）七月，东海、彭城、下邳、临淮四郡蝗虫成灾；八月，冀、青、徐三州蝗虫成灾，一直持续到次年。大兴二年（319 年），徐州及扬州之西江郡发生蝗灾。大兴三年（320 年），冀州发生蝗灾。

晋成帝咸康四年（338 年），冀州 8 郡发生蝗灾。

晋穆帝永和八年（352 年），慕容儁在遏陉山上斩杀冉闵，山上左右 7 里草木全部枯黄，蝗虫四起。永和十一年（355 年）二月，秦地发生蝗灾。

晋孝武帝太元七年（382 年）五月，幽州发生蝗灾。太元十五年（390 年）八月，兖州蝗灾。晋孝武帝太元十六年（391 年）五月，蝗虫从南面飞来，集结在棠邑境内。

北魏文成帝兴安元年（452 年）十二月，皇帝下诏，由于营州的蝗灾所以开仓救济百姓。太安三年（457 年）十二月，共有 5 个州镇发生蝗灾。和平五年（464 年）二月，皇帝下诏，由于 14 个州镇去年有虫灾、水灾，因此，开仓振恤百姓。

北魏孝文帝太和元年（477 年）十二月，诏令遭受水灾、旱灾和蝗灾的 8 个州郡对百姓进行赈济。太和五年（481 年）七月，敦煌镇蝗虫成灾。太和六年（482 年）七月，青、雍二州虸蚄成灾，啃食庄稼。太和七年（483 年）四月，相、豫二州蝗虫成灾，祸害庄稼。太和八年（484 年）三月，冀、州、相三州虸蚄成灾，啃食庄稼；四月，济、光、幽、肆、雍、齐、平 7 州发生蝗灾；六月乙巳，相、齐、光、青州虸蚄成灾，啃食庄稼。太和十六年（492 年）十月，枹罕镇发生蝗灾。

北魏宣武帝景明元年（500 年）五月，青、齐、徐、兖、光、南青 6 州虸蚄成灾，啃食庄稼。景明四年（503 年）三月，河州螟虫成灾；五月，光州虸蚄成灾，祸害庄稼；六月，蝗虫肆虐；七月，东莱郡虸蚄成灾，祸害庄稼。正始元年（504 年）六月，夏、司二州蝗虫成灾，祸害庄稼。正始二年（505 年）三月，徐州有蚕蛾吃人。正始四年（507 年）四月，青州步屈虫成灾；八月，泾州黄鼠、蝗虫、班虫成灾，河州虸蚄、班虫成灾，凉州、司州恒农郡蝗虫成灾。永平五年（512 年）五月，青州步屈虫成灾；七月，蝗虫肆虐，京师虸蚄成灾；八月，青、齐、光三州虸蚄成灾。

北魏孝明帝熙平元年（516 年）六月，青、齐、光、南青四州虸蚄成灾，啃食庄稼。正光元年（520 年）九月，沃野镇的官马有虫子进入耳朵，因此而死的有十之四五。

梁武帝大同（535—546 年）年间，发生蝗灾。太清二年（548 年）九月，益州飞蜂成群，螫人致死。

梁简文帝大宝元年（550 年），江南连年发生旱灾和蝗灾，江州和扬州地区最为严重。

北齐文宣帝天保八年（557 年），自夏天到九月以来，河北 6 州、河南 13 州、畿内 8 郡都发生大规模的蝗灾。天保九年（558 年）夏天，山东发生蝗灾。天保十年（559 年），幽州发生蝗灾。

北齐废帝乾明元年（560年），诏令派遣使者到遭受水灾和虫灾的河南、定、冀、赵、瀛、沧、南胶、光、青9州，对受灾百姓进行赈济。

北齐武成帝河清二年（563年）四月，并、汾、晋、东雍、南汾5州发生虫灾和旱灾。

北周武帝建德元年（572年）三月，下诏说："去年秋天发生蝗灾，使得谷物歉收，百姓流离失所，家徒四壁，无人纺织。朕常常白日里反思自己，夜里又担心恐惧。从现在起，除了正调以外，不随意添加任何征调。希望时世殷厚，风俗淳朴，符合我的心意。"建德二年（573年）八月，关中发生蝗灾。

第五章 疾 疫

一、秦汉时期

高后七年（前181年），南粤王赵佗自称南武帝，发兵攻汉。高后派遣兵士迎击，遭遇酷暑湿润的天气，兵士中发生瘟疫，无法继续作战。

景帝后元元年（前143年）五月，地动，百姓遭受大疫而死亡。后元二年（前142年），衡山国、河东、云中郡发生瘟疫。

汉宣帝元康二年（前64年）五月诏令："现在天下多有遭受疾疫灾害者，朕十分怜悯。"

元帝初元元年（前48年）六月，百姓遭受疾疫，汉元帝命令官员减少膳食，精减乐府人员，缩减宫苑马匹，用来赈济困乏之民。初元五年（前44年）四月诏令："关东地区连续遭受灾害，发生饥荒、寒冷、疾疫，百姓死亡。"

平帝元始二年（2年），百姓遭受疾疫，官吏们在空空无人的邸第中，为百姓配备医药。

王莽天凤三年（16 年），王莽派兵进击益州，军中发生瘟疫，三年之间死亡数万人。地皇三年（22 年），绿林军遭遇瘟疫，死者过半。

光武帝建武十三年（37 年），扬州、徐州发生瘟疫，会稽、江左尤其严重。建武十四年（38 年），会稽发生大疫。建武二十年（44 年）秋季，马援远征交趾，军队返回洛阳，十分之四五的军士遭受瘴疫而亡。建武二十二年（46 年），匈奴境内连续数年发生旱灾、蝗灾，赤地千里，草木枯萎，人畜饥饿，感染疫病，死伤数额过半。建武二十五年（49 年）三月，汉军征武陵五溪蛮夷，遭遇炎热天气，士卒多数遭遇疫病而亡。建武二十六年（50 年），7 个郡国发生瘟疫。建武二十七年（51 年），匈奴发生瘟疫。

明帝永平十八年（75 年），发生牛疫。

章帝建初四年（79 年）冬季，发生牛瘟。

安帝延光四年（125 年）冬季，洛阳发生瘟疫。

顺帝永建四年（129 年），6 个州疫气流行。

桓帝元嘉元年（151 年）正月，洛阳发生疾疫，桓帝派遣光禄大夫赐予医药。二月，九江、庐江发生瘟疫。延熹四年（161 年）正月，发生瘟疫。延熹五年（162 年），皇甫规率领军队参与征讨陇右的战争，军中发生瘟疫，十分之三四的兵士死亡。

灵帝建宁四年（171 年）三月、熹平二年（173 年）正月、光和二年（179 年）春季，发生瘟疫，汉灵帝派官吏前往，赐予医药，进行救治。光和五年（182 年）二月，发生瘟疫。中平二年（185 年）正月，发生瘟疫。

献帝建安十三年（208 年）十二月，曹操率军至赤壁，与孙权、刘备联军展开战斗，战事不利。军中发生瘟疫，军吏兵士死亡很多。建安十六年（211 年），扈累随迁徙的百姓到邺城，其妻遭遇疾疫而亡。建安二十年（215 年），甘宁跟从吴军攻击合肥，遭遇疾疫，军旅分散撤去。建安二十二年（217 年），发生瘟疫。建安二十五年（220 年），曹操死于洛阳，兵士百姓被劳役所累，又有疾疠发生。

二、魏晋南北朝时期

魏文帝黄初四年（223年）三月，宛、许等地发生疫情。

魏明帝青龙二年（234年）夏四月，有疫情发生。青龙三年（235年）春正月，京都（邺城）再次发生疫情。

东吴大帝赤乌五年（242年），瘟疫大规模暴发。

东吴末帝乌程侯凤凰二年（273年），有瘟疫流行。

晋武帝泰始十年（274年），有瘟疫流行。泰始十年（274年），孙吴境内接连三年有瘟疫流行。咸宁元年（275年）十一月，有瘟疫大规模流行。咸宁元年（275年）十二月，疫情继续发展，洛阳病死者有大半。咸宁二年（276年）春正月，因为瘟疫暂停朝政。咸宁年间（275—280年），瘟疫流行。太康三年（282年）春，有瘟疫流行。

晋惠帝元康二年（292年）冬十一月，瘟疫大规模暴发。元康七年（297年）五月，秦、雍二州瘟疫流行。元康七年（297年）秋七月，雍、梁二州有瘟疫流行。光熙元年（306年），宁州连年有饥荒和瘟疫。

晋孝怀帝永嘉四年（310年）五月，秦、雍二州出现饥荒，瘟疫流行，一直持续到秋天。永嘉六年（312年），有大规模疫情暴发。

晋元帝永昌元年（322年）十一月，有大规模疫情暴发。

晋成帝咸和五年（330年）五月，发生饥荒，而且瘟疫流行。咸康四年（338年）八月，蜀中久雨不止，百姓饥贫，瘟疫流行。

晋穆帝永和九年（353年）五月，有大规模疫情暴发。

晋海西公太和四年（369年）冬，瘟疫大规模暴发。太和四年（369年）冬，当时徭役繁重，加上疠疫流行。

晋孝武帝太元五年（380年）五月，自冬暴发瘟疫，持续到该年夏天。

北魏道武帝皇始二年（397年）八月丙寅初一，皇帝从鲁口进军至常山的九门。当时有瘟疫流行，人和马牛大多病死。

晋安帝义熙元年（405年）十月，瘟疫流行。义熙七年（411年）

春，瘟疫流行。

北魏明元帝泰常八年（423 年）夏闰四月，明元帝返回河内，北行登上太行山，来到高都。几天后，武牢城溃。兵士间瘟疫流行。北魏明元帝泰常八年（423 年），河南荥阳发生大疫。

宋文帝元嘉四年（427 年）五月，京师瘟疫流行。元嘉二十四年（447 年）六月，京师有疠疫流行。

宋孝武帝大明元年（457 年）夏四月，京师瘟疫流行。大明四年（460 年）四月辛酉日，皇帝下诏说："都城节气失调，瘟疫多有发生，考虑到民间疾苦，心情悲痛。应该派遣使者慰问，并供给医药；因病死亡的人，要妥善抚恤。"

北魏献文帝显祖皇兴二年（468 年）十月，豫州有瘟疫。

北魏孝文帝承明元年（476 年），山西大同发生牛疫。

南齐和帝中兴元年（501 年），郢城门关闭，城内十几万人，遭受疾疫而死的有十分之七八。

梁武帝天监二年（503 年）夏六月，疠疫流行。

北魏宣武帝永平三年（510 年）四月，平阳的禽昌、襄陵二县瘟疫流行。

梁武帝天监十三年（514 年），夏天发生疾疫。中大通元年（529 年）六月，都城内瘟疫流传严重。

北齐后主天统元年（565 年），河南瘟疫流行。

北周武帝天和六年（571 年）冬，牛疫流行。

第六章　风　灾

一、秦汉时期

高祖二年（前 205 年）四月，大风从彭城西北刮起，摧折树木，掀翻房屋，扬起砂石，致使白天阴晦。

文帝二年（前 178 年）六月，淮南王都寿春刮大风，毁坏民屋，杀伤百姓众多。五年（前 175）十月，楚国王都彭城发生大风，摧毁市门，杀伤百姓众多。

景帝五年（前 152 年）五月，江都刮大暴风，大暴风从西方来，坏城 12 丈。

武帝元光五年（前 130 年）七月，天刮大风，拔起树木。征和二年（前 91 年）四月，天刮大风，掀起屋顶，折断树木。

昭帝元凤元年（前 80 年），燕王都城蓟发生大风雨，拔起宫中树木七围以上 16 棵，毁坏城楼。

成帝建始元年（前 32 年）四月，大风从西北刮起，空中到处刮起赤黄的土尘，黄尘弥漫了一天一夜。十二月，天刮大风，拔起甘泉畤中十围以上的大木。郡国遭灾者 14 个以上。建始三年（前 30 年）夏季，暴风刮了 3 次，拔起或毁折树木。河平元年（前 28 年）三月，大风自西刮起，拔起或毁折树木。

平帝元始四年（4 年）冬季，大风把长安城东门的屋瓦基本吹毁殆尽。

王莽天凤元年（14 年）七月，大风拔树，吹飞北阙直城门的屋瓦。地皇元年（20 年）七月，大风吹毁王路堂。地皇四年（23 年）三月，大风掀起屋瓦，折毁树木。六月，发生大雷风，屋瓦被吹飞。

和帝永元五年（93 年）五月，南阳刮大风，树木被拔起。永元十五年（103 年）五月，南阳刮大风。

安帝永初元年（107 年），28 个郡国刮大风。永初二年（108 年）六月，洛阳及郡国刮大风。永初三年（109 年）五月，洛阳刮大风，南郊道梓树 96 棵被拔起。永初七年（113 年）八月，洛阳刮大风，树木被拔起。元初二年（115 年）二月，洛阳刮大风，树木被拔起。三月，洛阳又刮大风。元初六年（119 年）四月，沛国、勃海郡刮大风。永宁元年（120 年）三月至十月，洛阳及 33 个郡国刮大风。延光元年（122 年），洛阳及 27 个郡国下雨，刮大风，致人死亡。延光二年（123 年）正月，河东、颍川郡刮大风。六月，11 个郡国刮大风。延光三年（124 年），洛阳及 36 个郡国刮大风。

桓帝延熹七年（164 年）前后，连年刮大风，树木被折毁或拔起。延熹八年（165 年），刮暴风，树木折毁。

灵帝建宁二年（169 年）四月，刮大风，下雨雹。当年，洛阳刮大风，下雨雹，郊区路边十围以上树木 100 多棵被拔起。熹平六年（177 年），经常发生雷霆疾风，树木被拔起或毁伤。中平二年（185 年）四月，刮大风。中平五年（188 年）六月，刮大风。大风折断树木。

献帝初平四年（193 年）六月，扶风郡刮大风。

二、魏晋南北朝时期

魏齐王曹芳正始九年（248 年）十月，大风毁坏房屋，折断树木。十一月，大风刮了数十日，吹倒房屋，折断树木。十二月，大风刮得最厉害，吹得太极殿东阁摇动。嘉平元年（249 年）正月，西北方刮来大风。

吴大帝太元元年（251 年）八月，刮大风。

吴会稽王建兴元年（252 年）十二月，刮大风，雷声不断。

吴景帝永安元年（258 年）十一月，大风刮起，来来回回，接连几天灰尘蔽日。十二月，某天夜里，刮起大风，四转五复。

晋武帝泰始五年（269 年）五月，广平地区大风折断树木。咸宁元年（275 年）夏五月，下邳、广陵大风折断树木毁坏房屋。之后甲申日，广陵、司吾、下邳再次大风折断树木。咸宁二年（276 年）八月，河间大风折断树木。咸宁三年（277 年）八月，大风折断树木，天气异常寒冷，都已经结冰，5 个郡国降霜。八月，河间大风折断树木。太康二年（281 年）夏五月，济南暴风折断树木。六月，高平大风折断树木，16 个郡国下冰雹，大风折断树木。七月，上党再次刮起大风。太康五年（284 年）九月，南安大风折断树木。太康八年（287 年）夏六月，鲁国刮起大风，折断树木，有 8 个郡国刮起大风。太康末年，京城刮大风毁坏房屋折断树木。太康九年（288 年）正月，京城刮大风下冰雹，毁坏房屋折断树木。

晋惠帝元康四年（294 年）夏六月，大风折断树木。元康五年（295 年）夏四月，夜里刮起暴风。七月，下邳刮起大风。九月，燕门、新兴、太原、上党刮起大风使庄稼倒伏。元康六年（296 年）夏四月，刮大风。元康九年（299 年）十一月，接连多日刮大风，大风毁坏房屋折断树木。永康元年（300 年）春二月，大风扬起沙石折断树木。三月，再次刮起大风，伴随雷电。夏四月，大风毁坏张华第的屋舍。冬十一月，大风从西北刮来，持续 6 天才停止。永宁元年（301 年）八月，有 3 个郡国刮起大风。

晋赵王伦建始元年（301 年）春正月，赵王祭祀太庙，暴风骤起。

晋惠帝永兴元年（304 年）正月，西北刮起大风。

晋怀帝永嘉四年（310 年）夏五月，大风折断树木。

晋元帝永昌元年（322 年）秋七月，大风吹落屋瓦。八月，大风毁坏房屋。

晋成帝咸康四年（338 年）春三月，成都刮起大风。

晋康帝建元元年（343 年）秋七月，晋陵吴郡刮起大风。

晋穆帝永和十二年（356 年）夏四月，长安大风吹坏房屋折断树木。升平元年（357 年）秋八月，疾风骤起。升平五年（361 年）春正月，疾风骤起。

晋海西公太和六年（371 年）春二月，大风骤起。

晋孝武帝宁康元年（373 年）春三月，京城刮起大风，发生火灾。

前凉悼公张天锡十一年（373 年），刮起红色的风，天空昏暗。

晋孝武帝宁康三年（375 年）春三月，暴风迅起。太元二年（377 年）春二月，暴风折断树木。闰三月，风雨交加，毁坏房屋折断树木。夏六月，再次刮起暴风，扬起沙石。太元三年（378 年），某天刮起暴风，毁坏房屋折断树木。春三月，下起雷雨刮起暴风。夏六月，长安刮起大风。太元四年（379 年）秋八月，暴风扬起沙石。太元十二年（387 年），春正月，某天夜晚，暴风毁坏房屋折断树木。秋七月，大风折断树木。太元十三年（388 年）冬十二月，刮起大风。太元十七年（392 年）夏六月乙卯日，大风折断树木。

后燕慕容盛建平元年（398 年）八月，暴风折断宫门前的 7 棵大树。

晋安帝元兴初年，有一夜风雨交加，大船门被刮飞。元兴二年（403 年）二月，夜里风雨交加，大船门屋瓦因此飞落。十一月丁酉日，刮起大风。元兴三年（404 年）春正月，桓玄坐大船向南出游，大风吹飞其辩轨盖。夏五月，江陵又刮大风，折断树木。冬十一月，刮起大风。义熙四年（408 年）冬十一月，西北方疾风骤起。义熙五年（409 年）闰十一月，大风毁坏房屋。义熙六年（410 年）夏五月，大风。

北魏明元帝永兴三年（411 年）二月，京师刮起大风。十一月，又刮起大风。永兴四年（412 年）正月，元旦（指农历正月初一）宴会上大风骤起。永兴五年（413 年）十一月，京师从西方刮起大风。

晋安帝义熙九年（413 年）春正月，刮起大风。

北魏明元帝神瑞元年（414 年）四月，京师起大风。

晋安帝义熙十年（414 年）夏四月，大风折断树木。六月，大风折断树木。七月，淮北大风吹坏房屋。

北魏明元帝神瑞二年（415 年）正月，京师刮起大风。

宋少帝景平二年（424 年）正月，暴风从殿庭刮起。春二月，刮起大风。

北魏太武帝太延二年（436 年）四月，京师暴风骤起。太延三年（437 年）十二月，京师刮起大风。太平真君元年（440 年）二月，京师刮起漫天黑风。

宋文帝元嘉二十六年（449 年）二月庚申日，寿阳忽然下起大雨，旋风卷着云雾，宽大约三十许步，从南面刮来，至城西旋风散灭。元嘉二十九年（452 年）三月，大风折断树木，吹落房屋上的瓦片。元嘉三十年（453 年）正月，大风折断树木。

北魏文成帝高宗和平二年（461 年）三月，京师刮起大风。

宋孝武帝大明七年（463 年），大风将初宁陵墓道口左边的墓碑吹折。

宋前废帝永光元年（465 年）正月，京师刮起大风。

宋明帝泰始二年（466 年）三月，京师刮起大风。四月，京师刮起大风。五月丁未，京师刮起大风。五月己酉，京师刮起大风。九月，京师刮起大风。

宋后废帝元徽二年（474 年）七月，京师刮起大风。元徽三年（475 年）三月，京师刮起大风。

北魏孝武帝延兴五年（475 年）五月，京师刮起红色的风。

宋后废帝元徽四年（476 年）十一月，京师刮起大风。元徽五年（477 年）三月，京师刮起大风。六月，京师刮起大风。

北魏孝文帝承明元年（476 年）四月，青、齐、徐、兖州冰雹伴着大风而下。

北魏孝文帝太和二年（478 年）七月，武川镇刮起大风。太和三年（479 年）六月，相州刮起大风。太和四年（480 年）九月，京师刮起大风。太和七年（483 年）四月，相、豫二州刮起大风。太和八年（484 年）三月，冀、定、相三州刮起暴风。

齐武帝永明四年（486 年）春二月，刮起大风。

北魏孝文帝太和十二年（488 年）五月，京师连日大风。太和十四年（490 年）七月，京师刮起大风。

齐武帝永明八年（490 年）夏六月，京师大风吹坏房屋。

南齐明帝建武二年（495 年）秋，有大风。

北魏孝文帝太和二十年（496 年）五月，南安王元桢到达邺城。初一，下暴雨，刮大风。太和二十三年（499 年）八月，徐州连续几天都在刮大风。闰八月，河州刮起暴风，下起冰雹。

南齐东昏侯永元元年（499 年），某天有大风。

北魏宣武帝景明元年（500 年）二月癸巳日，幽州刮起暴风。景明三年（502 年）闰四月，京师刮起大风。九月，幽、岐、梁、东秦州刮起暴风。九月，幽、岐、梁、东秦州刮起暴风。景明四年（503 年）三月，司州的河北、河东、正平、平阳大风折断树木。正始元年（504 年）七月，东秦州刮起暴风。正始二年（505 年）二月，有黑风形似羊角盘旋而上。正始四年（507 年）二月，司、相二州刮起暴风。

正始五月，京师刮起大风。

梁武帝天监六年（507 年）秋八月，大风折断树木。

北魏宣武帝永平元年（508 年）四月，京师刮起大风折断树木。永平三年（510 年）五月，南秦州广业、仇池郡刮起大风。延昌四年（515 年）三月，京师刮起暴风。

北魏孝明帝熙平二年（517 年）九月，瀛州刮起暴风下起大雨。正光三年（522 年）四月，京师刮起暴风，下起大雨。正光四年（523 年）四月，京师刮起大风。孝昌二年（526 年）五月，京师刮起暴风。

北魏节闵帝普泰元年（531 年）夏，风雨交加。

东魏孝静帝武定七年（549 年）三月，颍川刮起大风。

梁武帝太清三年（549 年）六月，大风从西北方兴起。

梁元帝承圣三年（554 年）冬十月，元帝出行至江陵城栅，大风折断树木。十一月，元帝在南城北处检阅将士，北风骤起，风雨交加，军旗军帐飘乱。丁酉日，再次刮起大风，城内失火。

北齐武成帝河清二年（563 年），大风。

陈文帝天嘉六年（565 年）秋七月，有大风从西南刮来。

北齐后主天统三年（567 年）五月，刮起大风。天统四年（568 年）六月，大风折断树木。武平二年（571 年）三月，大风从西北刮来。武平七年（576 年）二月，大风从西北刮来。

陈宣帝太建十二年（580 年）六月，大风吹坏皋门中门。九月，某天夜晚大风吹坏房屋折断树木。太建十三年（581 年）秋九月，某天夜晚大风从西地刮来。

陈后主至德年间（583—586 年），大风吹倒朱雀门。祯明二年（588 年）夏六月，大风从西北刮来，大水涌入石头城。祯明三年（589 年）六月丁巳日，大风从西北刮来。

第七章 其他灾害

一、秦汉时期

（一）霜灾

武帝元光四年（前131年）四月，降霜，草木死亡。

元帝永光元年（前43年）三月，下雨雪，降霜，伤及麦稼，秋季时没有收获。九月二日降霜，导致庄稼死亡，天下发生大饥荒。

王莽天凤元年（14年）四月，降霜，导致草木死亡，海边尤其严重。天凤六年（19年）四月，降霜，导致草木死亡。地皇二年（21年）秋季，降霜，导致菽死亡，关东发生大饥荒。地皇四年（23年）秋季，降霜，关东出现人吃人的惨状。

光武帝建武七年（31年）正月，降重霜。

明帝永平元年（58年）六月，降霜。

桓帝延熹七年（164年），夏季降霜雹。延熹八年（165年），进入春天时节，经常天寒，有八九个州郡降霜，导致菽死亡。延熹九年（166年），春夏以来，连降霜雹，下大雨，打雷。

（二）雪灾

文帝四年（前176年）六月，下大雨雪。

景帝中元六年（前144年）三月，下雨雪。

武帝元狩元年（前122年）十二月，下大雨雪，众多百姓冻死。元鼎二年（前115年）三月，下雪，雪厚5尺。元鼎三年（前114年）四月，下雨雪，关东十余个郡发生人相食的惨状。元封二年（前109年），天大寒，雪有5尺深，野鸟及野兽死亡，三辅地区人民被冻死者十有二三。太初元年（前104年）冬季，匈奴下大雨雪，牲畜多因饥寒而死亡。后元元年（前88年），匈奴境内连续几个月下雨雪，牲畜死亡，人民发生瘟疫，庄稼颗粒无收。

宣帝本始二年（前72年）冬季，下大雨雪，深1丈多，牲畜多冻死，活下来的还不到十分之一。

元帝建昭二年（前37年）十一月，齐楚地区下大雪，深5尺。建昭四年（前35年）三月，下雨雪。

成帝建始四年（前29年）夏四月，下雨雪。阳朔四年（前21年）四月，下雨雪，燕雀死亡。

王莽天凤三年（16年）二月，下大雨雪，关东地区尤其严重，雪深1丈，竹柏都枯萎了。

刘玄更始二年（24年）正月，更始军遭遇霜雪，军士脸颊破裂。

光武帝建武二年（26年），赤眉军进入安定、北地，后至阳城、番须之地，恰逢大雪，士兵多有冻死。

明帝永平十二年（69年），下大雪，深1丈多。

章帝建初元年（76年）正月，范羌从山北来迎接耿恭，遇上大雪，深1丈多。

灵帝中平五年（188年），经常下雨雪，坠坑而死亡的人多达十分之五六。

（三）雹灾

文帝后元七年（前157年），下雨雹，大小像桃李一样，深3尺。

景帝二年（前155年）秋季，衡山下雨雹，大的有5寸，地面积雨雹深2尺。中元元年（前149年）四月，衡山、原都郡下雨雹，大的有1尺8寸。中元六年（前144年）三月，下雨雹。

武帝元光元年（前134年）七月，长安下雨雹。元鼎三年（前114年）四月，下雨雹，关东十多个郡国发生饥荒，出现人相食的惨状。元封三年（前108年）十二月，下雷雨雹，大的像马头。

宣帝地节三年（前67年）夏季，长安下雨雹。地节四年（前66年）五月，山阳、济阴郡下雨雹，大小如鸡子，积地深者有2尺5寸，导致20人死亡，飞鸟全部被冻死。

成帝河平二年（前27年）四月，楚国下雨雹，大如斧头。

王莽始建国元年（9年）冬季，真定、常山郡下大雨雹。天凤元年（14年）七月，下雨雹，牛羊冻死。

光武帝建武十年（34年）十月，乐浪、上谷郡下雨雹，庄稼遭到损害。建武十二年（36年），河南、平阳郡下雨雹，大的像杯一样，损坏吏民庐舍。建武十五年（39年）十二月，钜鹿郡下雨雹，庄稼遭到损害。

明帝永平三年（60年）八月，12个郡国下雨雹，庄稼遭到损害。永平十年（67年），18个郡国下雨雹。

和帝永元五年（93年）六月，3个郡国下雨雹。

殇帝延平元年（106年）十月，4个州下雨雹。

安帝永初元年（107年），28个郡国刮大风，下雨雹。永初二年（108年）六月，洛阳及40个郡国发大水，起大风，下雨雹。永初三年（109年），洛阳及41个郡国下雨雹。元初四年（117年）六月，3个郡国下雨雹，大的像杯子和鸡子。元初六年（119年）四月，沛国、勃海起大风，下雨雹。延光元年（122年）四月，洛阳和21个郡国下雨雹。延光二年（123年）夏季，洛阳及30个郡国下大雨雹。延光三年（124年），洛阳及23个郡国下雨雹。

顺帝永建五年（130年），12个郡国下雨雹。永建六年（131年），12个郡国下雨雹，庄稼遭到损害。

桓帝延熹四年（161年）五月，洛阳下雨雹。延熹七年（164年）五月，洛阳下雨雹。延熹九年（166年）春、夏两季，连续发生霜雹及大雨雷。

灵帝建宁二年（169年）四月，刮大风，下雨雹。建宁四年（171年）五月，下雨雹，山水暴出。熹平六年（177年），经常下雹。光和四年（181年）六月，下雨雹。中平二年（185年）四月，起大风，下雨雹。中平四年（187年）十二月，下雨，并伴有大雷电和冰雹。

献帝初平二年（191年）五月，下雹，大小像扇和斗。初平四年（193年）六月，扶风下雨雹。

（四）寒冻灾

秦二世三年（前207年），天寒大雨，士卒又冻又饥。

汉高祖七年（前200年），天寒，士卒冻掉手指者十有二三。

武帝元封二年（前109年），大寒，雪深5尺，野鸟兽皆死，三辅人民冻死者十有二三。

元帝永光元年（前43年），春季降霜，夏季天寒。

成帝阳朔二年（前23年）春季，天气寒冷。

王莽天凤四年（17年）八月，天气寒冷，官吏、百姓、马匹均有冻死者。

更始二年（24年）正月，更始军遭遇霜雪，当时天寒，军士脸颊破裂。

光武帝建武二年（26年）十月，恰逢大雪，雪满坑谷，士卒多有冻死。建武七年（31年）正月，天降重霜，自此以后，天冷的日子逐渐增多。

章帝建初七年（82年），盛夏多次出现寒冷天气。

和帝永元十五年（103年）三月，天气阴寒。

桓帝延熹九年（166年），冬天大寒，气温低于常年，鸟兽、池鱼、松竹均遭遇损害。

灵帝光和六年（183年）冬季，天大寒，北海、东莱、琅邪井中结出1尺多厚的冰。

献帝初平四年（193年）六月，刮起寒风。建安元年（196年），献帝迁许都，路上遭遇寒冰，毁坏了马车。建安二年（197年），士民冻馁，江、淮之间尤其严重。

（五）火灾

惠帝三年（前192年）七月，都厩发生火灾。惠帝四年（前191年）三月，长乐宫鸿台发生火灾。七月，未央宫凌室发生火灾，其后，织室又发生火灾。

高后元年（前187年）五月，赵王宫丛台发生火灾。

文帝七年（前173年）六月，未央宫东阙罘罳发生火灾。

景帝三年（前154年）正月，淮阳王宫正殿发生火灾。中元五年（前145年）八月，未央宫东阙发生火灾。

武帝建元三年（前138年），河内失火，烧毁千余家屋舍。建元六年（前135年）二月，辽东高庙发生火灾。四月，高园便殿起火。元鼎三年（前114年）正月，阳陵园起火。太初元年（前104年）十一月，柏梁台发生火灾。

昭帝元凤元年（前80年），燕城南门发生火灾。元凤四年（前77年）五月，孝文庙正殿起火。

宣帝甘露元年（前53年）四月，太上皇庙起火。其后，孝文庙又起火。甘露四年（前50年）十月，未央宫宣室阁起火。

元帝初元三年（前46年）四月，茂陵白鹤馆发生火灾。永光四年（前40年）六月，孝宣园东阙发生火灾。

成帝建始元年（前32年）正月，皇曾祖悼考庙发生火灾。二月，右将军长史姚尹等出使匈奴归来，离塞还有100里路，突起暴风，致使发火，烧死姚尹等7人。鸿嘉三年（前18年）八月，孝景庙阙发生火灾。永始元年（前16年）正月，太官凌室起火，其后，戾后园阙起火。永始四年（前13年）四月，长乐临华殿、未央宫东司马门发生火灾。六月，孝文霸陵园东阙南方发生火灾。

哀帝建平三年（前4年）正月，太后所居桂宫正殿起火。建平四年（前3年）八月，恭皇园北门发生火灾。

平帝元始五年（5年）七月，高皇帝原庙殿门遭受火灾，烧毁殆尽。

王莽天凤三年（16年）七月，霸城门发生火灾。天凤五年（18年）正月，北军南门发生火灾。地皇三年（22年）二月，霸桥发生火灾，数千人以水浇火，火依然不灭。

光武帝建武二年（26年），渔阳太守彭宠被朝廷征召。征召文书一到，潞县起火，火灾起自城中，飞出城外，烧毁1000多家屋舍，众多百姓死亡。建武六年（30年）十二月，洛阳起火。建武二十四年（48年）正月，雷雨霹雳，高庙北门发生火灾。

明帝永平元年（58 年）六月，桂阳见火飞来，烧掉城寺。

章帝建初元年（76 年）十二月，北宫起火，烧掉寿安殿，延及右掖门。建初二年（77 年），新平主家御者失火，延及北阁后殿。元和三年（86 年）六月，北宫朱爵西阙遭遇火烧。

和帝永元八年（96 年）十二月，南宫宣室殿起火。永元十三年（101 年）八月，北宫盛馔门阁起火。永元十五年（103 年）六月，汉中城固南城门发生火灾。

安帝永初元年（107 年）十二月，河南郡县起火，烧死 105 人。永初二年（108 年）四月，汉阳城中起火，烧死 3570 人。当年，河南郡、县又失火，烧死 584 人。永初四年（110 年）三月，杜陵园起火。元初四年（117 年）二月，武库起火，烧毁兵物 115 种，值钱千万以上。延光元年（122 年）八月，阳陵园寝起火。延光四年（125 年）七月，渔阳城门楼发生火灾。

顺帝永建二年（127 年）五月，手宫失火，宫中所藏财物烧毁殆尽。永建三年（128 年）七月，茂陵园寝发生火灾。永建四年（129 年），河南郡县失火，烧死人和六畜。阳嘉元年（132 年）十二月闰月，恭陵百丈庑发生火灾。当年，东西幕府又起火。永和元年（136 年）十月，承福殿起火，顺帝躲避到御云台。永和六年（141 年）十二月，洛阳酒市失火，烧毁酒帘，致人死亡。汉安元年（142 年）三月，洛阳 197 家被火所烧；十二月，洛阳失火。

桓帝建和二年（148 年）五月，北宫掖庭中德阳殿及左掖门起火，皇帝到南宫避火。延熹四年（161 年）正月辛酉日，南宫嘉德殿起火；戊子日，丙署起火。二月，武库起火。五月，原陵长寿门起火。延熹五年（162 年）正月，南宫丙署起火。四月，恭北陵东阙起火，虎贲掖门起火。五月，康陵园寝起火。其后，中藏府承禄署起火。七月，南宫承善闼内起火。延熹六年（163 年）四月，康陵东署起火。七月，平陵园寝起火。延熹八年（165 年）二月，千秋万岁殿起火。四月，安陵园寝起火。闰月，南宫长秋欢殿后钩盾、掖庭、朔平署都起火。十一月，德阳前殿西阁及黄门北寺起火，有人死亡。

灵帝熹平四年（175 年）五月，延陵园发生火灾，灵帝遣使者持节告祠延陵。光和四年（181 年）九月闰月，北宫东掖庭永巷署发生火灾。光和五年（182 年）五月，德阳前殿西北入门内永乐太后宫署起火。中平二年（185 年）二月，南宫云台发生火灾。其后，乐城门发生火灾，延及北阙，烧毁了西边的嘉德殿、和欢殿。

献帝初平元年（190 年）八月，霸桥发生火灾。兴平元年（194 年），刘焉遭遇天火，烧其城府和辎重，火延及民家，馆邑皆被烧毁。

（六）鼠害

宣帝本始元年（前 73 年），霍光府第之中出现鼠患，与人相撞，以尾巴画地。

成帝建始元年（前 32 年），老鼠在树上筑巢，野鹊为之变色。建始四年（前 29 年）九月，长安城南有老鼠衔黄蒿、柏叶，爬上百姓墓冢的柏树和榆树上筑巢，尤其以桐柏为多。

光武帝建武六年（30 年）九月，连续几个月下大雨，已收割的苗稼又新生出来，老鼠筑巢在树上。建武九年（33 年），6 个郡、8 个县的庄稼均被老鼠吃掉。

（七）山崩地裂等其他地质灾害

成帝元延三年（前 10 年）春正月丙寅日，蜀郡岷山崩塌，拥堵江水三日，江水断流。

和帝永元七年（95 年）七月乙巳日，易阳地裂。元兴元年（105 年）五月癸酉日，雍地地裂。

安帝建光元年（121 年），翟酺上疏说：“自去年以来，灾异数见，地坼天崩，高岸为谷。”延光二年（123 年）七月，丹阳山崩。

顺帝阳嘉二年（133 年）六月丁丑日，洛阳地陷。

桓帝建和元年（147 年）四月，6 个郡国地裂，水涌井溢。建和三年（149 年）九月，5 个郡国山崩。永寿三年（157 年）秋七月，河东地裂。

灵帝光和六年（183 年）秋，金城河水漫溢，五原山岸崩塌。

二、魏晋南北朝时期

（一）霜灾

吴大帝嘉禾三年（234年）九月，下霜伤害到谷物。嘉禾四年（235年）秋七月，天下冰雹，又下霜。

晋武帝泰始九年（273年）四月，天降寒霜。咸宁三年（277年）八月，平原、安平、上党、泰山四郡天降寒霜，三豆颗粒无收。这个月，河间暴风寒冰，有5个郡国降霜冻伤谷物。太康二年（281年）二月辛酉日，济南、琅邪等地降霜，下冰雹雨雹，冻伤砸伤麦子。壬申日，琅邪再次降霜，下冰雹雨雹，冻伤砸伤麦子。三月甲午日，河东降霜，冻伤桑树。太康五年（284年），有5个郡国发大水，天降寒霜，伤害到秋天的庄稼。太康五年（284年）九月，有4个郡国发大水，再次下霜。太康八年（287年）夏四月，齐国、天水降霜，冻伤麦子。太康九年（288年）四月，陇西降霜，冻伤麦子。

晋惠帝元康七年（297年）秋七月，雍州和梁州发生瘟疫。同时发生旱灾，天降寒霜，秋天的庄稼因此受灾。晋惠帝时，某年三月，天降寒霜，冻伤树木。

晋穆帝永和十一年（355年）夏四月，天降寒霜。

北魏道武帝天赐五年（408年）七月，冀州下霜。

北魏明元帝神瑞二年（415年）冬十月，下诏说："古人曾说，百姓富足，君主才能财富有余，从来没有民众富足而国家贫困的情况。近来，频频遭遇霜灾旱灾，庄稼颗粒无收，百姓饥寒交迫，不能生存的人有很多，命令开仓发放布帛粮食赈济贫困的百姓。"

北魏太武帝太延元年（435年）七月，天降寒霜，冻杀草木。

北魏文成帝和平四年（463年）冬十月，定州和相州降霜，庄稼因此受损。和平六年（465年）四月，天降大霜。

北魏孝文帝太和三年（479年）七月，雍州和朔州及枹罕、吐京、薄骨律、敦煌、仇池镇天降寒霜，禾豆都被冻死。太和六年（482年）

四月，颍川郡降霜。太和七年（483 年）三月，肆州刮风，降霜。太和九年（485 年）四月，雍州、青州降霜。六月，洛、肆、相三州及司州的灵丘、广昌镇等地降霜。太和十四年（490 年）八月，汾州降霜。

北魏宣武帝景明元年（500 年）四月，夏州降霜冻死草木。六月，建兴郡降霜冻死草木。八月，雍、并、朔、夏、汾 5 州，司州的正平、平阳频频刮暴风降霜。景明二年（501 年）三月，齐州降霜，桑麦受损。景明四年（503 年）三月，雍州降霜，桑麦受损。辛巳日，青州降霜，桑麦受损。正始元年（504 年）五月，武川镇降霜。六月，怀朔镇降霜。八月，河州降霜，庄稼受损。正始二年（505 年）四月，齐州降霜。五月，恒州和汾州降霜，冻死庄稼。七月辛巳日，豳州和岐州降霜。乙未日，敦煌降霜。戊戌日，恒州降霜。正始三年（506 年）六月丙申日，安州陨霜。正始四年（507 年）三月乙丑日，豳州频频降霜。正始四年（507 年）四月，敦煌频频降霜。八月，河州降霜。

梁武帝天监六年（507 年）春三月，降霜冻死草木。

北魏宣武帝永平元年（508 年）三月乙酉日，岐州和豳州降霜。己丑日，并州降霜。四月戊午日，敦煌降霜。永平二年（509 年）四月，武州镇降霜。延昌四年（515 年）三月癸亥日，河南有 8 个州降霜。

北魏孝明帝肃宗熙平元年（516 年）七月，河南、河北的 11 个州降霜。

东魏孝静帝天平三年（536 年），并、肆、汾、建四州降霜，百姓发生饥荒。

梁武帝大同三年（537 年）六月，青州朐山降霜。

陈宣帝太建十年（578 年）八月，降霜，稻菽受损。

（二）雪灾

吴大帝赤乌四年（241 年）春正月，天降大雪。

晋武帝太康三年（282 年）十二月，天降大雪。太康七年（286

年），河阴下起红色的雪。晋武帝时，某年下大雪。后来在八月，再次下大雪，折断树木。

晋穆帝永和三年（347 年）八月，下大雪。

前凉张祚和平元年（354 年），在一次大会上，黑风骤起，天空冥暗，五月下雪。

晋安帝义熙十年（414 年）十二月，大檀逃走，派遣奚斤等追击，遭遇大雪。

北魏太武帝始光二年（425 年）十月，天降大雪，深数尺。太平真君八年（447 年）五月，北镇天气寒冷，下起大雪。

宋文帝元嘉二十五年（448 年）正月戊辰日，皇帝下诏说："近十多天连降大雪，柴米价格猛涨，贫困的人家，多有窘迫穷困。应巡视京师二县和营署，赐给柴米。"

宋孝武帝大明元年（457 年）十二月庚寅日，天降大雪。

宋明帝泰始二年（466 年）十二月，张永征讨彭城，遭遇寒雪。泰始三年（467 年）闰月，京师下大雪。泰始三年（467 年）春正月，张永等人弃城连夜逃跑。当时恰逢天降大雪，泗水的河面上结冰。

宋后废帝元徽末年，会稽郡永兴县（今浙江杭州市萧山区）一带有大雪。

梁武帝天监元年（502 年）十二月，下大雪。

北魏宣武帝正始元年（504 年）五月，武川镇下大雪。正始四年（507 年）九月，下大雪。

梁武帝普通二年（521 年）三月，下大雪，平地雪深 3 尺。

北魏孝明帝正光二年（521 年）四月，柔玄镇下起大雪。正光二年（521 年），模等班师，正遇上晚上的大风雨雪。

梁武帝大同二年（536 年），大寒大雪。大同三年（537 年）秋七月，青州下雪。

东魏孝静帝兴和二年（540 年）五月，下大雪。

梁武帝大同十年（544 年）冬十一月，下大雪。

北齐武成帝河清二年（563 年）十二月，当时接连好几个月下大雪，南北 1000 余里，平地上雪深数尺，白天下霜。太原下血雨。

北齐后主天统二年（566 年）十一月，天下大雪。天统三年（567 年）正月，再次下大雪。武平三年（572 年）正月，再次下大雪。

（三）雹灾

吴大帝嘉禾四年（235 年）秋七月，天下冰雹。嘉禾四年（235 年）秋七月，天下冰雹，又下霜。赤乌十一年（248 年）夏四月，天降冰雹。

晋武帝咸宁五年（279 年）四月，8 个郡国下冰雹。五月，钜鹿、魏郡、雁门下冰雹。六月，汲郡、广平、陈留、荥阳两次落下霜雹。丙申日，安定下冰雹。七月，魏郡再次下冰雹。闰七月，新兴再次下冰雹。八月，河南、河东、弘农再次下冰雹。太康二年（281 年）二月壬申日，琅邪下冰雹。三月甲午日，河东降霜。五月丙戌日，城阳、章武、琅邪麦子冻伤。庚寅日，河东、乐安、东平、济阴、弘农、濮阳、齐国、顿丘、魏郡、河内、汲郡、上党等地下冰雹，冻伤砸伤庄稼。六月，有 17 个郡国下冰雹。七月，上党刮暴风下冰雹，冻伤砸伤庄稼。

晋惠帝元康二年（292 年），沛国下冰雹，冻伤砸伤麦子。元康三年（293 年）夏四月，荥阳下冰雹。六月，弘农郡下冰雹，深 3 尺。元康五年（295 年）六月，东海下冰雹。十二月，丹阳建邺下冰雹。晋惠帝时，某年五月下冰雹。

晋元帝大兴二年（319 年），海盐下起冰雹。晋元帝时，暴风雨雹致人死亡。

晋明帝时期（323—326 年），京城下冰雹，燕雀因此而死。四月，再次下冰雹。

晋穆帝永和五年（349 年），邺城中暴风折断树木，电闪雷鸣，天降冰雹，大小如盂钵和粮升一般。

后赵石勒时，刮暴风下冰雹。

晋海西公太和三年（368 年）四月，下冰雹。从五月到十二月都没有下雨。慕容俊派遣使者祭祀，谥曰武悼天王（冉闵），这天下大冰雹。

晋孝武帝太元二年（377 年）夏四月己酉日，下冰雹。太元十二年（387 年）四月，下冰雹。

宋文帝元嘉九年（432 年）春，京师下冰雹，溧阳、盱眙尤为严重。元嘉十八年（441 年）三月，下冰雹。元嘉二十九年（452 年）五月，盱眙下冰雹。

宋明帝泰始五年（469 年）四月，京师下冰雹。

北魏孝文帝延兴二年（472 年）六月，安州遭遇到冰雹灾害。延兴四年（474 年）四月，泾州下大冰雹。

宋后废帝元徽三年（475 年）五月，京师下冰雹。

北魏孝文帝承明元年（476 年）八月，定州下冰雹。当月，并州乡郡下大冰雹。

北魏宣武帝景明元年（500 年）六月，雍、青二州下冰雹。景明四年（503 年）五月，汾州下大冰雹。六月，汾州再次下冰雹。七月，刮暴风，下冰雹，起自汾州，经过并、相、司、兖四州，到徐州而止。正始二年（505 年）三月丁丑日，齐州和济州下冰雹，后来转为下雪。永平三年（510 年）五月，南秦广业郡下冰雹。

梁武帝大通年间（527—529 年）四月，下冰雹。中大通元年（529 年）四月，下大冰雹。中大通二年（530 年）夏四月，下大冰雹。

陈宣帝太建二年（570 年）六月，下冰雹。太建十年（578 年）四月，再次下冰雹。太建十三年（581 年）九月，下冰雹。

（四）寒冻灾

吴会稽王太平二年（257 年）春二月，天降大雨，电闪雷鸣。不久，天降大雪，十分寒冷。

晋元帝大兴四年（321 年）冬，天气寒冷，民众有冻死的。

宋文帝元嘉二十五年（448 年）春正月，地面积雪结冰，天气寒冷。元嘉三十年（453 年）正月，南京降雨，冻死牛马。

北魏孝文帝太和二十年（496 年），来到邺城时，有暴风大雨，冻死十几个人。

南齐东昏侯永元元年（499 年），成都正值大寒。

北魏宣武帝永平四年（511 年）十一月，冬季寒冷。

梁武帝天监十四年（515 年）冬，特别寒冷。天监末年，有大风寒雨。

东魏孝静帝武定四年（546 年）十一月，当到达晋州时，遇上寒雨。

梁元帝承圣三年（554 年）十一月，很寒冷。

北齐武成帝河清元年（562 年），天气寒冷。

（五）火灾

魏明帝太和五年（231 年）五月，清商殿发生火灾。青龙元年（233 年）六月，洛阳宫鞠室发生火灾。青龙二年（234 年）四月，崇华殿发生火灾。到次年七月，这座宫殿再次发生火灾。

吴会稽王建兴元年（252 年）十二月，雷雨交加，雷电击中武昌端门，发生火灾，重新筑起后，端门再次发生火灾。太平元年（256 年）春二月，建邺发生火灾。

吴景帝永安五年（262 年）二月，城西门北楼发生火灾。永安六年（263 年）冬十月，京师石头城发生火灾。

吴末帝建衡二年（270 年）三月，从天而降的火球烧了 1 万余百姓家。

晋武帝太康八年（287 年）春三月，打雷，西阁起火。太康十年（289 年）夏四月，崇贤殿发生火灾。冬十一月，含章鞠室、脩成堂前庑、景坊东屋、晖章殿南阁发生火灾。

晋惠帝元康五年（295 年）冬十月，武库发生火灾。元康八年（298 年）冬十一月，高原陵发生火灾。永兴二年（305 年）秋七月，尚书诸曹发生火灾。

晋怀帝永嘉四年（310 年）冬十一月，襄阳发生火灾。

晋元帝大兴年间（318—321 年）中，武昌发生火灾，火起，民众聚集起来救火，此处刚刚扑灭，别处火势又再次复发，东西南北数十处都有火情，数日不曾断绝。永昌二年（323 年）春正月，京城发生火灾。三月，饶安、东光、安陵三县发生火灾。

晋成帝咸和二年（327 年）夏五月，京城发生火灾。

晋康帝建元元年（343 年）秋七月，吴郡发生火灾。

晋穆帝永和五年（349 年）六月，石虎太武殿及两庙端门地震，月余才停止。

晋海西公太和年间（366—371 年）中，郗愔为会稽太守，夏六月，发生旱灾和火灾。

晋孝武帝宁康元年（373 年）春三月，京城刮大风，发生火灾。太元十年（385 年）春正月，国子监的学生顺着风放火，焚烧百余间房屋。太元十三年（388 年）冬十二月，延贤堂发生火灾。同月，螽斯则百堂及客馆、骠骑府库发生火灾。

晋安帝隆安二年（398 年）三月，两艘龙舟起火。元兴元年（402 年）秋八月，尚书省下舍官署失火。元兴三年（404 年）十月，某天夜晚发生火灾。义熙四年（408 年）秋七月，尚书省殿中吏部官署失火。义熙九年（413 年），京师发生火灾。义熙十一年（415 年），京师一带火灾肆虐，吴地尤为严重。

宋文帝元嘉五年（428 年）春正月，京师发生火灾。元嘉七年（430 年）冬十二月，京师发生火灾。元嘉二十九年（452 年）三月，京师发生火灾。

北魏文成帝太安五年（459 年）春三月，肥如城内发生火灾。

宋后废帝元徽三年（475 年）正月，京师发生火灾。

齐武帝永明九年（491 年）春二月，明堂发生火灾。

北魏宣武帝景明元年（500 年）三月，恒岳祠发生火灾。

齐东昏侯永元三年（501 年）春二月，乾和殿西厢发生火灾。

梁武帝天监元年（502 年）五月，有盗贼进入南、北掖，火烧神武门总章观。

北魏孝明帝正光元年（520 年）五月，钩盾官署所属禁地发生火灾禁灾。

梁武帝普通二年（521 年）五月，琬琰殿发生火灾。

北魏孝明帝孝昌三年（527 年）春，瀛州城内燃起大火。

梁武帝中大通元年（529 年）秋九月，朱雀船上的华表发生火灾。中大通二年（530 年），同泰寺发生火灾。

北魏孝武帝永熙三年（534 年）二月，永宁寺的 9 层佛塔发生火灾。三月，并州三级寺南门发生火灾。

东魏孝静帝天平二年（535 年）十一月，邺城的阊阖门发生火灾。天平四年（537 年）夏六月，阊阖门发生火灾。秋，阊阖门东门再次发生火灾。

梁武帝大同三年（537 年），朱雀门发生火灾。大同十一年（545 年）夏四月，同泰寺发生火灾。

东魏孝静帝武定五年（547 年）八月，广宗郡发生火灾。

梁元帝承圣三年（554 年）冬十一月，江陵城内发生火灾。

陈武帝永定元年（557 年）十一月，京师附近发生火灾。永定三年（559 年）秋七月，重云殿发生火灾。

北齐后主天统三年（567 年），九龙殿发生火灾。天统四年（568 年），昭阳殿、宣光殿、瑶华殿发生火灾。

陈后主祯明二年（588 年）五月，东冶铸铁的地方，有一个红色如斗一般大小的东西，从天上坠入熔炉。隆隆作响，铁花飞溅，破屋而入，四散开来，烧毁房屋。

（六）沙尘、烟雾

南齐武帝永明二年（484 年），有沙尘，入人眼鼻。永明六年（488 年）十一月，有沙尘，入人眼鼻，两天之后才消失。

北魏孝文帝太和十二年（488 年）十一月，京师有沙尘现象。

南齐武帝永明八年（490 年）十月，某日晚上有土雾。永明九年（491 年）十月，白天和黑夜都有火烟般的沙尘，入人眼鼻，四日后才消失。永明十年（492 年）正月，有沙尘现象。

（七）其他灾害

魏文帝黄初五年（224 年）十一月庚寅日，冀州饥荒，皇帝派遣使者开粮仓赈济百姓。

吴大帝赤乌三年（240 年）冬十一月，民众饥荒，皇帝下诏开仓赈济贫穷的百姓。

吴会稽王五凤二年（255 年）十二月，修建太庙。任命冯朝为监军使者，督统徐州各种军政事务，百姓饥荒。士兵多有不满、叛逃。

吴末帝年间（264—280 年），常年没有水旱灾害，苗稼丰美，但是却结不出果实，百姓饥贫，全境都是如此，连续几年这样。

晋愍帝建兴四年（316 年），京城发生大的饥荒。

晋元帝大兴二年（319 年）六月，吴郡粮仓里的粮食没有原因就腐坏了。这年发生饥荒，死了数千人。

晋成帝咸和五年（330 年）五月，发生饥荒，而且瘟疫流行。咸康元年（335 年）二月，皇帝亲自祭奠先圣先师。扬州诸郡发生饥荒。

晋穆帝永和十年（354 年），二麦歉收。永和十二年（356 年），麦子颗粒无收。

晋孝武帝太元六年（381 年），麦禾颗粒无收，天下饥荒。

晋安帝元兴元年（402 年），麦禾颗粒无收，天下百姓饥困。

北魏明元帝神瑞二年（415 年）九月，京师民众饥贫交加。

北魏太武帝神䴥四年（431 年）二月，定州百姓饥荒。太平真君元年（440 年），15 个州镇发生饥荒。太平真君九年（448 年）正月，山东民众饥贫。

宋文帝元嘉三十年（453 年）正月，青州和徐州发生饥荒。

宋孝武帝大明三年（459 年），荆州发生饥荒。大明七年（463 年）九月，颁布诏书说："近来太阳亢烈，气候反常，庄稼因此受损。现在二麦下种还不算晚，频频降雨，应下令东境的郡县，督促耕种。对于特别贫困人家，酌情借贷麦种。"

北魏献文帝皇兴四年（470 年）春正月，许多州镇发生灾荒。

北魏孝文帝延兴四年（474 年），13 个州镇发生饥荒，免除百姓的田租，开仓赈济。相州饿死者 2845 人。

北魏宣武帝景明元年（500 年）五月，北镇发生饥荒，派遣兼侍中杨播巡视灾情振恤百姓。景明二年（501 年）三月，青、齐、徐、兖四州发生饥荒。景明三年（502 年）十一月，河州发生饥荒。正始四年（507 年），正值天灾，出现饥荒。

梁武帝中大通三年（531 年）冬，吴兴出现大量野生稻子，饥贫的人依靠这个生存。

西魏文帝大统三年（537 年），关中发生饥荒。

梁武帝大同四年（538 年）八月，皇帝下诏令南兖等 12 个经历饥馑灾荒的州，特赦免除欠下的租税和过去的债务，不收本年的三调。

北齐武成帝河清四年（565 年）二月壬申日，因为本年粮食歉收，禁止卖酒。不久，下诏按不同的程度减省百官俸禄。

北齐后主武平四年（573 年），山东发生饥荒。

北周武帝建德三年（574 年）十月，下诏蒲州遭受饥荒贫乏的百姓，命令他们到鄜城以西，以及荆州管辖的地区谋求生计。不久，皇帝到达蒲州后特赦蒲州被囚禁的死刑以下的罪犯。建德四年（575 年），岐州和宁州发生饥荒，开仓赈恤百姓。

第四编

救　灾

第一章　官　赈

一、国家赈济

（一）赈济机构

中国古代政府对救灾事业相当重视，形成了比较系统的荒政思想，但是，并未设置专门从事救灾事业的机构，虽是如此，远在西周就有大司徒一职，“掌均万民之食，而周其急”“掌邦之委积，以待施惠”。在大司徒之下，还设置遂人、遂师、委人、廪人、仓人、司稼、遗人等官职，以实施“荒政十有二聚万民”的救灾措施。

秦汉时期，仍然没有设置专门机构来组织赈济事宜，但是有中央官员大司农组织赈济事宜。更多的是皇帝临时派遣官员巡行地方，包括博士、光禄大夫、谏大夫、大中大夫、大夫、大司空、府掾、侍御史、谒者、中谒者、常侍等从事救灾工作。另外，地方郡守也有一定的赈济职责，《汉官解诂》叙述太守的职责云：“太守专郡，信理庶绩，劝农赈贫，决讼断辟，兴利除害，检能察奸，举善黜恶，诛杀暴残者也。”其他州、县、乡等各级地方官吏也会在灾害发生时负责安抚、赈济工作。

1. 大司农

汉景帝后元年间，将秦时设置的治粟内史更名为大农令，武帝太初元年又改名大司农。大司农此后为掌管财政的官员，位列九卿之一。在救灾过程中，大司农往往负责灾后钱谷的调配。武帝元光年间，黄河在瓠子决口，河水注入东南巨野，达于淮河、泗河。于是，汉武帝派遣汲黯以及大司农郑当时，调动人力堵塞决口。汉成帝元延元年（前12年），北地太守谷永上书成帝，希望朝廷不要允准增加赋税的奏议，减少大官、导官、中御府、均官、掌畜、廪牺等官署的开支，停止尚方、织室、京师郡国工服官的运输、制作，用节省下来的资金协助大司农赈济。黄河在馆陶和东郡金堤决口，皇帝“遣大司农非调调均钱谷河决所灌之郡，谒者二人发河南以东漕船五百艘，徙民避水居丘陵，九万七千余口”。

东汉桓帝延熹九年（166 年）正月，连年庄稼不获丰收，百姓多遭饥馑、困厄，又有水灾、旱灾、瘟疫的困苦。因平定盗贼而征兵的情况，南州最为严重。日食的灾异天象，上天的谴告连连。桓帝命令大司农不要向百姓征收当年应缴的丝、麻等物产，以及不再征收前年尚未缴纳完毕的丝麻。不向那些遭遇旱灾的郡国收租，免除其他情况稍好郡县一半的租税。

2. 使者巡行

因皇帝不能亲临灾害现场，在灾害发生之时，委托官吏以使者身份巡行灾区，一般由光禄大夫、谏议大夫、博士、内侍担任使者。使者的主要任务有了解受灾情况、安抚民情、颁布救荒政令等。

（1）朝廷遣使安抚百姓，了解受灾情况

地节四年（前 66 年）九月，郡国颇被水灾，宣帝派遣使者巡行郡国，询问民间疾苦。汉元帝时，发生地震，元帝临时派遣光禄大夫等 12 人，巡行天下。建昭四年（前 35 年），因百姓遭遇饥荒，元帝临时派遣谏大夫博士等 21 人巡行天下。成帝时，关内发生水灾，派遣谏大夫等巡行天下。河平四年（前 25 年）三月，汉成帝派遣光禄大夫、博士等 11 人巡行濒临黄河的郡县。阳朔二年（前 23 年）秋季，函谷关以东发大水，汉成帝派遣谏大夫、博士巡视。鸿嘉四年（前 17 年），水旱灾害频发，函谷关以东流民众多，青、幽、冀等地尤其严重，汉成帝派遣使者巡行郡国。永始三年（前 14 年），汉成帝临时派遣大中大夫等巡行天下，询问民间疾苦。绥和二年（前 7 年），郡国接连地震，以及河南、颍川郡水灾，哀帝派遣光禄大夫循行登记受灾人员。建武二十二年（46 年）九月，光武帝派遣谒者巡视。永元十六年（104 年），和帝因兖、豫、徐、冀四州连年雨水多，派遣三府掾分行四州。永和三年（138 年）二月，京师洛阳及金城、陇西发生地震，两郡山崩地裂，皇帝派遣光禄大夫巡视金城、陇西。汉安二年（143 年）九月至次年，陇西、汉阳、张掖、北地、武威、武都等180处地震，山谷坼裂，毁坏城郭寺庙，百姓受灾，顺帝派遣光禄大夫案行，宣畅恩泽，惠此下民，勿为烦扰。永寿年间，司徒掾清受诏到冀州巡察灾害。

魏文帝黄初六年（225年）春，文帝派遣使者巡视沛郡，询问民生疾苦，赈济贫困百姓。

晋武帝泰始五年（269年）二月，青州、徐州、兖州发大水，朝廷派遣使者前来赈济抚恤灾民。东晋孝武帝太元十九年（394年）七月，荆州、徐州发生大水，毁坏庄稼，朝廷派遣使者赈济抚恤灾民。

宋文帝元嘉十七年（440年）八月，徐、兖、青、冀四州发生水灾，朝廷派遣使者巡视并赈济安抚。元嘉十八年（441年）五月，沔水泛滥。六月，朝廷派遣使者巡视赈济灾民。元嘉十九年（442年）闰五月，京师雨大成灾，朝廷派遣使者巡视并赈济安抚。元嘉二十五年（448年）春正月，下诏说："近十多天连降大雪，柴米价格猛涨，贫困的人家更加窘迫穷困。应巡视京师二县和营署，赐给柴米。"元嘉二十九年（452年）春正月，朝廷颁布诏书说："受到侵犯的淮河流域的六个州，生产还未恢复，又遇到涝灾，极为贫困。应该迅速命令各地方长官，从优予以救济。时下耕种将要开始，务必充分利用地力。如果需要种子，根据实际情况供给。"五月，京师降雨成灾。六月，朝廷派遣部司官员巡查灾情，赐予柴米，提供船只。元嘉三十年（453年）正月，青州和徐州发生饥荒。二月，派遣使者前来赈恤。宋孝武帝大明二年（458年）九月，襄阳发生水灾，派遣使者巡查赈济。大明五年（461年）四月，皇帝颁布诏书说："南徐、兖二州去年大水成灾，百姓大多贫困。拖欠租赋未交的可延至秋收时。"七月，又颁布诏书说："雨水成灾，街道漫溢。应派遣使者巡察。对穷困的家户，赐以柴米。"宋明帝泰始三年（467年）闰正月，京师下大雨雪，皇帝派遣使者巡视灾情，按等级进行赈济。宋后废帝元徽元年（473年）六月，寿阳发生水灾，朝廷派遣殿中将军前往赈济抚恤慰劳灾民。元徽三年（475年）三月，京师发生水灾，朝廷派遣尚书郎官前来巡察赈济。宋顺帝昇明元年（477年）七月，雍州发生水灾；八月，朝廷派遣使者赈济抚恤，免除税调。

北魏孝文帝太和八年（484 年）十二月，孝文帝诏令因 15 个州镇发生水灾和旱灾，百姓饥荒，食不果腹。派遣使者沿途巡视，询问百姓疾苦，并开仓放粮赈济抚恤。太和二十年（496 年），因南方和北方均有州郡发生旱灾，孝文帝于是派遣近侍大臣沿途巡视考察，并开仓放粮赈济抚恤百姓。太和二十年（496 年）十二月，因为西北一些州郡发生旱灾，孝文帝派遣侍臣巡查，开粮仓赈济，并设立常平仓。北魏宣武帝景明元年（500 年）五月甲寅，北镇发生饥荒，宣武帝派遣兼侍中杨播巡视灾情振恤百姓。北魏孝明帝熙平二年（517 年）冬十月，因幽、冀、沧、瀛四州发生严重饥荒，派遣尚书长孙稚以及兼尚书邓羡、元纂等人巡视安抚百姓，并开仓放粮赈济抚恤。当月，勿吉国向朝廷贡奉楛矢。当月，因光州百姓饥馑困苦，食不果腹，又派遣使者进行赈济抚恤。

梁武帝天监二年（503 年）六月，梁武帝下诏："东阳、信安、丰安三县发生水灾，百姓财产受到损失，派遣使者巡查并酌量免其租调。"

北齐废帝乾明元年（560 年）夏四月，河南、定、冀、赵、瀛、沧、南胶、光、青 9 州出现虫灾和水灾，诏令派遣使者前去赈恤。北齐武成帝河清二年（563 年）四月，并、汾、京、东雍、南汾 5 州虫、旱灾害损坏庄稼，派遣官员进行赈济抚恤。河清三年（564 年）六月，连绵大雨，昼夜不停。闰九月朝廷派遣 12 个使者巡视遭受水灾的州郡，免去灾民的租调。北齐后主天统五年（569 年）七月己丑，后主下诏令给罪人减刑，各有不同程度的减降。当月，后主命令派出使者巡视省察黄河以北干旱的地方，境内偏旱的州郡，都宽免当地的租税户调。十月，后主命令禁止造酒。武平七年（576 年）春正月，后主诏令说："从去年以来，水涝为灾，饥饿而不能自保的人，各地应将他们交付给大的寺庙以及富实的家庭，以救济他们的生命。"秋七月，连绵大雨不停。这个月，因为水涝为灾，派遣使者抚慰流亡的民户。

陈宣帝太建二年（570 年）六月辛卯，有大雨雹，皇帝派遣使者巡行州郡，处理冤狱。

（2）朝廷遣使开仓赈济灾民

汉武帝时，河内失火，延烧千余家，武帝派遣汲黯前往巡察。汲黯回朝经过河南，发现河南遭遇水旱灾害，就打开河南仓廪的粮食，赈济灾民。武帝时，山东被水灾，民多饥乏，于是武帝派遣使者打开郡国仓廪赈济贫民。元狩三年（前120年），函谷关以东遭受水灾，百姓很多遭遇饥馑，于是天子派遣使者，打开郡国仓廪来赈济灾民。汉昭帝元凤三年（前78年）春正月，因遭遇水灾，民众饥荒，昭帝下令开仓放粮，派遣使者赈济困乏者。元平元年（前74年）春，因五谷不登，汉昭帝派遣使者赈贷困乏。汉和帝永元六年（94年）二月，和帝派遣谒者分行禀贷三河、兖、冀、青州贫民。汉顺帝永和四年（139年）三月乙亥，京师洛阳发生地震，秋八月，太原郡干旱，百姓流离失所。癸丑，顺帝派遣光禄大夫案行禀贷，勉除更赋。汉桓帝建和元年（147年）二月，荆、扬二州人多饿死，桓帝遣四府掾分行赈给。延熹九年（166年）三月，司隶、豫州饿死人数达十分之四五，甚至有灭户者，桓帝派遣三府掾赈禀之。

魏文帝黄初二年（221年），冀州百姓因蝗灾发生饥荒，魏文帝派遣尚书杜畿持符节打开粮仓赈济灾民。黄初三年（222年）七月，冀州蝗灾四起，民众饥贫，魏文帝派遣尚书杜畿开仓放粮，赈济百姓。黄初五年（224年）十一月庚寅日，由于冀州饥荒，魏文帝派遣使者开粮仓，赈济百姓。魏明帝景初元年（237年）九月，冀、兖、徐、豫四州人民遭受水灾，曹魏朝廷派遣侍御史巡视家中有被淹死和失去财产的人，在当地打开粮仓救济他们。

晋武帝泰始三年（267年），青、徐、兖三州发生水灾，晋武帝派遣使者进行赈济。泰始五年（269年）二月，青州、徐州和兖州发大水，朝廷派遣使者前来赈济抚恤灾民。晋成帝咸康元年（335年）二月，皇帝亲自祭奠先圣先师，扬州诸郡饥荒，派人前去赈济。东晋孝武帝太元十九年（394年）七月，荆州、徐州发生大水，毁坏庄稼，朝廷派遣使者赈济抚恤灾民。

宋文帝元嘉十八年（441年）五月，沔水泛滥。六月，朝廷派遣使者巡视赈济灾民。元嘉十九年（442年）闰五月，京师雨大成灾，朝廷派遣使者巡视并赈济安抚。元嘉二十年（443 年），各州郡发生水灾、旱灾，毁坏了庄稼，百姓遭遇大饥荒，食不果腹。朝廷派遣官员开仓放粮赈济抚恤百姓，并赏赐粮食种子。元嘉三十年（453 年）正月，青州和徐州发生饥荒。二月，朝廷派遣使者前来赈恤。宋孝武帝大明元年（457 年）五月，吴兴、义兴发生水灾，人民发生饥荒。朝廷派遣使者打开粮仓赈济抚恤。大明二年（458 年）九月，襄阳发生水灾，朝廷派遣使者巡查赈济。大明五年（461 年）四月，皇帝颁布诏书说："南徐、兖二州去年大水成灾，百姓大多贫困，拖欠租赋未交的可延至秋收时。"七月，又颁布诏书说："雨水成灾，街道漫溢。应派遣使者巡察，对穷困的家户，赐以柴米。"宋明帝泰始三年（467 年）闰正月，京师下大雨雪，皇帝派遣使者巡视灾情，按灾情等级进行赈济。宋后废帝元徽元年（473 年）六月，寿阳发生水灾，朝廷派遣殿中将军前往赈济抚恤慰劳灾民。宋顺帝昇明元年（477 年）七月，雍州发生水灾。八月，朝廷派遣使者赈济抚恤，免除税调。

北魏文成帝太安五年（459 年）冬十二月，下诏说："我继承宏大的基业，统治天下，思虑恢宏政治，来救助百姓。所以降低赋税来充实他们的财产，减轻徭役来舒缓他们的劳力，想使百姓致力本业，人人不缺衣食。可是六镇、云中、高平、二雍、秦州，普遍遭遇旱灾，谷物无收成。现派人打开仓廪来赈济他们。有流浪迁徙的，告谕返回故乡。想要在其他地区贸易籴粮，为他们关照旁郡，打通交易的道路。如果主管的官员，理事不公，使上面的恩惠不能传达到下层，下面的民众此时不丰足，处以重罪，不得有所放纵。"北魏孝文帝太和八年（484 年）十二月，因 15 个州镇发生水灾和旱灾，百姓饥荒，食不果腹。孝文帝派遣使者沿途巡视，询问百姓疾苦，并开仓放粮进行赈济抚恤。太和二十年（496）十二月，因为西北一些州郡发生旱灾，孝文帝派遣侍臣巡查，开粮仓赈济，并设立常平仓。太和二十三年（499 年），有 18 个州镇发生水灾，百姓遭受饥荒，政府派遣使者开仓赈济。北魏宣武帝景明元年（500 年）五月甲寅，北镇发生饥荒，宣武帝派遣兼侍中杨播巡视灾情赈恤百姓。永平四年（511 年）春，青、齐、徐、兖 4 个州发生饥荒，朝廷派遣使者前去赈济。北魏宣武帝延昌元年（512年）正月，因连年发生水旱灾害，百姓饥饿困乏，朝廷分别派遣官员，开仓粮进行赈济抚恤。

南齐高帝建元四年（482年），皇帝诏令：今年歉收，京师附近很多百姓受困，派遣中书舍人进行赈济。又诏令：对遭受水灾的建康、秣陵二县百姓增加赈济。吴兴和义兴二县，免除租调。南齐武帝永明八年（490年）八月，京师因大雨形成水灾，武帝派遣中书舍人与地方官长进行赈济。永明十年（492年）十一月，武帝下诏：近来连绵大雨，柴米价格上涨，京师的百姓多受其苦，派遣中书舍人和两县的官长进行赈济。

北齐废帝乾明元年（560年）夏四月，河南、定、冀、赵、瀛、沧、南胶、光、青9州出现虫灾和水灾，诏令派遣使者前去赈恤。北齐武成帝河清二年（563年）四月，并、汾、京、东雍、南汾5州虫、旱灾害，损坏庄稼，朝廷派遣官员进行赈济抚恤。

（3）朝廷派遣使者移民避灾、督粮调运

黄河在馆陶和东郡金堤决口，汉武帝派遣两名谒者奔赴河南，征调漕船500艘，将灾民送往丘陵避灾。元狩四年（前119年），太行山之东遭受黄河水灾，连年不获丰收，有的地方出现人吃人，方圆二千里受灾。汉武帝下诏让饥民到江淮一带谋食，想要留下的，就提供住处。救灾使者的马车络绎不绝地护送饥民，调拨巴蜀的粮食赈灾。元鼎二年（前115年）夏，大水，函谷关以东饿死了数千人；九月，武帝调集巴蜀之粟，拨往江陵赈灾，为完成粮食的顺利调拨，派遣博士中等分巡行。

东晋孝武帝太元七年（382年）五月，幽州发生蝗灾，受害面积广袤千里。秦王苻坚派遣散骑常侍彭城刘兰征发幽、冀、青、并州的民众捕除蝗虫。

（4）朝廷遣使帮助安葬

汉安帝元初元年（114年），发生地震，安帝派遣中谒者收葬客死京师的无家属者，代为设祭；有家属而无力安葬死者的，每人赐钱五千。元初六年（119年）夏四月，会稽发生大疫，汉安帝派遣光禄大夫带着太医巡行疾疫情况，赐棺木，免除田租、口赋。建光元年（121

年）十一月，35 个郡国发生地震，汉安帝派遣光禄大夫案行，赐死者钱，每人二千。汉顺帝永建三年（128 年），发生旱灾，顺帝派遣使者录囚徒。永建四年（129 年），因 5 个州降大雨，秋八月庚子，顺帝遣使实核死亡人数，收殓禀贷、赐予谷物。汉质帝本初元年（146 年）五月，海水泛滥。戊申，汉质帝使谒者案行，收葬乐安、北海被水淹死者，又禀贷贫羸者。

宋文帝元嘉四年（427 年）五月，京师瘟疫流行。皇帝派遣使者存问，给予病者医药；如果死者没有家属，赐以棺材收殓。宋孝武帝大明元年（457 年）四月，京师瘟疫流行，皇帝派遣使者赐给医药。死了没有人收殓的，官家给收殓埋葬。大明四年（460 年）四月，皇帝下诏："都城节气失调，瘟疫多有发生，考虑到民间疾苦，心情悲痛。应该派遣使者慰问，并供给医药；因病死亡的人，要妥善抚恤。"

（5）朝廷遣使进行医药救治

元始二年（2 年）夏，郡国大旱，发生蝗灾，青州尤甚，汉平帝派遣使者捕蝗。元初六年（119 年）夏四月，会稽大疫，汉安帝派遣光禄大夫，带领太医循行疾病，赐棺木，除田租、口赋。元嘉元年（151 年）春季正月，京师洛阳发生疾疫，汉桓帝派遣光禄大夫带着医药巡视。建宁四年（171 年），二月癸卯，发生地震、海啸，河水变清。三月，发生大疫，汉灵帝派遣中谒者巡行派发医药。熹平二年（173 年）春季正月，发生瘟疫，汉灵帝派遣使者巡行派发医药。光和二年（179 年）春季，发生瘟疫，汉灵帝派常侍、中谒者巡行派发医药。

宋文帝元嘉四年（427 年）五月，京师瘟疫流行。皇帝派遣使者存问，给予病者医药；死者如果没有家属，赐以棺材收殓。宋孝武帝大明元年（457 年）四月，京师瘟疫流行。皇帝派遣使者赐给医药。死了没有人收殓的，官家负责收殓埋葬。大明四年（460 年）四月，皇帝下诏："都城节气失调，瘟疫多有发生，考虑到民间疾苦，心情悲痛。应该派遣使者慰问，并供给医药；因病死亡的人，要妥善抚恤。"

（6）朝廷派遣使者勉励百姓恢复农业生产，禀贷种子

汉武帝元狩三年（前 120 年），派遣谒者劝告发生水灾的郡县种植宿麦。汉昭帝始元二年（前 85 年）三月，派遣使者禀贷给无种子和食物的贫民。汉顺帝阳嘉元年（132 年），因冀州连年水潦，百姓饥馑，顺帝下诏遣使诏案行禀贷，劝告百姓勤勉农事，赈济络绎不绝。

宋文帝元嘉八年（431 年）闰六月，颁布诏书说："近来农桑之业衰败，弃耕求食者众多，田土荒芜无人垦辟，督责考核也无人过问。一遇水旱灾害，就会粮尽财竭，如不重视抓农业，丰衣足食则无从谈起。郡守授政境内，县令是爱民之主，应当设法劝勉，用良法引导。使人们都极尽而为，地尽其利，或种桑养蚕或种粮种菜，人则各尽其力。若有成效出众的，年终逐一上报。"扬州发生旱灾。派遣侍御史审核刑狱诉讼。元嘉二十年（443 年），各州郡水灾、旱灾毁坏了庄稼，百姓遭遇大饥荒，食不果腹。派遣官员开仓放粮赈济抚恤百姓，并赏赐粮食种子。元嘉二十一年（444 年）春正月，浙江以西的南徐州、南豫州、扬州地区禁止酿酒，大赦全国囚犯。元嘉十九年以前的各种债务，一律豁免。去年歉收的，计量申报减轻赋税。受害最严重的地方，派遣使者到郡县中妥善地给予赈济抚恤。凡是打算务农，而缺乏粮种的人，都给予借贷。各个经营千亩田的统司中服役的人，按等次赏赐布匹。

（7）朝廷遣使祈祷

汉安帝永初元年（107 年），8 个郡国发生旱灾，安帝分遣议郎请雨。汉顺帝阳嘉元年（132 年）二月京师遭遇旱灾，庚申，顺帝遣大夫、谒者赴嵩高、首阳山，并祠河、洛，请雨。戊辰，雩。二月甲戌，顺帝因冬季无雪，春无雨，派遣侍中王辅等，持节分赴岱山、东海、荥阳、河、洛，尽心祈祷。

晋穆帝永和八年（352 年），从五月到十二月都没有下雨，慕容俊派遣使者祭祀，追加（冉闵）谥号为武悼天王，当日下大雨。

（8）朝廷派使者释放囚徒，减轻刑责

汉顺帝永建二年（127 年）三月发生旱灾，顺帝派遣使者释放囚徒。汉献帝兴平元年（194 年），三辅发生干旱，献帝派遣使者清理囚

徒，将罪责轻微的释放。

东晋孝武帝太元六年（381 年）夏六月，日食。扬州、荆州、江州发大水。之后，更改制度，减省不必要的费用，裁减吏士员 700 人。秋七月，赦免刑罚 5 年以下的犯人。太元八年（383 年）三月，始兴、南康、庐陵发大水，水深 5 丈。之后，大赦犯人。

宋少帝景平元年（423 年）七月，天旱，皇帝诏令赦免 5 年刑期以下的罪犯。

北周武帝建德三年（574 年）十月，下诏蒲州遭受饥荒贫乏的百姓，命令他们到郿城以西，以及荆州管辖的地区谋求生计。乙卯日，皇帝到达蒲州后，特赦蒲州被囚禁的死刑以下的罪犯。

3. 地方官吏赈济

作为一方主政官员的太守、府丞、刺史等官员在灾害发生时也承担起救灾职责。汉宣帝时，河南境内出现了蝗灾，府丞义出行蝗。宣帝时，太守黄霸选择良吏，使邮亭乡官皆蓄养鸡、猪，以赡鳏寡贫穷者。东汉明帝永平十三年（70 年）十月，三公被免职，自劾，明帝为调和阴阳，消除灾患、天谴，因此下令刺史、太守要仔细审理冤案，抚恤鳏夫、孤儿，要勤勉工作。王望自议郎迁青州刺史时，州郡遭遇灾旱，百姓穷困，王望巡视青州，在路上看到饥饿的人，赤裸行走，以草为食，约有 500 余人。王望很怜悯他们，就拿出了布料和粮食，赈济给他们作食物和衣服。东郡聊城人贾宗任交趾刺史时，招抚荒散，蠲复徭役，百姓安居乐业。皇甫嵩任冀州牧，奏请冀州免除一年田租，赡养饥民。太守尹兴因岁荒民饥，陆续派遣官员在都亭为饥民煮粥。京兆人第五访在张掖太守任上时，遭遇饥荒，米价一石数千，于是开仓赈给灾民。敦煌人盖勋任汉阳太守，遭遇饥荒，盖勋调集粮食巡视地方，并且拿出自家粮食作为表率，救活了千余人。汉和帝时，西华县大旱，县令戴封祈雨未果，于是自焚祈雨。山阳湖陆人度尚任文安县令时，发生疾疫，谷贵人饥，度尚开仓赈济，营救染疾者。韩韶为嬴县县令时，流民进入嬴县界，很多人求索衣物、粮食，于是开仓赈济流民。汉献帝建安九年（204 年），海昌县（今浙江海宁盐官镇）连年干旱成灾，陆逊打开粮仓，赈济贫困百姓，劝导督促百姓务农桑。

东晋元帝大兴二年（319 年），三吴发生饥荒，死了数百人。吴郡太守邓攸开仓放粮，赈济灾民。东晋安帝隆安三年（399 年），荆州发大水，水深 3 丈，殷仲堪把仓库中的粮食全部拿出赈济灾民。

宋文帝元嘉三年（426 年）秋，发生旱灾，并引发蝗灾。有蝗灾的地方，县官督促百姓捕杀。元嘉二十一年（444 年）六月，京师下雨持续 100 多天，雨大成灾。朝廷颁布诏书说："阴雨连绵，大水成灾，百姓没积蓄就要挨饿。二县官长和营属部司，各自核实灾民，供给柴米，一定使灾民全部都得到救济。"

南齐高帝建元四年（482 年）四月，长江两岸降水颇多，致使两岸居民被淹。朝廷派遣中书舍人与地方官长进行赈济抚恤。南齐武帝永明八年（490 年）八月，武帝下诏，京师的大雨形成水灾，派遣中书舍人与当地官长进行赈济。永明九年（491 年），京师发生水灾，吴兴尤其严重，萧子良开仓放粮赈济救助那些贫困的或者生病不能自保的百姓，并在第北设置官署收养他们，给予衣服和药材。

北魏宣武帝景明年间（500—503 年），豫州发生饥荒，薛真度上表：去年收成不好，有一半百姓陷入饥荒；今年又遇雪灾，百姓更加困难。臣拿出州仓 50 斛大米煮粥来救济。皇帝下诏说：薛真度所上的表文，担忧百姓疾苦之情溢于言表，陈郡储藏的粮食虽然不多，但足以救济。派遣尚书官员进行分发。

梁武帝天监元年（502 年），发生饥荒，萧景统计受灾人口并进行赈济抚恤，做饭粥放在路边馈赠给百姓，并送与死者棺材，百姓很是信赖他。天监七年（508 年）五月，沮水暴涨，毁坏农田，安成康王秀以二万斛粮食赈济。大同二年（536 年），豫州遭遇饥荒，陈庆之开仓放粮赈济百姓，多有全济。

东魏孝静帝天平四年（537 年），光州境内遭遇灾荒，百姓面露菜色，李元忠上表请求赈济灾民，等到秋季再征收租税。朝廷准奏并批准动用万石粮食。但李元忠认为万石粮食分摊到每家不过是升斗的量，徒有虚名，不能够救灾，于是发放 15 万石的粮食赈济百姓。

北齐武成帝河清三年（564 年），斛律羡导高梁水北合易京，东汇于潞河，用以灌田。这样边储获利，岁岁积累，减省漕运之费，公私两便。

北周武帝建德二年（573 年），刘翼出任安州总管时，旱灾严重，涢水断流。旧俗中如果频繁遭遇旱灾，就要向白兆山祈雨。皇帝之前曾禁止群祭祀，山庙已不复在。刘翼派遣主簿祭祀白兆山，当日就降雨水，百姓很感激他，于是聚集起来载歌载舞歌颂他。

（二）荒政政策

先秦时期，已经出现了“大有年”“凶年”“荒年”等名词，如《穀梁传》曰：“五谷皆熟，书大有年。”与之相对的，则是凶荒年月，有凶年，《礼记》：“岁凶年，谷不登。”这说明中国古代很早就有了凶荒理念。《周礼·地官·大司徒》曰：“以荒政十有二聚万民。”郑玄注曰：“荒，凶年也。”所谓“荒政”即凶年之政，是指应对地震、疾疫、水旱、冰雹、大风、暴雪等凶荒事件所采取的赈济措施，即为荒政政策。

所谓赈济即救济，古作“振济”，《礼记·月令》：“（季春之月）命有司发仓廪，赐贫穷，振乏绝。”郑玄注：“振，犹救也。”所谓荒政政策，是统治阶级采取的各种救济灾荒的政策、法令、制度或措施，以救济灾民或穷困之人，稳定社会秩序。秦汉时期主张对灾民予以赈济者屡见不鲜，《后汉书·仲长统传》记载仲长统主张“天灾流行，开仓库以禀贷”灾民。秦汉政府亦有赈济灾民的实践，如《盐铁论·力耕》载：“山东被灾，齐、赵大饥，赖均输之畜，仓廪之积，战士以奉，饥民以赈。故均输之物，府库之财，非所以贾万民而专奉兵师之用，亦所以赈困乏而备水旱之灾也。”

在与灾害作斗争的长期实践中，先民们积累了丰富的赈济经验，形成了较为完备的荒政政策。如《周礼·地官·大司徒》中有十二项荒政政策：

一曰散利，二曰薄征，三曰缓刑，四曰弛力，五曰舍禁，六曰去几，七曰眚礼，八曰杀哀，九曰蕃乐，十曰多昏，十一曰索鬼神，十二曰除盗贼。

“散利”，即为借贷钱物让灾民购买或是直接发放粮食和种子；“薄征”指减免租税；“缓刑”指减缓实施刑罚；“弛力”则指减轻徭役；“舍禁”是开放皇家封禁的山林河湖；“去几”指免除关市之税；“眚礼”与“杀哀”指简单操办吉礼与丧礼；“蕃乐”是指封存乐器不演奏、不娱乐；“多昏”指简省礼数促使嫁娶；“索鬼神”即重修荒废的祭祀；“除盗贼”即铲除盗贼、维护治安。总之，荒政政策归纳起来有经济救助、清明政治、禳灾祭祀、整顿社会秩序等四个方面的举措。

综观两汉荒政实践史，两汉荒政的实施，具有严格的制度和程序。

第一，两汉实行雨泽灾害奏报制度，地方官吏通过逐级上报的方式，将一方郡县的灾害奏报中央政府。《后汉书·礼仪志》：“自立春至立夏尽立秋，郡国上雨泽。若少，郡县各扫除社稷；其旱也，公卿官长以次行雩礼求雨。”

第二，勘灾，即核实受灾的范围及程度，或由地方官吏来执行，或由朝廷临时派遣中央官员到地方查勘灾情，一则核查郡国所上灾况是否属实，二则为采取针对性的荒政措施提供依据。如成帝鸿嘉四年（前 17 年）“水旱为灾，关东流冗者众，青、幽、冀部尤剧”。为了赈灾，成帝先“遣使者循行郡国”勘灾，根据勘查实况，政府规定：“被灾害什四以上，民赀不满三万，勿出租赋。逋贷未入，皆勿收。”可以说，两汉荒政措施中诸如“被灾害什四以上”等量化的规定，皆得益于勘灾这一重要的环节。而正是通过勘灾，两汉政府也发现了一些地方官吏匿灾不报或化大灾为小灾的舞弊之举。

第三，具体减灾标准一般由国家作出规定。前已涉及，两汉荒政已经程序化、法律化，政府根据受灾程度的不同规定了相应的荒政标准，从两《汉书》“本纪”来看，两汉时几乎所有的荒政政策、措施及其标准皆由皇帝以诏书的形式下达，且其标准往往与受灾程度紧密相联，如免租赋一般是在受灾十分之四或十分之五的情况下实施的。

第四，具体荒政措施的实施，西汉和东汉具有一定的差别，前者以朝廷遣使为主，后者以地方官吏通常是两千石为多。西汉遣往地方实施荒政者，包括博士、光禄大夫、大夫谒者。根据西汉职官制度，谒者、大夫有受命、奉命之任，而博士则为临时派遣。《汉书·成帝纪》记载：成帝河平四年（前25年）三月，“遣光禄大夫博士嘉等十一人行举濒河之郡水所毁伤困乏不能自存者，财振贷”。与西汉以朝廷遣使实施荒政相比，东汉由地方长吏来推行荒政的效果则远比西汉逊色，朝廷常因此而下诏强调长吏务必“亲躬，无使贫弱遗脱，小吏豪右得容奸妄”。而对长吏复有“不能躬亲，……令农失作，愁扰百姓”犯者，“二千石先坐”。另外，为纠察地方荒政之弊和以示国家对荒政的重视，东汉也屡有遣使到地方实施荒政者，如安帝元初六年（119年）夏，“会稽大疫，遣光禄大夫将太医循行疾病，赐棺木，除田租、口赋”。

第五，朝廷或遣使，或委托地方官吏检查荒政实际执行情况，具有“工程验收”的性质。如东汉明帝永平十八年（75年），因大旱实施荒政，但实际执行的过程中出现了“贫弱遗脱”的情况，刚刚登临皇位的章帝为此下诏要求刺史对之“明加督察”“无得稽留”。桓帝于建和三年（149年）亦曾诏令州郡检查当时“禀谷如科”荒政措施的具体实行情况。检查措施的实行，使得两汉许多荒政之举并非仅停留于口头或诏书上，而是在有效的监督之下得到了确确实实的执行，使荒政之举起到了应有的作用。

两汉荒政同时也具有法律化特征。从东汉光武帝建武六年（30年）正月因“往岁水旱蝗虫为灾，谷价腾跃，人用困乏”而诏“其命郡国有谷者，给禀高年、鳏、寡、孤、独及笃癃、无家属贫不能自存者，如《律》”的记载看，两汉荒政不仅制度化，而且已经法律化，这一点亦可从桓帝建和三年（149年）的荒政诏中称“禀谷如科”的记载得到进一步的印证。据《后汉书·桓帝纪》，是年十一月，桓帝因疾疫诸灾而下诏曰：“今京师厮舍，死者相枕，郡县阡陌，处处有之，甚违周文掩胔之义。其有家属而贫无以葬者，给直，人三千，丧主布三匹；若无亲属，可于官壖地葬之，表识姓名，为设祠祭。又徒在作部，疾病致医药，死亡厚埋葬。民有不能自振及流移者，禀谷如科。州郡检察，务崇恩施，以康我民。”

两汉完备而严格的荒政程序在中国历史上的影响极其深远，后世历代荒政的基本程序总的说来仍未突破其基本范围，如清代荒政报灾、勘灾、审户、发赈等程序就基本上源自两汉，纵然是在今天，这一荒政基本程序仍不失其借鉴意义。但又必须看到，过于严格的规定有时往往显得烦琐，其积极意义常会因此而走向其反面。在灾害突发且范围广泛、破坏性极大的情况下，两汉许多官吏一味地按照政府规定的程序实施荒政，必然会延误及时救济的时间，造成不应有的损失。当然，两汉时也涌现了一些能应急需而行事但又不囿于呆板程序的救荒官员，可是力求荒政有为的他们常常被视作"专命"和违背朝令，为有些泥法的小吏所举奏。如东汉第五访迁张掖太守时，岁饥，粟至石数千钱，访以"太守乐以一身救百姓"的精神，认为"若上须报，是弃民也"，遂舍当时荒政程序之规定，毅然"开仓赈给以救其敝"，"出谷赋人，……由是一郡得全"。但小吏们对此却万分恐惧，竞相欲上奏朝廷。这种以灾民为上、敢以一身之官乃至一人之命为代价的官员，两汉时不唯第五访一人，王望也是其中的一位佼佼者。据《后汉书·王望传》记载，明帝永平时"州郡灾旱，百姓穷荒"，王望迁青州刺史，"望行部，道见饥者，裸行草食，五百余人，愍然哀之，因以便宜出所在布粟，给其廪粮，为作褐衣"。事后，望上奏，明帝认为王望未能按程序办事，"不先表请"，将此事"章示百官，详议其罪。时公卿皆以为望之专命，法有常条"。唯独钟离意对王望的行为持赞可之议，认为："今望怀义忘罪，当仁不让，若绳之以法，忽其本情，将乖圣朝爱育之旨。"王望最终因钟离意之力谏而逃脱一劫。

两汉荒政思想的产生和发展，源于两汉脆弱的小农经济。小农经济是自给自足的自然经济，社会生产结构单一，经济基础脆弱，抵御自然灾害等风险的能力十分低下。打个比方，只要死了一头母牛，小农就不能按原来的规模来重新开始其再生产。在自然灾害的打击下，农民四处流亡，甚至铤而走险，公然与政府相对抗，社会险象环生，国家政权因此岌岌可危。此类情景令一些有识之士深为忧虑。因此，这种忧虑与以工商业为主的（如古雅典等）社会文化背景的风险忧虑意识不同，以小农经济为主的中国传统农耕社会的忧虑是关于社会稳定的忧虑，即所谓“无农不稳”是也。小农经济及其脆弱性是中国传统社会忧虑产生的基础，而两汉时期重农、积贮等荒政思想又是这种忧虑在抗灾、救灾领域内的具体体现。

从继承和发展的角度看，两汉荒政思想在中国历史时期具有承上启下的地位。两汉荒政思想与先秦乃至更早时期的荒政思想具有渊源的继承、发展关系，如萧望之粟“臧于民”和刘向“囊漏贮中”的主张就继承了荀子“下贫则上贫，下富则上富”和管子“凡治国之道，必先富民”的富民之论；两汉积贮备荒思想则直接源于先秦《礼记·王制》：“国无九年之蓄曰不足，无六年之蓄曰急，无三年之蓄曰国非其国也。三年耕，必有一年之食；九年耕，必有三年之食。以三十年之通，虽有凶旱水溢，民无菜色”；而耿寿昌“常平仓”之议，即师李悝“平籴”“平粜”之遗意，但与李悝之论又有所不同、有所发展。同时，两汉荒政之论又对其后历史时期的荒政思想和荒政实践产生了深远的影响，如桓谭“以工代赈”的积极荒政思想火花为后世所承传和发挥并付诸救荒实践，成为一种行之有效的荒政举措。

然而，两汉荒政思想主体在提出自己荒政主张而援用往古荒政理论时，却忽略了两汉时期小农经济条件下农民的真实处境。事实上，两汉时小农的生产、生活状况不可能保证封建国家能够真正达到如《礼记·王制》《淮南子·主术》中所提出的三年耕必有一年之蓄、九年耕必有三年之食等目标。若要达到这一积贮目标，其途径和方法只有一个，那就是加大对小农的经济剥削力度。认识到这一点，就不难理解仲长统为什么坚决反对三十税一制而力倡实行什一制，而这种竭泽而渔、杀鸡取卵式的做法其结果只能是使小农越为贫困，经不起任何风吹草动的风险，一遇灾害，小农经济便在灾害的打击下走向破产，封建社会因而动荡不安。

总的说来，两汉时期各主要荒政思想间存在着内在的、逻辑的联系，重农、积贮、仓储、赈济等主张可谓环环相连，这些荒政思想皆深深植根于中国传统小农经济。

根据邓拓先生《中国救荒史》中对历代荒政思想的研究界定，两汉时期的荒政思想基本上属于邓先生所云的“积极之预防论”的范畴。

仅此而言，两汉荒政思想的积极意义便不可忽视，其中诸如“以工代赈”、富民、储粟于民等思想无不具有借鉴价值。但不可否认，有些主张的提出，其初衷是好的，可是往往因脱离当时的实际情况而起不到应有的作用。如崔寔提出移灾民于宽乡，该主张本身并无什么不妥之处，视之为救荒的一种积极手段也未尝不可。但如果结合两汉的实际，不难发现该说的不足，因为它忽视了两汉土地兼并的现状和封建生产方式对土地兼并的决定性作用，结果，“他的这种主张只是为进行兼并的豪强地主安置被兼并的农民，以便他们毫无顾虑地再兼并”。而有些认识甚至是根本错误的，如仲长统将国家储备不足归咎于三十税一制而主张实行什一制就是其中的一例，这无疑是应该摒弃的。

有些荒政思想在两汉付诸实施后，确实起到了赈灾的作用。如耿寿昌建议设置常平仓被宣帝采纳后，取得了“民便之”的明显绩效。然而，一部“好经”愣是被一群“歪嘴”的“和尚”给“念歪”了。由于一些具体经营常平仓的官吏与地方豪右狼狈为奸，互相串通，在常平仓粮食的“籴”和“粜”上做手脚，克扣侵吞，使得本应“常平”的常平仓变得“常常不平”，导致本来很好的常平仓建议在实践中出现了“外有利民之名，而内实侵刻百姓”之实，“豪右因缘为奸，小民不能得其平”，给类似萧望之等意见相左者以因噎废食之借口，以致在元帝时因灾害多发而在一片“毋与民争利”的呼声中被罢。这是一件十分遗憾的事。宋人董煟在《救荒活民书》卷一中曾就此而指出：“盐铁可罢，而常平不可罢，但厘革其弊可耳。今乃遽罢之，过矣。元帝之失，岂特优柔无断欤！”然而，新生事物因其本身所具有的积极因子，决不会因一朝之挫就退出历史舞台。常平仓因具有合理的因素和旺盛、强大的生命力，其命运并未因此而结束，东汉明帝时曾一度推行之，即使在以后的中国历史上，设置常平仓亦曾断断续续地实行过，一直传承到清代。

在秦汉时期荒政的基础上，魏晋南北朝时期既有继承，又有创新。从总体来看，节约、赈济、豁免租税成为这一时期的常规措施，而施粥、居养、大赦等是机动措施，随政府或救灾官员的不同，具体做法又不同。

灾前预防、灾中救援、灾后救济等一系列行之有效的措施，在魏晋南北朝时期得以继续。在防治方面，劝课农桑、兴修水利是政府首重举措。侨置州郡县、归还本业、豁免租税是东晋政府的一贯举措。这一时期还加强推广旱作。但施粥、移民就粟等两汉采取的常规措施在这一时段并不常采用。货币制度较为混乱，军事活动频繁，物资难有正常的储备。在仓储制度上，汉代新设的常平仓制度无法得到保证，兴废无常，永嘉南渡后，流民如潮，灾害不断，江南大饥。东晋政府大力推广旱作，积极借贷旱作作物种子，使旱作和水田类作物兼种，提高了抗旱御灾的能力。菽麦也成为东晋政府征收田租的内容之一，这是以往所没有的。

针对一些疾疫，加强隔离治疗。先秦时期已经注意到疾病的传染，会进行有效隔离。《晋书》载，永和末年，发生很多疾疫。以前的制度，家中有染疾三人以上的大臣，虽然自己没有染病，百日内也不能进宫。

灾荒之后，历代统治者大都会颁布减缓租税赋役的诏令，但在具体实施时，各代会有所侧重。总体来看，汉代重于轻敛，魏晋重于免租，而南北朝则侧重于蠲免田租调役。

二、救灾措施

人们一般把以财物救济灾民或穷困之人称作赈济。然宋人董煟却言："救荒有赈济、赈粜、赈贷三者。名既不同，用各有体。……赈济者，用义仓米施及老、幼、残疾、孤贫等人，米不足，或散钱与之，即用库银籴豆、麦、菽、粟之类，亦可。务在选用得人。"按董氏之论，只有用义仓中所备之粮、钱等施与灾民，方称"赈济"。

两汉时主张对灾民予以赈济者屡见不鲜，如仲长统所言："天灾流行，开仓库以禀贷"灾民；而且两汉亦有赈济灾民的实践，如《盐铁论·力耕》载："山东被灾，齐、赵大饥，赖均输之畜，仓廪之积，战士以奉，饥民以赈。故均输之物，府库之财……所以赈困乏而备水旱之灾也。"其实，在灾害发生后，中央与地方政府，首先需要迅速制定救灾措施，实施赈济。其次赈济措施中，调集本地和外地的粮食分发赐予灾民，是首要措施。但是，面对传染性疾疫或是水旱灾后疫情，政府也应该及时配备组织医疗、药品，控制疫情；再次是帮助灾民收殓罹难者，出资安葬；最后，是安置流民，甚至灾荒无法妥善赈济和组织再生产，需要徙民就食其他地区。

（一）赈济

灾害发生后，许多灾民生活无着，四处流亡，枵腹辘辘，敝衣褴褛，需求之最迫切者，乃是满足其生存的最基本之物——衣服与食品等。因此，灾后对灾民赈济，既是荒政措施中最直接的办法，也是最有效的举措。赈济灾民一般通过下列三种具体物质来实现：

1. 谷食，使灾民有果腹之食

汉文帝后元六年（前 158 年）夏，天下“发生大旱灾，蝗灾，文帝发仓廪，以赈济贫民”。元狩三年（前 120 年），山东被水灾，民多饥乏，于是汉武帝派遣使者打开郡国仓廪，用来赈济贫弱。由于西汉国家之仓储常“不足”，国家以谷食直接赈济灾民的荒政之举在西汉时实施的次数相对较少，且文献载之亦较为笼统，远不逮东汉。据相关文献粗略统计，东汉王朝君主因灾而下的荒政诏中，明确以谷粟等赈济灾民的，至少有二十余道；而赈济谷食的标准，就文献已有的具体数字记载看，通常为三斛。例如，明帝永平十八年（75 年）夏四月因“宿麦伤旱，秋种未下”而下诏赈赐鳏、寡、孤、独和贫不能存者每人粟三斛；和帝在永元十二年（100 年）连续两次向灾民赈济谷物时皆以“人三斛”为标准，但也有二斛者。最高标准乃光武帝在建武三十一年（55 年）夏季大水后为赈济鳏、寡、孤、独和贫不能存者而下诏实施的“人六斛”粟，这也是所见的两汉时唯有的一次高标准赈济谷食。

汉献帝建安九年（204 年），海昌县连年干旱成灾，陆逊就打开粮仓，赈济贫困百姓，劝导督促百姓务农桑，百姓得到依赖。

魏文帝黄初三年（222 年）秋七月，冀州发生严重蝗灾，百姓饥荒，派遣尚书杜畿持符节开仓放粮赈济灾民。黄初五年（224 年）十一月，因冀州发生饥荒，派遣使者开仓放粮赈济灾民。魏明帝景初元年（237 年）九月，冀州、兖州、徐州、豫州四州的百姓遭遇水灾，明帝派遣侍御史沿途巡视淹溺致死和失去财产的人，就地打开当地粮仓救济灾民。

吴大帝赤乌三年（240 年）冬十一月，百姓遭遇饥荒，孙权下令打开粮仓救济贫困百姓。

晋武帝泰始四年（268 年）九月，青州、徐州、兖州、豫州四州发生严重水灾，伊水、洛水漫流汇入黄河，于是开仓放粮救济灾民。武帝下诏说："虽然诏令有所希求，但遇到奏报获得允许却不利于有效办事的情况，都不要隐瞒实情。"咸宁三年（277 年）九月，兖、豫、徐、青、荆、益、梁 7 州发生严重水灾，毁坏了秋天的庄稼，皇帝下诏赈济灾民。太康年间（280—289 年），遇到灾年饥荒，王浑开仓放粮进行赈济抚恤，百姓很依赖他。太康年间（280—289 年），郑默出任东郡太守。当时正值荒年，百姓饥饿，郑默就开仓放粮进行赈济。太康年间（280—289 年），蜀地发生饥荒，于是开仓放粮赈济借贷。晋惠帝元康八年（298 年）正月，诏令打开粮仓，赈济雍州饥民。

东晋元帝大兴二年（319 年），三吴发生严重饥荒，死去的人数以百计，吴郡太守邓攸就开仓放粮赈济灾民。东晋穆帝永和初年，东方发生饥荒，王羲之开仓放粮赈济百姓。东晋简文帝咸安元年（371 年），王蕴属地吴兴郡遭遇荒年，百姓饥荒，就开仓放粮进行赈济抚恤。咸安二年（372 年），三吴发生严重旱灾，百姓大多数都被饿死，于是皇帝诏令所在地对百姓进行赈济补给。东晋孝武帝太元十九年（394 年）秋七月，荆州、徐州两州发生严重水灾，冲毁了秋季庄稼，于是派人救济抚恤百姓。东晋安帝隆安三年（399 年），荆州发生洪灾，平地水深 3 丈，殷仲堪倾尽粮仓赈济饥民。

北魏明元帝神瑞二年（415 年）冬十月，下诏说："古人常说，如果百姓富足那么君主就会有余，没有百姓富裕国家是贫穷的。近年来，霜、旱灾害频繁出现，庄稼没有丰收，百姓饥寒交迫不能养活自己的有很多，现在拿出布帛和仓库中的粮食来赈济贫困百姓。"泰常三年

（418 年）八月，雁门、河内暴雨成灾，免除当地的租税。北魏太武帝神䴥四年（431 年）二月，定州百姓发生饥荒，食不果腹，于是下诏打开粮仓赈济百姓。太平真君元年（440 年），15 个州镇发生饥荒，于是诏令开仓放粮赈济抚恤百姓。太平真君九年（448 年）二月，太行山以东的百姓发生饥荒，食不果腹，于是开仓放粮进行赈济。北魏文成帝兴安元年（452 年）十二月，因营州发生蝗灾，皇帝下令开仓放粮赈济抚恤百姓。太安三年（457 年）十二月，因州镇中有 5 处发生蝗灾，百姓食不果腹，于是派遣使者开仓放粮赈济百姓。和平五年（464 年）二月，皇帝诏令因有 14 个州镇去年发生虫灾、水灾，于是开仓放粮进行赈济抚恤。北魏献文帝天安元年（466 年），11 个州镇发生旱灾，百姓饥荒，于是开仓放粮进行赈济抚恤。皇兴二年（468 年）十一月，因 27 个州镇发生水灾、旱灾，开粮仓赈济抚恤。皇兴四年（470 年）春正月，因 11 个州镇的百姓发生饥荒，食不果腹，于是诏令开仓放粮进行赈济抚恤。北魏孝文帝延兴二年（472 年）六月，安州百姓遭遇水灾和冰雹灾害，就免去他们的租税并进行赈济抚恤。九月，因 11 个州镇发生水灾和旱灾，皇帝下令免除百姓田租，并开仓放粮赈济抚恤。又诏令流民回归本土，违抗者发配边疆小镇。延兴三年（473 年），因 11 个州镇发生水灾和旱灾，于是免去百姓田租，并开仓放粮进行赈济抚恤。延兴四年（474 年），13 个州镇发生严重饥荒，于是免除百姓田租，并开仓放粮赈济抚恤百姓。太和元年（477 年）正月，云中发生饥荒，于是开仓放粮赈济抚恤灾民。十二月丁未，因 8 个州郡发生水灾、旱灾和蝗灾，百姓饥荒，诏令开粮仓进行赈济抚恤。太和二年（478 年），20 多个州镇发生水灾和旱灾，百姓饥荒，食不果腹，于是开仓放粮进行赈济抚恤。太和三年（479 年）六月，因雍州百姓饥荒，开仓放粮进行赈济抚恤。太和四年（480 年），因 18 个州镇发生水灾和旱灾，百姓饥荒，皇帝诏令开仓放粮进行赈济抚恤。太和五年（481 年）十二月，因 12 个州镇百姓饥荒，诏令开仓放粮进行赈济抚恤。太和七年（483 年），因 13 个州镇百姓遭遇饥荒，诏令开仓放粮进行赈济抚恤。太和八年（484 年）十二月，因 15 个州镇发生水灾和旱灾，百姓饥荒，食不果腹，诏令派遣使者沿途巡视，询问百姓疾苦，并开仓放粮进行赈济抚恤。太和十年（486 年）十二月，因汝南、颍川发生严重饥荒，诏令免去百姓田租，并开粮仓进行赈济抚恤。太和十一年（487 年）二月，因肆州的雁门和代郡的百姓饥荒，诏令开仓放粮进行赈济抚恤。六月，秦州百姓饥荒，于是开仓放粮进行赈济抚恤。几天后，皇帝诏令："春旱一直延续到现在，田野中连青草都没有。这是上天的谴责，实际上是因为我没有德行，而百姓无罪却将遭受饥荒。我日夜思考，却不知如何改进。公卿内外大臣，是谋略的寄托，请直言无讳，以拯救百姓。"秋七月，皇帝下诏说："今年粮食没有丰收，准许百姓出关谋食。派遣使者造簿籍，分别安排百姓的去留，所在地要打开粮仓进行赈济抚恤。"太和十二年（488 年）十一月，因雍州、东雍州、豫州三州百姓遭遇饥荒，诏令开仓放粮进行赈济抚恤。太和十三年（489 年）夏四月，15 个州镇发生严重饥荒，于是诏令所在地开粮仓进行赈济抚恤。太和二十年（496 年），因南方和北方均有州郡发生旱灾，皇帝派遣近侍大臣沿途巡视考察，并开仓放粮赈济抚恤百姓。太和二十三年（499 年），18 个州镇发生水灾饥荒，皇帝分别派遣使者到各地开仓放粮进行赈济抚恤。北魏宣武帝景明元年（500 年）五月，北镇发生饥荒，于是派遣兼侍中杨播巡视并赈济抚恤百姓。正始四年（507 年）八月，敦煌百姓发生饥荒，食不果腹，于是开仓放粮进行赈济抚恤。正始四年（507 年）九月，司州百姓发生饥荒，食不果腹，于是开仓放粮进行赈济抚恤。永平三年（510 年）五月，冀州、定州发生旱灾，于是皇帝诏令开仓放粮赈济抚恤百姓。延昌元年（512 年）春正月，因连年发生水旱灾害，百姓饥饿困乏，于是分别派遣官员，开仓放粮进行赈济抚恤。延昌元年（512 年）三月，11 个州郡发生严重洪灾，又诏令开仓放粮进行赈济抚恤。因京都的谷价昂贵，所以拿出 80 万石仓库中的粟赈济抚恤贫困者。延昌元年（512 年）六月，皇帝诏令调出太仓 50 万石的粟，赈济京师以及州郡受灾的饥民。延昌二年（513 年）四月，政府拿出绢 15 万匹赈济抚恤河南的饥民。六月，青州百姓饥荒，食不果腹，于是下诏开仓放粮进行赈济抚恤。延昌三年（514 年）四月，青州百姓饥荒，食不果腹，于是开仓放粮进行赈济抚恤。北魏孝明帝熙平元年（516 年）

四月，瀛州百姓饥荒，食不果腹，于是开仓放粮进行赈济抚恤。熙平二年（517 年）冬十月，因幽、冀、沧、瀛四州发生严重饥荒，于是派遣尚书长孙稚以及兼尚书邓羡、元纂等人巡视安抚百姓，并开仓放粮进行赈济抚恤。几天后，勿吉国向朝廷贡奉楛矢。不久，光州百姓饥馑困苦，食不果腹，派遣使者进行赈济抚恤。神龟元年（518 年）正月，幽州发生严重饥荒，饿殍遍野，遂开粮仓进行赈济抚恤，接着又大赦天下。

宋武帝永初三年（422 年）三月，秦州、雍州的流民南下进入了刘宋所辖的梁州；不久，宋武帝派遣使臣赠送 1 万匹绢，并将荆州、雍州的谷米粮食漕运到梁州，赈济流民。宋文帝元嘉十二年（435 年）六月，丹阳、淮南、吴兴、义兴发生严重水灾，京师出入行走都需乘船。不久，宋文帝调集徐、豫、南兖三州，会稽和宣城两郡数百万斛米赐给遭受水灾的百姓。这个月，禁止酿酒。元嘉十七年（440 年）八月，徐、兖、青、冀四州发生严重水灾。不久，皇帝派遣官员检查巡行进行赈济抚恤。元嘉十七年（440 年）十一月，皇帝颁布诏令说："先前给扬州和南徐州百姓的粮食种子，兖、两豫、青和徐州连年宽减的租谷现在应该监督入粮仓的，全都减半。今年庄稼收成不足一半的地区，赦免他们的租税。各种债务也都尽量给予减免。又如州郡的物价税收以及当地的市调多半比较繁重。山泽之利，时有禁绝；征召力役的等级，竟涉及幼小体弱之人。诸如此类，不仅破坏治理也伤害百姓。从今日起，凡事都要依据法律诏令，尽量宽容。如果有所不便，就另当别论，不能为了一时意向，违背关怀百姓的本意。掌权之人要清晰对下层官员传达，顺我心意。"元嘉十八年（441 年）闰五月，京师暴雨成灾。不久，宋文帝派遣官员沿途巡视并赈济抚恤灾民。元嘉二十年（443 年），各州郡水灾、旱灾毁坏了庄稼，百姓遭遇大饥荒，食不果腹。派遣官员开仓放粮赈济抚恤百姓，并赏赐粮食种子。元嘉二十一年（444 年）春正月，南徐州、南豫州、扬州的浙江西部地区均禁止酿酒。大赦天下，元嘉十九年以前的各种债务，一律免除。去年歉收的，在计量申报时要减少赋税。受灾最严重的地区，派遣官员到郡县适当给予赈济抚恤。凡是打算务农却缺少粮种的，都给予借贷。

经营千亩田地的各统司中的服役之人，赏赐的布匹各有差别。元嘉二十一年（444 年）六月，连降大雨。不久，皇帝颁布诏令说："阴雨连绵，水灾成患，百姓积蓄少，容易导致匮乏。两县的长官以及营署部司各自核实本地受灾百姓，供给薪柴稻米，一定要使灾民都能得到救济。"秋七月，皇帝下诏说："庄稼连年受损，水旱成灾，也由于种植的不适当，南徐、兖、豫三州以及扬州的浙江以西属郡，从今起都要督促百姓种麦子来缓解粮食的不足。迅速运送彭城下邳郡现存的粮种，委任刺史借贷给百姓。徐州和豫州多是稻田，但民间致力于旱地耕作，可命令两州长官，巡查旧有陂泽，相继进行修整，同时督促百姓开垦田地，能够赶上来年耕作。所有的州郡都应充分发挥土地的生产能力，劝导百姓播种栽植，种桑养蚕植麻织布，各项工作都要想尽办法，不能只是应付差事而已。"元嘉二十五年（448 年）春正月，颁布诏令说："近十天连降大雪，柴米价格猛涨，贫困之家许多都陷入无柴无粮的窘境。应巡视京师两县以及营署，赏赐给柴米。"元嘉二十九年（452 年）春正月，皇帝下诏说："受到敌寇侵犯的六个州，农业生产还未恢复，洪涝灾害依然存在，百姓饥饿贫困到了极点。应迅速地传令各镇，从优进行救济抚恤。现在农事耕作即将开始，务必要使土地得到最大程度的利用。如果需要粮种，应根据实际情况供给百姓。"六月，宋文帝派遣部司官员巡查因降雨受灾的地区，赐予百姓柴米，并提供船只。元嘉三十年（453 年）二月，皇帝派遣运部官员赈济抚恤百姓。宋孝武帝大明元年（457 年）五月，吴兴、义兴发生严重水灾，百姓食不果腹。不久，皇帝派官员开仓放粮赈济抚恤灾民。大明二年（458 年）九月，襄阳发生严重水灾，皇帝派遣使者沿路巡查进行赈济。大明三年（459 年），荆州百姓发生饥荒，三月，规定分不同等次赦免百姓所要缴纳的田租和布匹。大明四年（460 年）八月，雍州发生严重的水灾，不久，孝武帝派遣军队进行赈济。大明五年（461 年）秋七月，皇帝颁布诏令说："雨水大降，街道漫溢，应派遣官员巡查。穷困之家，赐给薪柴谷子。"大明八年（464 年）二月壬寅日，下诏说："去年东部偏干旱，农田庄稼歉收。前来被使唤的人，大多到了穷困的地步。有的甚至沦为赤贫流民，露宿街头，我十分怜悯这些灾民。

可以将仓粮交付建康、秣陵两县，妥当地供给抚恤百姓。如果救济拯救不及时，以致有百姓被遗弃，要严加举发并弹劾。”宋明帝泰豫元年（472 年）六月，京师暴雨成灾，皇帝下诏赈济抚恤两县的贫民。宋后废帝元徽元年（473 年）六月，寿阳发生严重水灾，皇帝派遣殿中将军赈济抚恤慰劳百姓。宋后废帝元徽三年（475 年）三月，京师发大水，于是派遣尚书郎官查看灾情并赐以赈济。宋顺帝昇明元年（477 年）八月，派遣官员赈济抚恤，免除税调。

南齐武帝永明九年（491 年），都城发生严重水灾，吴兴尤其严重，萧子良就开仓放粮赈济救助那些贫困的或者生病不能自保的百姓，并在第北设置官署收养他们，给予衣服和药材。

梁武帝天监初年，遭遇饥荒年份，萧景统计受灾人口并进行赈济抚恤，做好饭粥放在路边馈赠给百姓，并送与死者棺材，百姓很是依赖他。大同二年（536 年），豫州遭遇饥荒，陈庆之开仓放粮赈济百姓，多有全济。

东魏孝静帝天平元年（534 年），孝静帝颁布诏书，因移民的家财尚未建立，拿出 130 万石粮食来赈济他们。天平四年（537 年）二月，因并、肆、汾、建、晋、东雍、南汾、秦、陕 9 州出现霜灾和旱灾，百姓饥寒交迫，四处流散，于是令所在地开仓放粮进行赈济。当年，光州境内遭遇灾荒，百姓面露菜色，李元忠上表请求赈济灾民，等到秋季再征收租税。朝廷准奏，批准可动用万石粮食。但李元忠认为万石粮食分摊到每家不过是升斗的量，徒有虚名，不能救灾。于是，发放 15 万石的粮食赈济百姓。

北周孝闵帝元年（557 年）三月，皇帝颁布诏令：“淅州去年粮食歉收，百姓食不果腹，我很是担忧。令本州租税未缴纳完毕的，一律应当免除。并派遣使官巡行查看灾情，有穷困饥饿的百姓，都要加以救济。”不久，各省六府官员，均裁减三分之一。北周武帝建德四年（575 年），岐、宁二州百姓饥荒，食不果腹，于是开粮仓进行赈济抚恤。关中的百姓饥荒，宇文椿上奏陈述灾情，皇帝用玉玺封记诏书慰劳他，并命令所在各地开仓放粮赈济抚恤灾民。

北齐武成帝河清二年（563 年）四月，并、汾、京、东雍、南汾 5

州虫、旱灾害损坏庄稼，于是派遣官员进行赈济抚恤。

就赈济谷物而言，还有两种情形，即调粟赈灾、移民就粟。汉高祖二年（前205年），关中发生饥荒，米每斛价格5钱，发生人吃人的惨状，高祖让百姓到蜀汉觅食。汉武帝时，山东发生水灾，很多民众饥饿、困乏，于是汉武帝派遣使者打开郡国粮仓赈济贫民。元鼎二年（前115年）夏，大水，函谷关以东饿死了数千人。秋九月，武帝下诏："就将巴蜀的粮食，转运到江陵，派遣博士中等巡视监督，传皇帝口谕，告诉粮食要运抵江陵，不要中途有阻碍。""这个时候山东遭受黄河泛滥之灾，不获丰收，有人吃人的惨状……使者的车马络绎不绝地在途中护送，调来巴蜀的粮食赈济灾民。"汲黯因河南遭遇水旱灾害上万家，有的父子相食，矫诏发运河南仓廪的粮食赈济灾民。汉元帝初元元年（前48年）九月，函谷关以东11个郡国发生大水，饿殍遍野，有的地方发生人吃人的惨状，转运邻郡钱粮赈济灾区。汉安帝永初元年（107年），安帝调运扬州等五郡的租米，赈济东郡、济阴、陈留、梁国、下邳、山阳。元初七年（120年），安帝下令调运零陵、桂阳、丹阳、豫章、会籍的租米，赈济南阳、广陵、下邳、彭城、山阳、庐江、九江饥民，又调运滨水县谷输敖仓。宋武帝永初三年（422年）三月，秦州、雍州的流民南下进入了刘宋所辖的梁州；十八日，宋武帝派遣使臣赠送1万匹绢，并将荆州、雍州二处的谷米粮食漕运到梁州，赈济流民。宋文帝元嘉十二年（435年）六月，丹阳、淮南、吴兴、义兴发水灾，京师民众需乘船出行。己酉日，将徐、豫、南兖三州、会稽、宣城二郡的数百万斛米赏赐给5郡灾民。北魏文成帝太安五年（459年）冬十二月，下诏说："我继承宏大的基业，统治天下，思虑恢宏政治，来救助百姓。所以降低赋税来充实他们的财产，减轻徭役来舒缓他们的劳力，想使百姓致力本业，人人不缺衣食。可是六镇、云中、高平、二雍、秦州，普遍遭遇旱灾，谷物无收成。现派人打开仓廪来赈济他们。有流浪迁徙的，告谕返回故乡。想要在其他地区贸易籴粮，为他们关照旁郡，打通交易的道路。如果主管的官员，理事不均匀，使上面的恩惠不能传达到下层，下面的民众此时不丰足，处以重罪，不得有所放纵。"北魏孝明帝孝昌三年（527年）二月，皇帝下诏说："关陇遭受贼寇祸难，燕赵一带叛逆侵凌，百姓流浪，农民失业，加上转运，劳役很多，州中粮仓储备，已经空无所有，除非实行输赏的条例，怎么能停息漕运的烦劳？凡有能运输谷粟到瀛、定、岐、雍四州的，官斗二百斛赏官位一级；输入到南北华州的，五百石赏一级。不限定多少，谷粟送后就授予官职。"

灾害发生之时，国家仓储贮存的粮食往往不足，需要向王侯、富室募集粮食。汉景帝时，上郡以西的地方发生旱灾，又发布卖爵令，降低价格出售，用来招揽百姓来买；以及刑期一年的罪人可以向县官缴纳谷物粮食免罪。元狩三年（前 120 年），函谷关以东遭受水灾，汉武帝派遣使者，打开郡国仓廪来赈济灾民，但还是不能满足需求，又募集豪富来借贷。永始二年（前 15 年），函谷关以东连年不获丰收，汉成帝下诏收纳贫民、捐谷物帮助县官赈济的人，政府赐予他花费相当的租赋。那些捐助达到百万以上的，百姓加赐第十四爵；想要做官，要补交三百石，官员升官两个等级。捐助达三十万以上的，百姓赐爵五大夫，官吏升官两个等级，百姓补郎官；捐助达十万以上，家免三年租赋。捐助万钱以上的，免租赋一年。永寿元年（155 年），司隶、冀州发生灾荒，百姓遭遇饥荒，汉桓帝下令州郡赈给贫民弱小。若工侯官民有储备谷物的，一律出贷十分之三，用来帮助禀贷；凡是百姓官吏帮助赈济的，朝廷用现钱偿还贷粮；王侯的助赈粮食，到纳新租的时候偿还。

除政府卖爵令之外，地方官员还主动捐俸、捐米救助。东汉殇帝延平元年（106 年），黄香迁魏郡太守，"此时有水灾，百姓遭遇饥荒，于是将奉禄和所得赏赐分给需要赡养的贫民，富裕之家都拿出义谷，帮助官府赈济禀贷，荒民得以活命。"敦煌人盖勋出任汉阳太守，"当时百姓遭遇饥荒，出现人吃人的情况，盖勋调集粮食巡视地方，他首先拿出自家粮食作为表率，救活了千余人"。汉章帝建初中，南阳发生大饥荒，米价每石千余，朱晖散尽家里的积蓄，用来分给宗族邻里，相识之人中的贫困者，乡族都归附他。遭遇凶荒，童恢之父童仲玉，倾尽家财，赈恤贫民，宗族乡里靠他保全性命的多达百人。同时，王侯、富户也在援助救济灾民。汉献帝建安九年（204 年），海昌县（今浙江海宁盐官镇）连年干旱成灾，陆逊打开粮仓，赈济贫困百姓，劝导督促百姓务农桑，百姓对他很依赖。

梁武帝天监元年（502 年），发生饥荒，萧景统计受灾人口并进行赈济抚恤，做好饭粥放在路边馈赠给百姓，并送与死者棺材，百姓很是依赖他。

在《中国救荒史》一书中，邓拓先生将直接向灾民赈济以食物称为“施粥”，视之为“临灾最急切的办法”。这种方法在两汉时实施似仅有三次：一次是王莽在其执权后期灾害为虐时“分遣大夫谒者教民煑木为酪”，然“酪不可食，重为烦扰”；第二次是东汉安帝元初四年（117 年）在水灾多发时下诏实行的以“糜粥”“赈狭寡独”；另一次则是在东汉献帝兴平元年（194 年），“三辅大旱，自四月至于是月（七月——引者注）。……是时谷一斛五十万，豆麦一斛二十万，人相食啖，白骨委积。帝使侍御史侯汶出太仓米豆，为饥人作糜粥。”综观以上三次朝廷赈食措施，王莽之举本身就是“一次唯意志论者以人命为儿戏的事故”。对“煑木为酪”，服虔注谓“煮木实，或曰如今饵术之属也”；而如淳则云“作杏酪之属也”；颜师古以如淳之说为是。但无论哪说为是，木之属何以煮成酪？行之的结果，必然是“饥死者什七八”。后两次“施粥”之为，朝廷的初衷是好的，然在施行中由于“长吏怠事”而滋生腐败，其视人命“若艾草菅然”，弄虚作假，“糠秕相半”，“赈济”的结果依旧是“经日而死者无降”。

2. 帛、絮等物，使灾民有蔽体之衣

两汉以帛、絮或衣赈济灾民者，据《汉书·元帝纪》，似当始于汉元帝初元元年（前 48 年），关东因灾谷粟不登，民多困乏，元帝于夏四月颁诏赐帛，三老、孝者五匹，鳏寡孤独者二匹。初元二年（前 47 年），关东再次出现灾害、饥荒，齐地人相食，元帝下诏说：“连年灾害，百姓脸色憔悴，我非常担心。已经下诏给官员让他们将仓廪打开，放开府库赈济灾民，赐给饥寒交迫的人衣物。”以后，政府在灾后向灾民赐衣、帛、絮等物屡有实行，成为惯例。

晋武帝泰始二年（266 年），粮食价格低，布帛价格高，皇帝下诏欲设平籴法，用布匹丝帛买粮食，作为粮食储备，劝勉农事。

北魏明元帝神瑞二年（415 年）冬十月，皇帝下诏说："近段时间来，频频遇霜灾旱灾，庄稼颗粒无收，百姓饥寒交迫，不能生存的人有很多，命令开仓发放布帛粮食赈济贫困的百姓。"北魏孝文帝太和十一年（487 年），京师连年有霜寒灾害，庄稼颗粒无收，下诏允许百姓山东谋生，以粟米布帛赈济困乏的百姓。北魏宣武帝延昌二年（513 年）四月，政府拿出绢 15 万匹赈济抚恤河南的饥民。

宋武帝永初三年（422 年）三月，秦州、雍州的流民南下进入了刘宋所辖的梁州；十八日，宋武帝派遣使臣赠送 1 万匹绢，将荆州、雍州的谷米粮食漕运到梁州，赈济流民。宋文帝元嘉二十一年（444 年）春正月，南徐州、南豫州、扬州的浙江以西禁止酿酒。大赦全国囚犯。元嘉十九年以前的各种债务，一律豁免。去年歉收的，计量申报减轻赋税。受害最严重的地方，派遣使者到郡县中妥善地给予赈济抚恤。凡是打算务农，而缺乏粮种的人，都给予借贷。各个经营千亩田的统司中服役的人，按等次赏赐布匹。

南齐武帝永明九年（491 年），京师发生水灾，吴兴尤其严重，萧子良就开仓放粮赈济救助那些贫困的或者生病不能自保的百姓，并在第北设置官署收养他们，给予衣服和药材。

3. 赐以钱币，使罹灾死者有葬身之棺

作为政府赐予罹难者的安葬费用，其标准一般是每人二千钱，条件为年龄在 7 岁以上的死者。汉安帝延光元年（122 年），京师及 27 个郡国发生雨水，又大风，人有伤亡，"诏赐压溺死者年七岁以上钱，人二千"；东汉顺帝永和三年（138 年）春，京师及金城、陇西地震，夏四月，朝廷"遣光禄大夫案行金城、陇西，赐压死者年七岁以上钱，人二千"。但也有赐三千钱者，西汉成帝绥和二年（前 7 年），郡国多地动，河南、颍川河决，流杀人民，坏败庐舍，哀帝遂"遣光禄大夫循行举籍，赐死者棺钱，人三千"。有时，政府还根据每家每户具体死亡人数来赐以安葬费，但其标准则远较以上每人二三千钱为低。如西汉平帝元始二年（2 年）夏，郡国大旱，复以蝗、疾疫，关东尤盛，灾民流亡四处，饿殍载道，甚至家有灭户者。为安葬死者，平帝下诏"赐死者一家六尸以上葬钱五千，四尸以上三千，二尸以上二千"，人均安葬费尚不到一千钱。

除以上几种赈济之法外，两汉时常将山林川泽作为赈济代替物而向灾民开放，“以助蔬食”。两汉时，国家专山林川泽之饶利，严禁百姓平时进山入泽进行采捕。而在灾荒之年，国家常弛山泽之禁，允许灾民入山林采摘、下川泽捕鱼，以便灾民糊口度灾。文帝时，发生旱灾、蝗灾，即开放山泽。西汉武帝元鼎二年（前115年）夏，大水，函谷关以东饿死了数千人，秋九月，武帝下诏山林池泽的富饶，与民共享。元帝时，关东五谷不登，百姓困苦，汉元帝将属少府的江海陂湖园池租借给贫民，免收租赋。汉和帝永元五年（93年）六月丁酉，3个郡国遭受大雨冰雹，九月，和帝下令将官有陂池开放，两年免收租税。永元九年（97年）三月庚辰，陇西地震，六月，又发生蝗灾、旱灾，汉和帝下诏将山林、陂池开放给百姓，免除租税。永元十一年（99年），和帝派遣使者巡行郡国，调查到因为灾害不能生存的负贷百姓，下令他们可以进入山林池泽捕鱼、采摘，免收租税。永元十二年（100年）二月，赐下贫、鳏、寡、孤、独不能自存者以及郡国流民，随意进入陂池渔采，以助蔬食。永元十五年（103年）五月戊寅，南阳遭受大风灾害；六月，和帝诏令鳏寡百姓可以随意渔采陂池，免除租税两年。

工赈之法在两汉之前的救灾实践中就已存在，只是不太普遍。《晏子春秋》记载：“（齐）景公之时饥，晏子请为民发粟，公不许，当为路寝之台，晏子令吏重其赁，远其兆，徐其日，而不趋。三年台成而民振。”西汉时，河患多发，为害颇广，损失巨惨。围绕治河，时人提出了种种建议和意见，其中不乏可行者，如贾让建言的“治河三策”等。据《汉书·沟洫志》，“王莽时，征能治河者以百数”，议者众说纷纭，时任司空掾的桓谭在对各种治河方案加以总结时说：“凡此数者，必有一是。宜详考验，皆可豫见，计定然后举事，费不过数亿万，亦可以事诸浮食无产业民。空居与行役，同当衣食；衣食县官，而为之作，乃两便，可以上继禹功，下除民疾。”颜师古注曰：“言无产业之人，端居无为，乃发行力役，俱须衣食耳。今县官给其衣食，而使修治河水，是为公私两便也。”姑且不论桓谭所说治河方法是堵还是疏，但在组织形式上，无疑是值得肯定的，对于灾后出现的“浮食无产业民”，他主张一改过去进行单纯赈济的模式，而是将他们组织起来，“衣食县官”使之成为治河工程的工人。如此，一则灾民得到了赈济，二则河患得到了治理。所以有学者认为从某种意义上来说，“乃两便”，“后世以工代赈，这是开始。”

前秦建元十三年（377 年）苻坚因为关中水旱不合时，商议依照郑白的旧事，征发王侯以下及豪门望族富贵人家的奴仆 3 万人，开挖泾水上游，挖山筑堤，开渠引水，灌溉盐碱地。到春天完工，百姓得到好处。

另外，在捕蝗和灾后收殓上，多雇佣百姓。汉平帝元始二年（2 年）夏季四月，郡国遭遇大旱，安汉公王莽、四辅、三公、卿大夫、吏民，因百姓困乏，甘愿献出田宅的人达二百三十，用粮食赈济贫民。政府派遣使者捕捉蝗虫，百姓捕蝗的人报告给官员，用石斗算工钱。王莽地皇三年（22 年），蝗灾严重，王莽征发官员百姓设购赏捕杀飞蝗。东汉光武帝建武二十二年（46 年）九月，发生地震，南阳尤其厉害，“吏人死亡，或在坏垣毁屋之下，而家羸弱不能收拾者，其以见钱谷取佣。”

东晋孝武帝太元七年（382 年）五月，幽州发生蝗灾，受害面积广袤千里。秦王苻坚派遣散骑常侍彭城刘兰征发幽、冀、青、并州的民众捕除蝗虫。

宋文帝元嘉三年（426 年）秋，发生旱灾，并引发蝗灾。有蝗灾的地方，县官就督促百姓捕杀。

北齐文宣帝天保九年（558 年）夏，山东发生蝗灾，皇帝差人捕杀蝗虫挖坑深埋。

（二）禀贷

禀贷与赈济不同，受灾害影响，百姓生活生产资料缺乏，禀贷是指国家有条件地向灾民假贷粮种、食品、生产工具乃至田地等，以助灾民在度过灾荒后能迅速地恢复农业生产，不至于无法生活而流亡他乡成为对社会安定构成威胁的流民。因此，邓拓先生将这一荒政举措视为“灾后补救政策”类中的一种。

两汉禀贷灾民之物，一般为灾民的口粮、钱财和种子。西汉昭帝始元二年（前85年）三月，昭帝派遣使者赈济没有种子和食物的贫民。秋八月，昭帝下诏将之前赈济给百姓的种子、食物的债息免除，并且免收百姓田租。东汉明帝永平十八年（75年），章帝即位，诏令兖、豫、徐三州，各郡核实那些特别贫困的百姓，计算好所需，给他们借贷。东汉和帝永元十二年（100年）二月，和帝下诏贷给受灾郡县百姓粮食种子，赐粮食给贫民、丧偶的百姓，孤儿不能生存的人，以及郡国的流民，他们可到陂池捕捞、采摘，来补充蔬菜、主食；六月，舞阳发生大水，赐给受水灾影响特别严重的贫民，每人三斛。永元十六年（104年）秋七月，发生旱灾，戊午，和帝下诏该年田租、刍稿只征收一半；其他的被灾害者，根据实际情形免除。贫民贷给种子、粮食及田租、刍稿，免除债息。东汉安帝永初二年（108年），安帝遣光禄大夫樊准、吕仓，分行冀、兖二州，禀贷流民。东汉安帝元初二年（115年）五月，京师出现旱情，河南及19个郡国有蝗灾，甲戌，安帝下诏，实行假贷。元初五年（118年）三月，京师洛阳与部分郡、国发生旱灾，安帝下诏，禀贷遭旱贫民。汉顺帝阳嘉元年（132年），京师遭遇旱灾，戊辰，雩，因为冀部连年水灾，顺帝下诏案行，实行禀贷，劝勉勤于农事，赈济不绝。阳嘉二年（133年）春二月，顺帝诏贷吴郡、会稽受灾贫民种粮。汉顺帝永和四年（139年）三月乙亥，京师发生地震，秋八月，太原郡发生旱灾，百姓流徙，癸丑，遣光禄大夫案行禀贷，免除更赋。汉桓帝永寿元年（155年），司隶、冀州发生灾荒，桓帝下令州郡赈给弱小的贫民，若王侯官民有储备谷物的，一律出贷十分之三，用来帮助禀贷；凡是百姓官吏帮助赈济的，朝廷用现钱偿还贷粮；王侯的助赈粮食，到纳新租的时候偿还。汉桓帝延熹九年（166年）三月，司隶、豫州因饥饿而死的有十分之四五，甚至有的全家饿死，桓帝派遣三府掾赈禀饥民。

另外，国家在贷灾民以种子、粮食的同时，还常常向灾民假贷犁、牛，以促使灾民抓紧农作时间耕种。汉武帝元狩三年（前120年），函谷关以东遭受水灾，很多百姓遭遇饥馑、困乏，于是天子派遣使者，打开郡国仓廪来赈济灾民。但还是无法满足，又募集豪富来借贷。仍然不能缓解灾情，遂迁徙贫民到函谷关以西，充实朔方以南的新秦地区，共计人口70余万，衣食都由县官供给。数年之内，贷给他们农田、耕具，使者分批护送，车马络绎不绝，花费上亿，以致县官都没有结余。汉昭帝元凤三年（前78年）春正月，免除中牟苑贫民赋税，昭帝下诏，之前百姓遭遇水灾，食物匮乏，打开仓廪库存，派遣使者赈济贫困的人，元凤三年以前的赈济，如果不是丞相、御史特别请求，赈济边郡的犁牛不收取债息。汉平帝元始二年（2年）夏季四月，郡国遭遇大旱、蝗灾，青州尤其严重，民间流民众多。官府建造官方寺庙、市场、里，召集贫民并前往那里，县政府分等级供给食物，给迁徙到所在地的百姓赏赐田宅、日用器具，租借给他们犁牛、种子、食物，又在长安城设置5个里，建造住宅200所作为贫民安置点。又如汉和帝永元十六年（104年），和帝因兖、豫、徐、冀四州连年雨多而诏遣三府掾分行四州，贫民没有耕作器具的，替他们雇犁、牛。

灾民有了种、食、犁、牛等后，要从事农业生产，还必须有可耕之田，因此，"假民公田"也是政府禀贷灾民的一项经常性荒政措施，如西汉元帝永光元年（前43年）诏："无田者皆假之。"两汉向灾民假贷公田，其田源有三：

一是皇室专用苑囿。汉宣帝地节三年（前67年）九月，地震，流民成患；冬十月，宣帝下诏将许久没有使用的皇家池苑等租借给贫民，租借给返乡流民公田，贷济他们种子、食物，免去他们的租税、赋役。汉元帝初元二年（前47年），发生地震，元帝诏将"水衡禁囿、宜春下苑、少府佽飞外池、严籞池田假与贫民"。汉安帝永初元年（107年），安帝下诏将广成游猎地和鸿池假贷与灾民。永初三年（109年），安帝下诏将鸿池租借给贫民。

二是国家所掌握的公田。汉元帝初元元年（前48年），元帝将少府所属的江海陂湖园池等假贷与贫民。汉章帝元和元年（84年）二月，章帝诏令郡国招募没有田地，想要迁移到他处的人，任凭他们迁徙，直到安定下来，就赐给他们公田，替他们雇人耕种，贷给他们种子、粮食。

三是地方郡国所拥有的土地。汉安帝永初元年（107 年）二月丙午日，安帝下诏将广成游猎地及被灾郡国公田，租借给贫民。

既然是禀贷，说明还是有一定条件的：

首先，除国家明确规定免除者外，所贷之物是要偿还的，特别是种、食、犁、牛等。

其次，禀贷的标准是按受灾的程度大小而划定的。颜师古注《汉书·成帝纪》河平四年（前 25 年）“财振贷”曰：“财与裁同，谓量其等差而振贷之。”对因灾而流徙他乡的灾民，其赈贷财物的多寡一般比照两汉禀贷贫人的标准。如《汉书·元帝纪》记载，汉元帝永光元年（前 43 年）下诏禀贷灾民时就规定“无田者皆假之，贷种、食如贫民”。

再次，禀贷的对象并非全体受灾之民，而是因灾流民，且多数是“流民还归者”，或是作为向“流民欲还归本”者而提出的条件来吸引流民还归本乡，或安居于在所。

最后，国家“假”民之公田，只是暂时地将公田假借给贫民耕耘，并不意味着土地的所有权发生了变化，即由“公”转移到“私”，灾民只要交一定的“假税”，皆可享有国家假与公田的耕作权。

魏晋南北朝时期仍然存在大量禀贷现象。

晋武帝泰始七年（271 年）六月，大雨连绵，伊水、洛水、沁水与黄河同时泛滥，沿岸居民 4000 多家转徙逃荒，淹死 300 多人，朝廷下诏借贷粮食赈济灾民，发给死者棺材。泰始八年（272 年），河洛大雨成灾，有 4000 余户被淹。晋武帝下诏赈济，贷给灾民粮食。东晋孝武帝宁康二年（374 年），诏令：“三吴发生水旱灾害，百姓流离失所，应该及时进行救济。三吴的义兴、晋陵和会稽受灾最严重，免除一年的租布，其他的免除半年，赈济灾民。”

宋文帝元嘉二十一年（444 年）春正月，南徐州、南豫州、扬州的浙江以西地区禁止酿酒。大赦全国囚犯。元嘉十九年以前的各种债务，一律豁免。去年歉收的，计量申报减轻赋税。受害最严重的地方，派遣使者到郡县中妥善地给予赈济抚恤。凡是打算务农而缺乏粮种的人，都给予借贷。各个经营千亩田的统司中服役的人，按等次赏赐布匹。宋文帝元嘉二十一年（444 年），魏太子督促百姓耕种，让没有牛的借别人的牛来耕种，以代替耕种为回报。给自己耕 22 亩，则替别人耕 7 亩，以此为标准。让百姓把姓名标记在田首，以此来判断田主的勤惰。禁止饮酒、游戏，于是开辟的田亩大大增加。宋孝武帝大明二年（458 年）正月，颁布诏书说："去年东方多受水灾。已到春耕时节，应优先加以督促。所需粮种，按时借给。"恢复郡县田地提供的官俸，及宗亲九族的俸禄。大明七年（463 年）九月，颁布诏书说："近来太阳亢烈气候反常，庄稼因此受损。现在二麦下种还不算晚，频频降雨，应下令东境的郡县，督促耕种。对于特别贫困人家，酌情借贷麦种。"

南齐武帝永明四年（486 年），诏令说："免除三年以前的负债。对孤老贫穷的百姓赐十石谷物，凡是想要种地而无粮种的，都要贷给。"

北魏宣武帝延昌元年（512 年）四月，诏令："由于旱灾，禁止喂粟给牲畜。诏令尚书和群臣检查诉讼，令河北饥民去燕恒二州。"诏令饥民去六镇。宣武帝减少膳食，撤去乐器。五月，诏令粮食充裕的民户，除供自己食用外，都要借贷给饥民。

（三）减蠲租税

两汉时期，国家财政收入主要来自农业经济，农民与政府间具有极强的经济义务关系，并由此而支撑着国家的财政经济大厦。从经济角度来说，农民向政府交纳的赋税主要有四种：

第一，土地税，包括田租和刍稿，二者皆履土而征，即国家根据农户占有土地的数量和农作物收获量的多寡按照一定的税率征税。田租在两汉的征收，或什五税一，或什税一，或三十税一，以征收实物即谷物为主；刍稿与田租一样，是两汉农民向国家承担的一种常税义务，《汉旧仪》卷下载："民田租刍稿，以给经用，备凶年。"其税率以顷亩为单位，每顷征刍三石、稿二石。

第二，户口税，包括算赋、口赋，皆以算为征收单位，一算为 120

钱。算赋征收对象为 15 ~ 56 岁的成年男女，每人一算；口赋则是对 7 ~ 14岁的未成年人征收的人头税，每人 23 钱。

第三，徭役和兵役。两汉时，成年男子必须去官府履行劳役义务，并服兵役，每年到边疆戍防三日，但亦可不去，出钱代役，称“更赋”。若如此，每个成年男子按规定要交付 2300 钱的更赋给官府。

第四，杂税。两汉小农除向政府交纳以上所谓“正税”之外，尚需身负各种杂税，如市租、关税等。

两汉荒政措施中所减蠲的租赋，涉及两汉农民向政府承担的一些基本经济义务，其项目包括田租、刍稿、算赋、口赋、更赋、假税和部分杂税，而以田租、刍稿减蠲次数最为频繁，如汉昭帝始元二年（前 85 年），昭帝秋八月诏：“往年灾害多，今年蚕麦伤，所赈贷种、食勿收责，毋令民出今年田租。”汉宣帝本始三年、四年（前 71 年、前 70 年），宣帝分别以旱与地震灾害而诏令“郡国伤旱甚者，民毋出租赋”、天下“被地震坏败甚者，勿收租赋”。汉明帝永平十八年（75 年），章帝即位之初，“京师及三州大旱，诏勿收兖、豫、徐州田租、刍稿”。和帝永元十三年（101 年）秋，荆州雨水致灾，和帝下诏称：“荆州比岁不节，今兹淫水为害，余虽颇登，而多不均浃……其令天下半入今年田租、刍稿；有宜以实除者，如故事。”在两汉君王因灾而颁布的百余道荒政诏令中，其中有关减蠲田租、刍稿的，共 30 道左右。其他减蠲的租赋项目有：

其一，户口税中的算赋、口赋。汉宣帝地节三年（前 67 年），因郡国地震，宣帝诏曰：“流民还归者，假公田，贷种、食，且勿算事。”汉安帝元初六年（119 年）夏，会稽疾疫，安帝“遣光禄大夫将太医循行疾病”的同时，并“除田租、口赋”。汉顺帝永和三年（138 年），西北发生地震，死伤者多，顺帝诏“除今年田租，尤甚者勿收口赋”。

其二，更赋。汉顺帝永和四年（139 年）秋八月，太原郡旱，民庶流冗。癸丑，顺帝派遣光禄大夫案行禀贷，免除更赋。

其三，部分杂税。汉昭帝始元四年（前 83 年）秋七月，昭帝诏曰：“比岁不登，民匮于食，流庸未尽还，往时令民共出马，其止勿出。诸给中都官者，且减之。”

减蠲的力度或减蠲率，国家有时对之有明确的限定，并非所有受灾地区无论轻重、广狭皆予以减蠲，而是视实际受灾及损失程度诸情况由有司有条件地加以减蠲。

首先，两汉时田租的征收，以顷亩为单位，《盐铁论·未通》称："田虽三十而顷亩出税。"因此，田租的减蠲亦以受灾顷亩的多少为单位。《后汉书》卷五《安帝纪》所载即可说明之。安帝建光元年（121年）秋，京师及29个郡国雨潦成灾；十一月，35个郡国地震，安帝"诏京师及郡国被水雨伤稼者，随顷亩减田租"。

其次，受灾的程度乃是否减蠲租赋的依据，除其他诸如政治目的等因素的影响外，两汉减蠲租赋的条件通常是"被灾甚者"，也就是两汉荒政诏书中所频见的"受灾什四以上"者。如西汉宣帝元康二年（前64年），"天下颇被疾疫之灾，……其令郡国被灾甚者，毋出今年租赋"。元帝初元二年（前47年），诏"郡国被地动灾甚者无出租赋"。东汉和帝永元四年（92年），诏"今年郡国秋稼为旱蝗所伤，其什四以上勿收田租、刍稿"。安帝永初七年（113年），诏"郡国被蝗伤稼十五以上，勿收今年田租"。

最后，两汉租赋的征收，由地方郡县的长吏具体负责，因此，灾后租赋的减蠲也就相应地多由郡县的官吏来执行。《后汉书·殇帝纪》载，殇帝延平元年（106年）秋七月，敕司隶校尉、部刺史云："夫天降灾戾，应政而至。间者郡国或有水灾，妨害秋稼。……二千石长吏（即郡守——引者注）其各实核所伤害，为除田租、刍稿。"正因为二千石长吏在执行国家减蠲租赋的荒政政策中拥有举足轻重的地位，两汉时每有减蠲不实之情，政府首先拿二千石是问。如东汉和帝就因之而曾在永元五年（93年）二月诏曰："去年秋麦入少，恐民食不足。其上尤贫不能自给者户口人数。往者郡国上贫民，以衣履行釜鬵为赀，而豪右得其饶利。诏书实核，欲有以益之，而长吏不能躬亲，反更征召会聚，令失农作，愁扰百姓。若复有犯者，二千石先坐。"

减免农业赋税，对于受灾严重的地区免除土地税、人口税以及劳役，是中央政府的一项常规举措。不过，根据灾情的严重程度，有的是田租全免。汉昭帝始元二年（前85年）三月，皇帝派遣使者赈济没有种子和食物的贫民，而且，昭帝在秋八月下令因蚕麦受灾，百姓赈贷的种子、食物，不收利息，免除田租。汉宣帝本始三年、四年（前71年、前70年），免除地震中房屋遭到严重破坏的百姓的租赋。宣帝时，因发生大旱，郡国灾民，免除租赋。汉元帝时，陇西郡发生地震，元帝下诏，郡国被地动灾甚者无出租赋；关东五谷不登，百姓困苦，元帝下令郡国被灾严重的，免除租赋。汉光武帝建武二十二年（46年）九月，发生地震，南阳尤为严重，诏令南阳免除输该年田租、刍稿。汉明帝永平十八年（75年），京师及三州大旱，章帝诏令免除兖、豫、徐州田租、刍稿。汉和帝永元十一年（99年），和帝派遣使者循行郡国，受灾严重不能存活的百姓可以进入官府的山林池泽渔采，免除假税。永元十五年（103年）五月戊寅，南阳大风，六月，和帝诏令百姓鳏寡者，到陂池渔采，免除两年的假税。汉安帝元初六年（119年）夏四月，会稽大疫，安帝派遣光禄大夫，带领太医循行疾病，赐棺木，免除田租、口赋。汉顺帝永建五年（130年）夏四月，京师大旱，顺帝下诏郡国贫人被灾者，免除此年利息和更赋；冬十一月辛亥日，顺帝下诏说连年水灾，冀州尤其严重，让冀州免除该年田租、刍稿。汉顺帝永和四年（139年）三月乙亥，京师发生地震；秋八月，太原郡发生旱灾，顺帝派遣光禄大夫案行禀贷，免除更赋。

另外，朝廷根据受灾情形，酌情减轻租赋。汉成帝鸿嘉四年（前17年），因水旱灾害频发，函谷关以东流民众多，青、幽、冀等地尤其严重，成帝诏令被灾面积达到十分之四以上的，百姓收入不满三万，免除租赋。逋贷未入，皆勿收。汉哀帝绥和二年（前7年），哀帝下诏说水所伤县邑及其他郡国受灾面积达到十分之四以上的，百姓家财不满十万，都免除此年租赋。汉和帝永元四年（92年）夏季，发生旱灾与蝗灾，十二月壬辰，和帝诏令郡国秋稼为旱蝗所伤的，面积达十分之四以上的，免除田租、刍稿，有不满者，根据实际情形免除。汉和帝永元九年（97年）六月，发生蝗灾、干旱，戊辰，和帝下诏该年秋稼为蝗虫所伤，免除租、更、刍稿；其他受灾较轻的，按照实际情况免除，其他的免除一半租税。那些山林饶利，陂池渔采，济民荒年，一律免除假税。永元十三年（101年），荆州天降雨水，九月，和帝下令免除该年一半的田租、刍稿；有的需要按照实际情形免除，举措如前。贫民借给种食的，免除利息。永元十四年（102 年）秋季，因兖、豫、荆州雨水过多，毁坏庄稼，和帝下令被灾十分之四以上的，免除一半的田租、刍稿；那些不满十分之四的，按照实际情况免除。安帝时，某年八月丙寅，京师大风，蝗虫飞过洛阳，安帝下诏郡国被蝗伤稼十分之五以上的，免除该年田租；不满者，按照实际情形免除。汉安帝延光元年（122 年），京师洛阳与 27 个郡国遭遇雨水、大风，安帝诏令赐予 7 岁以上压死、溺死者每人二千钱；赐予庐舍毁坏、谷物丢失者每人三斛粟；田地被水淹没者，一律不收田租。汉顺帝永和三年（138 年）二月，京师洛阳及金城、陇西发生地震，顺帝诏令免除该年田租，特别严重的，免除口赋。汉桓帝延熹九年（166 年）春正月，己酉，桓帝下诏称连年庄稼不获丰收，百姓多遭饥馑、困厄，又有水灾、旱灾、瘟疫的困苦。因平定盗贼而征兵的情况，南州最为严重，桓帝命令受旱灾、盗贼破坏的郡县，免除租税，其他郡县免除一半的租税。

调整农业种植结构和商业赋税。汉武帝元狩三年（前 120 年）秋季，汉武帝派谒者劝有水灾的郡种植宿麦。《汉书 · 食货志》有云，种谷必杂五种，以备灾荒。汉明帝永平三年（60 年），因水灾、旱灾频发，边郡百姓缺粮，政治举措不当，百姓受到过错的惩罚。明帝命令官员要按照时节，敦促百姓种植农桑。汉和帝永元五年（93 年）六月丁酉，3 个郡国遭受大雨冰雹。九月，朝廷下令郡县劝民蓄蔬食以助五谷。汉桓帝永兴二年（154 年）六月，彭城泗水水位上涨，发生逆流，桓帝诏司隶校尉、部刺史说蝗灾为害，水灾没有停止，五谷不登，百姓没有贮存粮食，并命令“所伤郡国种芜菁以助人食”。武帝时，山东发生水旱灾害，贫民变成流民，都仰仗县官的供给，但县官库存不足，张汤上奏请求制造白金及五铢钱，将天下盐铁收归官办，压制富商大贾，出告缗令，阻止豪强兼并田地。然而，在汉和帝永元六年（94 年）三月庚寅，“其有贩卖者毋出租税”，实行了轻赋的商业政策。

魏晋南北朝时期，两汉时期的减免租税政策继续执行。

吴大帝赤乌十三年（250 年）八月，丹阳、句容和故鄣、宁国等地发生山崩，洪水泛滥。孙权下诏免除百姓拖欠的赋税，供给、借贷种子和粮食。

魏元帝景元四年（263 年），赦免益州百姓，免除一半的租税。

晋武帝泰始七年（271 年）闰五月，举行求雨祭祀，太官减省宫内膳食。武帝下诏交趾三郡、南中各郡，不用上缴今年的户调。晋武帝咸宁四年（278 年）七月，螟虫成灾。度支尚书杜预上书，认为东南水灾最为严重，应该让兖、豫等州除汉代旧有的陂塘外，其他的都掘开，依靠水产来赈济灾民。水灾过去以后，填淤造田，将会提高收成，来年又能受益。将厩中的 4 万余头种牛分给百姓，使他们及时耕种，等丰收以后，则征收租税，数年之后仍能受益。晋武帝照此实行，百姓也大获其利。晋武帝太康三年（282 年），诏令水旱灾害严重的地方，免除田租。太康六年（285 年）正月，因为近年收成不好，免去旧的借贷租赋。东晋孝武帝宁康二年（374 年），诏令称三吴发生水旱灾害，百姓流离失所，应该及时进行救济。三吴的义兴、晋陵和会稽受灾最严重，免除一年的租布；其他的免除半年，赈济灾民。

北魏明元帝神瑞二年（415 年）七月，明元帝拓跋嗣返宫，免除所过之处一半的田租。九月，改为多少不等，黄河以南的流民前后 3000 余家归附。京师民众发生饥荒，允许民众到山东寻找生计。北魏明元帝泰常三年（418 年）八月，雁门、河内两郡大雨成灾，朝廷免除这两郡的租税。泰常三年（418 年），由于勃海、范阳两郡上年发生水灾，所以免除两郡的租税。北魏文成帝和平四年（463 年）冬十月，定州和相州降霜庄稼因此受损，免除民众田租。北魏孝文帝延兴二年（472 年）六月，安州民众遭遇水灾冰雹，免除租税赈济抚恤；九月，皇帝诏令因 11 个州镇发生水灾，免除民众的田租，开仓赈济抚恤；又诏令流亡奔散的人，都回归到原地，违反的人发配到边镇。延兴三年（473 年），有 11 个州镇发生水灾、旱灾，政府免去灾民的田租，打开粮仓进行赈济抚恤。延兴四年（474 年），有 13 个州镇发生严重饥荒，朝廷免除百姓田租，并开仓放粮赈济抚恤百姓。北魏孝文帝承明元年（476 年）八月，因为长安蚕大量死亡，朝廷免去百姓一半的赋税。北魏孝文帝太和六年（482 年），诏令说："去年发生水灾，引发百姓饥荒，遂派遣使者负责赈济，但是有关官吏办事不力，应该督促将未入和将要入的租税都免去。”太和七年（483 年）三月，冀、定二州发生饥荒，孝文帝诏令郡县煮粥以供路人食用。定州上报，因施舍粥救活百姓九十四万七千多口。冀州上报，救活百姓七十五万一千七百多口。又解除关津的禁令，任凭百姓通过。太和十年（486 年）十二月，孝文帝诏令因汝南、颍川发生严重饥荒，免去百姓田租，并打开粮仓进行赈济抚恤。太和十二年（488 年），孝文帝下诏要求百官提出安定百姓的措施。秘书丞李彪上书说：“建议分出州郡正式租调的九分之二以及京师度支部门每年的结余，另外储存，并设立专门官员管理，丰年籴粮储存入库，歉收之年则加十分之一的价卖给民众。如此一来，民众必然努力耕田以卖粮买绢，积蓄钱财以便荒年买粮。有关部门官员，在丰年就经常籴粮储积，丰年便估价出售。此外，再另立农官，抽调州郡十分之一的农户作为屯民由农官督率，选择条件较好的地方，按户分给一定数量的田地，用国家没收的罪犯赃款赃物购买牛力给这些民户使用，让其努力耕作。一夫所耕之田，一年要求其交纳 60 斛粮食，免其正常租调及一切杂役。采取这两项措施，数年之内便可做到粮食丰满而民众富足。”皇帝看了奏疏后，觉得是个好办法，随后便付诸实施。从此以后，国家和民众都丰足起来，虽然时有水旱灾害，也没有造成大的灾难。北魏宣武帝延昌二年（513 年）十月，宣武帝诏令因恒、肆二州地震，百姓死伤很多，免除两河地区一年的租赋。十二月，对恒、肆二州受灾百姓赐以食物。

宋文帝元嘉十七年（440 年）八月，徐、兖、青、冀四州发生水灾，朝廷派遣使者巡视并赈济安抚。十一月，颁布诏书说：“先前所给扬、南徐二州百姓的田粮种子的定额，兖、两豫、青、徐各州近年宽减租谷后应催入库的，全部减半。今年没有收成的，都加以恕免。各种债务尽量予以减免。各州郡的市场税，及对商人的征调多半比较重。山泽之利，时有禁绝；征召力役的等级，竟然涉及幼弱之人。诸如此类，破坏政策而危害民众。从此都要依据法令，尽量宽容。如果有所不便，则另当别论，不得以一时需要，而违背关怀下民的本意。掌权的人要明白宣示，以满足我的心意。”宋孝武帝大明三年（459 年），荆州发生饥荒，三月，按照受灾程度的不同宽免田租。大明五年（461年）四月，颁布诏书说：“南徐、兖二州去年大水成灾，百姓大多贫困。拖欠租赋未交的可延至秋收时。”七月，又颁布诏书说：“雨水成灾，街道漫溢。应派遣使者巡察。对穷困的家户，赐以柴米。”宋顺帝昇明元年（477年）七月，雍州发生水灾，八月，朝廷派遣使者赈济抚恤，免除税调。

南齐高帝建元二年（480年）六月，诏令说：“往年因水旱灾害，部分宽免丹阳、二吴、义兴四郡遭受水灾异常严重的县。建元元年以前，各种租调还未完成，虚报的数据已经完成，除有关官吏应共同补收外，其余的应慎重地予以免除。”建元四年（482年），诏令说：今年歉收，京师附近很多百姓受困，派遣中书舍人进行赈济。又诏令：对遭受水灾的建康、秣陵二县百姓增加赈济，吴兴和义兴二县，免除租调。南齐武帝永明四年（486年），诏令说：“免除三年以前的负债，对孤老贫穷的百姓赐十石谷物。凡是想要种地而无粮种的，都要贷给。”永明五年（487年）九月，诏书说：“京师及四方出钱亿万，购进米、谷、丝、绵之类物品，以平价优惠卖给百姓。曾经在边远地区采购的杂物，如果不是当地传统的产品，全部都停止。一定要让当年的赋税事宜，都邑所缺乏的，可以根据现价议价购买，不要拖欠削减。”永明五年（487年），武帝诏令自丧乱以来，生灵涂炭，人民不如以前殷实。凡是下贫之家，可以免去三调。永明七年（489年）正月，武帝下诏，雍州连年征兵劳役，又有水旱灾害，免除四年以前拖欠的租税。永明八年（490年）七月，武帝下诏司州与雍州连年没有丰收，免除雍州八年以前和司州七年以前拖欠的租税。汝南郡延长五年。永明十一年（493年）秋七月，武帝下诏说：“近来风雨成灾，两岸百姓多受其害。再加上贫穷、疾病、孤寡、年老、幼小和体弱的人，更容易引起怜悯与惦念，所以派遣中书舍人亲自巡视抚恤百姓。”又下诏说：“水旱成灾，实际伤害的是农田庄稼。江、淮之间，粮仓已经空虚，草寇盗贼随之而起，相互之间进行侵夺，并凭依山河湖泊的有利地形，得以逃遁。特赦免南兖、兖、豫、司、徐五州，南豫州的历阳、谯、临江、庐江四郡等地的各种租调，百姓拖欠的旧债，一并免除。

那些在淮河以及青州、冀州新迁入的侨民，对已经免除的徭役进行更改并再延长五年。”南齐东昏侯永元元年（499 年）秋七月，京师发生水灾，死者很多，政府诏令赐予死者棺材，并赈济抚恤灾民。八月，免除京师那些被水冲走财物者的调税。

梁武帝天监二年（503 年）六月，下诏说东阳、信安、丰安三县发生水灾，百姓财产受到损失，派遣使者巡查并酌量免其租调。天监十一年（512 年）三月，因旱灾的缘故，特减免扬州和徐州的租税。梁武帝大同十年（544 年）秋九月，梁武帝下诏说：“最近几年，风调雨顺，朝廷所征收的赋税已经足够，估计可达到万箱的规模，现在应该让百姓生活安乐。凡是天下受罪之人，无论轻重，是否捉拿归案，都予以赦免。那些侵吞耗散官府财物的，不论数量多少，也一概消除档案记录。农田荒废、水旱田不耕作的、没有之前文书的以及应该被追加税收的，一律停止征收田税。各州犯法罪人一律免罪。有因为饥荒背井离乡谋生的，准许他们恢复旧业，蠲免五年课税。”

东魏孝静帝天平四年（537 年），光州境内遭遇灾荒，百姓面露菜色，李元忠上表请求赈济灾民，等到秋季再征收租税。朝廷准奏，并批准可动用万石粮食。但李元忠认为万石粮食分摊到每家不过是升斗的量，徒有虚名，不够救灾，于是发放 15 万石的粮食赈济百姓。

西魏文帝大统四年（538 年）八月，皇帝下诏令南兖等 12 个州，经历了饥馑灾荒，特赦免除欠下的租税和过去的债务，不收当年的三调。

北周孝闵帝元年（557 年）三月，孝闵帝下诏说：“淅州去年庄稼歉收，百姓饥馑贫困，朕心中为此忧愁。本州没有缴纳完的租税，全部应当免除。并且要派遣使者巡视，有穷困饥饿的人，加以救济。”癸亥日，各省六府官吏，裁减三分之一。

北齐文宣帝天保八年（557 年），自夏天至九月以来，河北 6 州、河南 13 州、畿内 8 郡都发生大规模的蝗灾，蝗虫飞至邺城，遮天蔽日，声音如同风雨袭来。甲辰，皇帝下诏这一年遭受蝗灾的州郡都免除租税。天保九年（558 年）七月，皇帝命令赵、燕、瀛、定、南营等 5 州及司州的广平、清河二郡，因去年遭受虫害和水灾，加上春夏两季少雨，禾稼歉收的地方，免除今年的租税。齐武成帝河清三年（564年）六月，连绵大雨，昼夜不停。闰九月，朝廷派遣12个使者巡视遭受水灾的州郡，免去灾民的租调。

陈文帝天嘉五年（564年），文帝命令百姓中满18岁的授给田地并交纳赋税，20岁的当兵，60岁可以免除劳役，66岁时交还田地，免去赋税。男子一人授给80亩露田，妇女授给40亩，奴婢授给同样的亩数，有一头耕牛的增授60亩。大致一对夫妇的赋税是一匹绢、八两绵，垦租二石，义租五斗；奴婢是平民的一半，一头牛征赋税二尺绢，垦租一斗，义租五升，垦租上缴中央，义租缴给所在郡以防水旱灾年。陈宣帝太建十二年（580年），诏令说：夏季发生的旱灾，在京畿最为严重，百姓发生饥荒，将丹阳等10郡的田租减去一半。

北周武帝建德元年（572年）三月，武帝下诏说："百姓生活困苦，则星象会有异动；政事不合时令，则石头也会在国中说话。因此，处理政事要清静，清静在于安宁百姓；治理国家要安定，安定在于停止劳役。近年来营造建设没有节制，徭役征发不止，加之连年征战，使得农田荒芜。去年秋天发生蝗灾，使得谷物歉收，百姓流离失所，家徒四壁，无人纺织。朕常常白日里反思自己，夜里又担心恐惧。从现在起，除正调以外，不随意添加任何征调。希望时世殷厚，风俗淳朴，符合我的心意。"

（四）安置流民

汉高祖二年（前205年）六月，关中发生饥荒，米每斛价格五钱，发生人吃人的惨状，高祖让百姓到蜀汉觅食。汉高后三年（前185年）夏季，江水、汉水泛滥，4000余家百姓流离失所。汉景帝元年（前156年）正月，景帝下诏："连年不获丰收，百姓缺乏粮食……发成建议，百姓想要迁徙去地广人稀的地方，任凭他们流动。"汉武帝元狩三年（前120年），函谷关以东遭受水灾，百姓很多遭遇饥馑、困乏，于是汉武帝派遣使者，打开郡国仓廪来赈济灾民。还是不能满足，然后又募集豪富来借贷。仍然不能缓解灾情，于是迁徙贫民到函谷关以西，充实朔方以南的新秦地区，共计人口70余万，衣食都由县官供给。数年之后，贷给他们农田、耕具，使者分批护送，车马络绎不绝，花费上亿，县官都没有结余。汉武帝元鼎二年（前115年），太行山以东遭受黄河之水灾，连年不获丰收，有的地方出现人吃人的惨状，方圆两三千里受灾。汉武帝怜悯灾民，让饥民到江淮一带谋食，想要留下的，就提供住处。救灾使者马车络绎不绝地护送饥民，调拨巴蜀的粮食赈灾。汉宣帝地节三年（前67年）九月，发生地震。冬十月，汉宣帝下诏将久没使用的皇家池苑等，租借给贫民，租借给返乡流民公田，贷济他们种子、食物，免去他们的租税、赋役。汉成帝阳朔二年（前23年）秋季，函谷关以东发大水，涌入函谷、天井、壶口、五阮关的流民，不要强制留下，成帝派遣谏议大夫博士分别去巡视。汉成帝河平四年（前25年）三月，成帝下令流民到其他郡国避灾、讨食的，其他郡国要礼遇，不要失职。汉成帝鸿嘉四年（前17年），因水旱灾害频发，函谷关以东流民众多，青、幽、冀等地尤其严重，汉成帝下令流民进入关内，都要录入图籍，途经的郡国要谨慎地对待他们，务必让他们安全抵达。汉平帝元始二年（2年）夏季四月，郡国遭遇大旱、蝗灾，青州尤其严重，流民众多，因百姓困乏。安汉公王莽、四辅、三公、卿大夫、吏民，甘愿献出田宅的达230人，并用粮食赈济贫民。汉明帝永平十八年（75年），章帝即位，诏令兖、豫、徐三州，核实那些特别贫困的百姓，计算好所需，给他们借贷。流民想要回原籍的，郡县给他们足量的粮食，让他们足以到达目的地。查出有过错的，把他们截留在官亭，不要雇给舍宿。长吏要亲自负责，不要遗漏一个贫民，让小吏、豪族得收容奸邪之徒。汉章帝元和元年（84年）二月，因自牛疫以来，谷物收成减少，诏令郡国招募没有田地想要迁徙的百姓，迁移到其他田地肥沃的地方，都听凭百姓自己的意愿。迁移到了指定地方，赐给他们公田，为他们雇耕佣，租借他们种子。汉和帝永元五年（93年）三月，和帝派遣使者分别赈济贫民，核实流民，开仓赈济30余郡的百姓。永元六年（94年）三月庚寅，汉和帝命令流民经过的郡国，都要据实发给流民粮食，那些贩卖的百姓，免除他的租税；那些要回归故乡的流民，免除一年的田租、更赋。永元十二年（100年）三月，由于连年不获丰收，百姓无积蓄、困乏，京师去年冬天没有积雪，今年春天没有及时降雨，百姓流离，困于道路……百姓没有户籍，流民想要登记入户籍的，每人一籍；百姓丧偶的、孤儿、残疾以及贫困不能生存的每人赐予粮食三斛。永元十四年（102 年）庚辰，和帝赈贷张掖、居延、敦煌、五原、汉阳、会稽的流民，赐给贫民谷物，分别有等次。永元十五年（103 年），又诏令流民想要返乡而没有粮食的，经过的郡县务必赈济他们，如果生病要进行医药救治。汉安帝永初二年（108 年）二月乙丑，安帝派遣光禄大夫樊准、吕仓，分别巡视冀、兖二州，发放粮食，贷款给流民。汉顺帝永和四年（139 年）三月乙亥，京师洛阳发生地震。秋八月，太原郡遭遇干旱，百姓流徙。癸丑，汉顺帝派遣光禄大夫巡视地方赈济灾民，免除更赋。汉桓帝建和三年（149 年）十一月甲申，桓帝下诏说："百姓有不能生存的以及流民，按照规定的标准赈给谷物。州郡检查，务必施恩于民，让百姓康乐。"汉桓帝永兴元年（153 年）秋季七月，黄河水泛滥，有蝗灾，百姓遭受饥荒穷困，有数十万户奔走流滞在道路上，冀州尤其严重。汉桓帝诏令所在地区赈济受灾百姓，安定流民，发展生产。

北魏明元帝神瑞二年（415 年）七月，明元帝拓跋嗣返宫，免除所过之处一半的田租。九月，改为多少不等。黄河以南的流民前后 3000 余家归附。京师民众发生饥荒，允许民众到山东寻找生计。北魏文成帝太安五年（459 年）冬十二月，下诏说："我继承宏大的基业，统治天下，思虑恢宏政治，来救助百姓。所以降低赋税来充实他们的财产，减轻徭役来舒缓他们的劳力，想使百姓致力本业，人人不缺衣食。可是六镇、云中、高平、二雍、秦州，普遍遭遇旱灾，谷物无收成。现派人打开仓廪来赈济他们。有流浪迁徙的，告谕返回故乡。想要在其他地区贸易籴粮，为他们关照旁郡，打通交易的道路。如果主管的官员，理事不均匀，使上面的恩惠不能传达到下层，下面的民众此时不丰足，处以重罪，不得有所放纵。"北魏孝文帝延兴二年（472 年）六月，安州民众遭遇水灾、冰雹，免除租税赈济抚恤。九月，皇帝诏令因 11 个州镇发生水灾，免除民众的田租，开仓赈济抚恤。又诏令流亡奔散的人，都回归到原地，违反的人发配到边镇。北魏孝文帝太和十一年（487 年）七月，下诏说："今年粮食没有丰收，准许百姓出关谋食。派遣使者造簿籍，分别安排百姓的去留，所在地要打开粮仓进行赈济抚恤。”九月，孝文帝下诏说：从去年夏以来，百姓发生饥荒，四处讨食，造成户籍杂乱，以致朝廷的赈济措施未能产生应有的效果。所以现在要以地域为标准重新登记户籍，进行赈济。太和十一年（487 年），京师连年有霜寒灾害，庄稼颗粒无收，下诏允许百姓山东谋生，以粟米布帛赈济困乏的百姓。北魏宣武帝延昌元年（512 年）四月，诏令由于旱灾，禁止喂粟给牲畜；尚书和群臣检查诉讼，令河北饥民去燕恒二州；饥民去六镇。宣武帝减少膳食，撤去乐器。五月，诏令粮食充裕的民户，除供自己食用外，都要借贷给饥民。

东晋安帝义熙十一年（415 年），因连年的霜冻和旱灾，云、代地区的人民饿死甚众。下令饥贫困乏的人到山东三州（定、相、冀州）谋生。

宋武帝永初三年（422 年）三月，秦州、雍州的流民南下进入了刘宋所辖的梁州；十八日，宋武帝派遣使臣赠送 1 万匹绢，并将荆州、雍州二处的谷米粮食漕运到梁州，赈济流民。宋文帝元嘉二十八年（451 年）十一月，特赦二兖、徐、豫、青、冀 6 州囚犯。这一年冬季，将彭城流民迁到瓜步，将淮西流民迁到姑孰，共有 1 万多户。

梁武帝大监十七年（518 年），诏令说：流徙到其他地方的百姓，应该都回到原来的地方，免其三年的课税。如果不回去的，即编入所在地户籍，按旧例上交课税。

东魏孝静帝天平四年（537 年）二月乙酉，因并、肆、汾、建、晋、东雍、南汾、秦、陕 9 州出现霜灾和旱灾，百姓饥寒交迫，四处流散，于是诏令所在地开仓放粮进行赈济。

北周武帝建德三年（574 年）十月，武帝下诏说：蒲州遭受饥荒贫乏的百姓，命令他们到郿城以西，以及荆州管辖的地区谋求生计。几天后，皇帝到达蒲州，特赦蒲州被囚禁的死刑以下的罪犯。

北齐后主武平六年（575 年）八月，冀、定、赵、沧、瀛 5 州发生严重水灾。武平七年（576 年）正月，皇帝诏令自去年秋季以来，水灾严重，百姓饥荒不能自保的，依附当地大的寺院以及富户，救助百姓性命。秋七月，连绵大雨不停。因为水涝为灾，派遣使者抚慰流亡的民户。

（五）医疗救治

秦汉疫情多发，政府多采取派遣太医等官员巡行、施治，发放治疗或缓解病情药物。烈性传染病暴发之后，常对病人实行隔离。汉平帝元始二年（2 年）夏季四月，郡国遭遇大旱、蝗灾，青州尤其严重，流民众多。百姓遭遇疾病的，汉平帝下令在闲置的屋舍里安置，医生开出药方给予诊治。东汉光武帝建武十四年（38 年），会稽大疫，死者万余人，郡邮钟离意亲自照看慰问病人，送给他们医药，他所管辖地区大都蒙受救济。独身自隐亲，经给医药，所部多蒙全济。和帝时有疾疫，曹褒巡行病徒，为致医药，经理擅粥，多蒙济活。汉安帝元初六年（119 年）夏四月，会稽发生大疫，派遣光禄大夫、太医巡行发生疾病的情形，赐给死者棺木，免除田租、口赋。汉顺帝永建二年（127 年）二月甲辰日，下诏禀贷荆、豫、兖、冀四州的流民贫困的，经过的地方要安顿他们；生病了要安排医生诊治，发给药品。汉桓帝建和三年（149 年）八月，京师洛阳发大水。九月己卯，发生地震。庚寅，又发生地震，5 个郡国山体滑坡。十一月甲申，下诏说，因京师洛阳房屋毁坏，横尸遍野，郡县田野有疾病的发放医药，死亡的要厚葬。汉桓帝元嘉元年（151 年）春正月，京师洛阳发生疾疫，派遣光禄大夫赐予医药。二月，九江、庐江发生瘟疫。癸酉，大赦天下，改年号为元嘉。汉灵帝建宁四年（171 年）二月癸卯，发生地震、海啸，黄河水变清。三月，大疫，使中谒者巡行发放医药。汉灵帝熹平二年（173 年）春季正月，发生大疫，灵帝派遣使者巡行发放医药。汉和帝光和二年（179 年）春，大疫，灵帝派遣常侍、中谒者巡行发放医药。汉献帝建安二十二年（217 年），司马朗与夏侯惇、臧霸等征孙吴。到了居巢（今安徽巢湖），军士流行大疫，司马朗亲自巡视，对士兵施与医药。

宋文帝元嘉四年（427 年）五月，京师发生疾疫，不久，朝廷遣人视察并供给医药，死者没有家属的，朝廷赐给棺器下葬。元嘉二十四年（447 年）六月，京都发生疫灾，不久，朝廷令郡县以及相关部门派员视察，对受灾百姓给予医药。宋孝武帝大明元年（457 年）夏四月，京都发生疫灾，不久，朝廷遣使巡行赐给医药。那些死去而没有被收葬的人，官府代为埋葬。大明四年（460 年）四月，皇帝下诏："都城时节气候失调，患疠疫的人尤其多，朕哀怜百姓，为他们的受灾而伤感。遣官员巡察，并且施与医药，患病有死亡的，根据情况加以抚恤。"

南齐武帝永明九年（491 年），都城发大水，吴兴灾情严重。萧子良开仓赈济那些贫病不能自理的百姓，在他的府第开设收养灾民的机构，供给衣药。

北魏宣武帝永平三年（510 年）冬十月，下诏太常立馆，令京畿内外患有疾病者，都居住在馆内，严格指定医疗机构分配医师救治疗养病人，以医师的治病效果为考课的赏罚标准。延昌元年（512 年）三月，宣武帝诏令肆州地震给百姓造成重大伤亡，令太医前去救治，并给以药品。

（六）助民安葬

灾害引起人口的大量死亡，而灾后百姓羸弱，无力安葬死者，因此政府出面帮助赐予棺木、钱财帮助收殓。汉成帝河平四年（前 25 年）三月，成帝派遣光禄大夫博士嘉等 11 个人巡行濒临黄河的郡，发现遭受水灾而困乏不能生存的百姓就发钱赈济。那些被水流淹死的百姓，无人埋葬的，让郡国给棺木埋葬。已经埋葬的赐给钱币，每人两千。汉哀帝绥和二年（前 7 年），哀帝派遣光禄大夫循行，记录受灾百姓名籍，赐给死者棺木钱每人三千，命令遭受水灾的邑及其他郡国灾害面积达到十分之四以上的，百姓家产不足十万的，皆免去今年租赋。汉平帝元始二年（2 年）四月，因郡国遭遇大旱、蝗灾，青州尤其严重，民间流民众多。平帝赐给一家死去六人以上的葬钱五千，一家死去四人以上的三千，一家死去二人以上的二千。汉光武帝建武二十二年（46 年）九月，下诏说：发生地震，南阳尤为严重，命令南阳免除今年的田租、免收干草，派遣谒者巡视，那些在戊辰之前被关押的死囚，减免死罪一等，囚徒都松解开。赐给南阳郡被压死的百姓家棺木钱，每人三千；那些房屋毁坏的百姓，过期没交的人口税，不收利息。

汉和帝元初元年（114 年），发生地震，和帝派遣中谒者收葬京师客死无家属的尸体，以及棺木被撑朽败的，都给设台祭祀；那些有家属的，特别是贫困无法安葬的，每人赐钱五千。汉安帝建光元年（121 年）十一月，35 个郡国地震，派遣光禄大夫案行，赐给死者家属钱，每人二千。汉安帝延光元年（122 年），京师洛阳与 27 个郡国遭遇雨水、大风，人民死亡，诏令赐予 7 岁以上压死、溺死者每人二千钱；赐予庐舍毁坏、谷物丢失者每人三斛粟；田地被水淹没者，一律不收田租；年长者遇害而年幼者幸存的家庭，郡县官吏将其收殓入葬。汉顺帝永建三年（128 年）正月丙子，京师地震，汉阳地陷，甲午，顺帝下诏核实受伤害的百姓数目，赐给年 7 岁以上者每人二千钱；一家被害的，郡县替他们收殓。乙未，顺帝下诏免收汉阳今年田租、口赋。永建四年（129 年），因 5 个州降大雨，秋季八月庚子，汉顺帝派遣使者核实死亡人数，收殓尸体，廪赐受灾百姓。汉顺帝永和三年（138 年）二月，京师洛阳及金城、陇西发生地震，顺帝赐给年 7 岁以上者每人二千钱；一家被害的，替他们收殓。顺帝下诏免收今年田租，受灾程度重的免除口赋。汉质帝本初元年（146 年）五月，海水泛滥，汉质帝派遣谒者前往，将乐安、北海被水淹死者收殓入葬，又给贫羸之人发放食物。汉桓帝建和三年（149 年）八月，京师发生大水，九月地震。十一月，汉桓帝赐给有家属而贫困无法安葬死者的，每人钱三千，丧主布三匹；若没有亲属，可于官方城郭地埋葬，标明姓名，替他们设坛祀祭。汉桓帝永寿元年（155 年）六月，洛水泛滥，冲坏鸿德苑，南阳发生大水，诏令受灾死亡者尸骸漂走的，让郡县捞起来安葬，及因意外压死、溺亡的，7 岁以上的死者家属赐钱，每人二千。损坏房屋，丢失谷食的百姓，特别贫困的赈济每人二斛粮食。汉桓帝永康元年（167 年）八月，6 个州发生水灾，勃海泛滥。桓帝诏令州郡赐予 7 岁以上溺死者每人二千钱；一家全部溺死者，州郡为其收殓入葬；谷物食品丢失的，每次赐予三斛谷物。

晋武帝泰始七年（271 年）六月，大雨连绵，伊水、洛水、沁水与黄河同时泛滥，沿岸居民 4000 多家转徙逃荒，淹死 300 多人，朝廷下诏借粮赈济灾民，发给死者棺材。咸宁二年（276 年）七月，河南、魏郡暴发洪灾，死了100多人，于是皇帝诏令发给死者棺木。

宋文帝元嘉四年（427年）五月，京师瘟疫流行。皇帝派遣使者存问，给予病者医药；死者如果没有家属，赐以棺材收殓。宋孝武帝大明元年（457年）四月，京师瘟疫流行。皇帝派遣使者赐给医药，死了没有人收殓的，官家给收殓埋葬。大明四年（460年）四月，皇帝下诏："都城节气失调，瘟疫多有发生，考虑到民间疾苦，心情悲痛。应派遣使者慰问，并供给医药；因病死亡的人，要妥善抚恤。"

南齐明帝建武三年（496年）年初，郢城关闭，明帝所带领的辅助官员男女10万多人，因疫病流行死去的占了十分之七八；等到城门打开，明帝全部加以抚恤，并命令给死去的人提供棺材。南齐东昏侯永元元年（499年）秋七月，京师发生水灾，死者很多，政府诏令赐予死者棺材，并赈济抚恤灾民。八月，免除京师那些被水冲走财物者的调税。

北魏宣武帝景明三年（502年）春二月，下诏："近来干旱很长时间，农民荒废了耕种，谈论起来更加惭愧，我的责任很多。申令州郡，有骨骸暴露在野外的，全部加以掩埋。"正始三年（506年）五月，宣武帝诏令，由于旱灾造成有些百姓无人救济而死，无人管理，令洛阳官吏进行埋葬。

梁武帝天监元年（502年），发生饥荒，萧景统计受灾人口并进行赈济抚恤，做好饭粥放在路边馈赠给百姓，并送与死者棺材，百姓很是依赖他。

东魏孝静帝天平二年（535年）三月，因为发生旱灾的缘故，孝静帝命令京邑及各州郡县收埋死者的骸骨。四月，给京师现有的囚徒减刑。夏五月，大旱，勒令城门、殿门及省、府、寺、署、坊门浇人，不简选王公，没有限制的日期，直到天下雨时为止。

（七）释放囚徒

因天降灾祸，朝廷为整顿社会秩序，防止冤假错案，会采取释放囚徒的措施。汉武帝元光四年（前131年）五月，发生地震，大赦天下。汉元帝初元二年（前47年）二月戊午，陇西郡发生地震，大赦天下。初元三年（前46年）夏四月二十九日，茂陵的白鹤馆遭遇火灾，元帝下诏说："日前孝武帝陵寝馆园遭遇火灾，我恐惧得战栗。不能察觉灾祸，错在我身上。百官又不肯直言我的过错，以至于出现今天的惨状，我将怎么才能醒悟呢？百姓还在遭遇灾祸，朝廷没有有效地赈济，加上苛刻的官吏骚扰，诸多法律的约束，百姓不能善终，我很怜悯他们。一定要大赦天下。"汉光武帝建武五年（29年）夏季四月，发生旱灾与蝗灾，光武帝命令都官、三辅官、郡国释放关押的囚徒。建武二十二年（46年）九月，发生地震，南阳尤为严重，光武帝下诏说："派遣谒者巡视，那些在戊辰之前被关押的死囚，减免死罪一等，囚徒都松解开。"汉明帝永平八年（65年）秋季，14个郡国遭遇雨水。冬季十月，明帝诏令三公募集郡国中被关押的囚犯，减罪一等，不要鞭打。汉和帝永元六年（94年）秋七月，京师发生旱灾，和帝释放囚徒，查明冤狱。永元十年（98年）冬季十月，5个州遭遇大水灾。次年春季二月，和帝下诏郡国中都官徒及笃癃老小女徒各免除一半的刑罚，那些未满三个月的，都免罪回归家乡。汉安帝永初二年（108年）五月，发生旱灾，丙寅，皇太后临幸洛阳寺及若庐狱，释放囚徒，赐给河南尹、廷尉、卿及官属以下各有差遣，即日下雨。汉顺帝永建二年（127年）三月发生旱灾，顺帝派遣使者释放囚徒。永建三年（128年）六月，发生旱灾，顺帝派遣使者释放囚徒。汉灵帝光和元年（178年）二月，发生地震。三月辛丑，大赦天下，改元光和。汉献帝兴平元年（194年）夏六月丁丑，发生地震；戊寅，又发生地震、蝗灾。汉献帝避开正殿请雨，派遣使者清理囚徒，释放罪责较轻的罪犯。

魏明帝青龙二年（234年）十一月，洛阳发生地震，房屋因此受损。十二月，明帝诏令有关官员删订死刑的法律，减少判处死刑的罪犯。

吴大帝赤乌三年（240年）正月，因百姓赋役沉重，水旱灾害频繁，孙权下诏令督军和郡守谨慎察处不法行为，在农耕蚕桑季节，用劳役事务侵扰民众的人，要察举纠正向上报知。四月，大赦天下，诏令各郡县建造城郭，搭建谯楼，开挖护城河和沟渠来防备盗贼。

晋惠帝元康四年（294 年）九月，皇帝下诏赦免各州遭受灾害的人。晋成帝咸康四年（338 年），冀州 8 郡发生蝗灾，地方长官赵司隶请罪。东晋孝武帝太元元年（376 年）五月，发生地震。下诏说：“近来上天多次警示谴责，朕对此感到惊惧，非常震恐。考虑后决定慎议刑狱减少死刑，赦免宽宥罪犯，希望凭借这些措施有所改变，和百姓一起除旧布新。”于是大赦天下，文武百官官位各增加一等。太元五年（380 年）四月，发生严重旱灾，赦免刑期 5 年以下的刑徒。太元八年（383 年）三月，始兴、南康、庐陵发大水，水深 5 丈。皇帝大赦犯人。

宋少帝景平元年（423 年）七月，因为发生旱灾，诏令赦免 5 年以下刑罚的犯人。宋文帝元嘉五年（428 年）春，由于发生旱灾，王弘引咎辞职。元嘉八年（431 年）闰六月，颁布诏书说：“近来农桑之业衰败，弃耕求食者众多，田土荒芜无人垦辟，督责考核也无人过问。一遇水旱灾害，就会粮尽财竭，如不重视抓农业，丰衣足食则无从谈起。郡守授政境内，县令是爱民之主，应当设法劝勉，用良法引导。使人们都极尽而为，地尽其利，或种桑养蚕或种粮种菜，人则各尽其力。若有成效出众的，年终逐一上报。”扬州发生旱灾。派遣侍御史审核刑狱诉讼。元嘉二十一年（444 年）春正月，南徐州、南豫州、扬州的浙江以西地区禁止酿酒。大赦全国囚犯。元嘉十九年以前的各种债务，一律豁免。去年歉收的，计量申报减轻赋税。受害最严重的地方，派遣使者到郡县中妥善地给予赈济抚恤。凡是打算务农，而缺乏粮种的人，都给予借贷。各个经营千亩田的统司中服役的人，按等次赏赐布匹。宋后废帝元徽元年（473 年），京师发生旱灾。皇帝下诏说：“近来天气失常，发生旱灾，有伤秋天的庄稼，致使民众疾苦。我以微末忧虑之身，不能宽宏政道，囚禁仍很繁多，枉滞仍在积累，晚上戒勉早晨怜悯，每恻于怀。尚书令可与执法以下，前往审问众狱，使冤讼得以洗清，困弊得以昭雪。把命令颁下州郡，都不要有所堵塞。”

南齐武帝永明八年（490 年）六月，京师有大风。七月，下诏大赦犯人。

北魏宣武帝景明四年（503 年）四月，下诏说：“残酷的狱吏造成灾祸，自古为人厌恶；孝顺的媳妇被滥用刑罚，东海成为干枯的土壤。现在一百天不下雨，想来是有冤狱吧？尚书讯问京师在押的囚徒，务必尽到听取体察的作用。”皇帝因天旱减少膳食撤去悬挂的乐器。几天之后，及时雨大降。正始元年（504 年），宣武帝因旱灾接见公卿以下的官员，承认过失责备自己。又审查京师被囚者的罪状，死刑以下的都减刑一等，受鞭杖刑罚的均免刑。延昌元年（512 年）四月，宣武帝诏令由于旱灾，禁止喂粟给牲畜。诏令尚书和群臣检查诉讼，令河北饥民去燕恒二州。诏令饥民去六镇。宣武帝减少膳食，撤去乐器。五月，诏令粮食充裕的民户，除供自己食用外，都要借贷给饥民。北魏孝明帝神龟元年（518 年）正月，幽州发生严重饥荒，饿死的百姓很多，达到了 3799 人，于是皇帝诏令刺史赵邕开粮仓进行赈济抚恤，接着又大赦天下。北魏孝明帝正光元年（520 年）五月，因为旱灾，诏令检查冤狱。正光二年（521 年）秋七月，由于旱灾，孝明帝诏令有关部门修改法律。

东魏孝静帝天平二年（535 年）三月，因为发生旱灾的缘故，孝静帝命令京邑及各州郡县收埋死者的骸骨。四月，给京师现有的囚徒减刑。夏五月，大旱，勒令城门、殿门及省、府、寺、署、坊门浇人，不简选王公，没有限止的日期，直到天下雨时为止。武定二年（544 年）三月，因旱灾的缘故，孝静帝宽宥死罪以下的囚犯。武定六年（548 年）正月，因冬春两季大旱，所以有差别地赦免罪犯。

梁武帝大同十年（544 年）秋九月，下诏：“最近几年，风调雨顺，朝廷所征收的赋税已经足够，估计可达到万箱的规模。现在应该让百姓生活安乐。凡是天下受罪之人，无论轻重，是否捉拿归案，都予以赦免。那些侵吞耗散官府财物的，不论数量多少，也一概消除档案记录。农田荒废、水旱田不耕作的，没有之前文书的以及应该被追加税收的，一律停止征收田税。各州犯法罪人一律免罪。有因为饥荒背井离乡谋生的，准许他们恢复旧业，蠲免五年课税。”

北周明帝武成元年（559 年）六月，大雨连绵。明帝下诏说：“从前唐尧咨询四岳，商汤请教六眚，看到灾难便戒惧，使百姓都繁衍和睦。朕应验图谶继承天运，作为百姓的父母，不敢懒惰放荡，以访求百姓疾苦。而连绵的大雨制造灾害，损坏麦粮伤害禾苗，坍塌房屋冲毁城垣，以致百姓陷溺。想必是朕没有德行，百姓有何过错？刑罚与政令有失误，但不知错在哪里。公卿大夫士人以及牧守百姓等，现在都应各自呈递密封章奏，直言尽情劝谏，不要有所忌讳。朕将亲自览阅考察，以报答上天的谴责。对于遭受水灾的，有关官员要即时巡视查验，分条列举上报。”北周武帝保定元年（561 年）秋七月，下诏说：“大旱长久，禾苗枯萎。难道是牢狱失去常理，刑罚违背了中正吗？凡是现在被囚禁的犯人，死刑以下、一年刑罚以上的，各降原罪一级；罚一百鞭以下的，全部将其原罪赦免。”保定二年（562 年）春正月，最初在蒲州开凿黄河渠道，在同州开凿龙首渠，用来扩充灌溉。二月，火星侵犯太微星垣的上相星，当月，因为长时间不下雨，减免罪人的罪行，在京师 30 里以内禁止饮酒。四月，禁止屠宰，这是因为天旱的缘故。保定三年（563 年）四月，武帝亲临正武殿审察囚犯。当月，举行盛大的祈雨祭典。诏令百官及平民百姓上书密奏政事，尽情陈述政事的得失。五月，因天旱的缘故，武帝不在正殿不接受朝拜。当月，降雨。建德三年（574 年）十月，武帝下诏，蒲州遭受饥荒贫乏的百姓，命令他们到鄜城以西，以及荆州管辖的地区谋求生计。几天后，皇帝到达蒲州，特赦蒲州被囚禁的死刑以下的罪犯。北周静帝大象二年（580 年）夏四月，静帝祭祀太庙，下诏说：“我德寡才浅，不懂得治理国家，不能使天地安逸和平，阴阳调顺。从春季到夏季，没有下雨，已有西郊荒芜的哀叹，农事也将会有亏损。我心怀恐惧，不敢忘记警诫自己。实在是因为没有以恩德感化人民，政治刑法多有失误，所有的罪过，责任都在我身上。深思应当宽厚待人，将恩惠施与全国的人民。所有在押的死罪犯全部降罪为流放，流放的罪犯都降罪为服劳役，五年以下徒刑的全部免除罪罚。那些犯有反叛、十恶不赦之罪的人，以及在以往大赦中没有免罪的人，不在降罪之列。”壬午日，皇帝前往仲山求雨，到咸阳宫时，天上下雨。甲申日，返回宫中。下令京师的男女百姓到大街小巷歌舞奏乐迎候圣驾。

北齐后主天统二年（566 年）三月，因为旱灾，减轻囚禁罪犯的刑罚。天统五年（569 年）七月己丑，后主下诏令给罪人减刑，各有不同程度的减降。当月，后主命令派出使者巡视省察黄河以北干旱的地方，境内偏旱的州郡，都宽免当地的租税户调。十月，后主命令禁止造酒。

陈宣帝太建二年（570 年）六月辛卯，有大雨雹。陈宣帝派遣使者巡行州郡，处理冤狱。

（八）其他举措

1. 皇室减省膳食

本始四年（前 70 年）正月，农业不获丰收，汉宣帝命令太官减少宫廷膳食，俭省屠宰牲畜。汉元帝初元元年（前 48 年）六月，发生瘟疫，元帝下令减少大官膳食，裁减乐府乐工，减少宫苑马匹，来赈济困乏的人；不要修缮使用较少的宫殿、馆舍，太仆要缩减喂马的食粮，水衡省要节省喂兽用肉。初元五年（前 44 年）夏季四月，元帝下诏说："日前函谷关以东接连遭遇灾害，百姓饥寒交迫，瘟疫频发，百姓不能寿终正寝，下令太官不要屠宰牲畜，餐具减半。"汉安帝永初五年（111 年）正月，发生地震，二月"诏，减少郡国贡献太官的口粮"。东汉顺帝永建四年（129 年），下诏"太官缩减宫廷膳食"。

晋武帝泰始七年（271 年）闰五月，举行求雨祭祀，太官减省宫内膳食。武帝下诏交趾三郡、南中各郡，不用上缴今年的户调。晋元帝大兴二年（319 年）六月，皇帝下诏说：天下凋弊，再加上有灾荒，百姓穷困，国家用度匮乏，吴郡饿死百余人，凡不是军事所需的都要减省。东晋成帝咸和九年（334 年）六月，发生旱灾，诏令太官减少膳食，减免刑法，体恤孤寡，去奢节用。八月，举行大规模的求雨祭祀。东晋穆帝升平二年（358 年），秦地大旱，苻坚减少膳食撤去舞乐，命令后妃以下都不能穿罗纨；开放山川湖泊，公私共有；停止战争，使人民获得休养的机会。虽然干旱，但还未能成灾。东晋孝武帝太元四年（379 年），诏令说：由于战事频繁和粮食歉收，所以凡是御用之物，要简单节约；供给九亲或官僚俸禄，可酌量减半。一切劳役开销，如果不是事关军国机要，都要停止。太元六年（381 年）六月，日食。扬州、荆州、江州发大水。更改制度，减省不必要的费用，裁减吏士员 700 人。

北魏文成帝和平五年（464 年）闰四月，皇帝因为旱灾的缘故，减少膳食并深刻自责。当夜，下雨。北魏孝文帝太和十七年（493 年）五月，因为旱灾，孝文帝撤去膳食。北魏宣武帝景明四年（503 年）四月，下诏说："残酷的狱吏造成灾祸，自古为人厌恶；孝顺的媳妇被滥用刑罚，东海成为干枯的土壤。现在一百天不下雨，想来是有冤狱吧？尚书讯问京师在押的囚徒，务必尽到听取体察的作用。"皇帝因天旱减少膳食撤去悬挂的乐器。几天之后，及时雨大降。北魏宣武帝正始元年（504 年）六月，因为有旱灾，宣武帝撤去乐器减少饭食。诏令修改法律，亲自向太庙供献祭品。不久又在首阳山上设立周旦、伯夷和叔齐的神庙。北魏宣武帝永平元年（508 年）五月，由于旱灾，宣武帝减少膳食，撤去乐器。永平二年（509 年）五月，武帝因旱灾的缘故，减少膳食撤去悬挂的乐器，禁止屠杀。甲辰日，前往华林都亭，并亲自审查囚徒罪状，死罪以下的降罪一等。

宋明帝泰始元年（465 年）冬十二月，下诏说："皇室多变故，费用越来越多，多年来粮食收成不好，政府和民间的积累都不够。所以必须要刻意从俭，来度过艰难的时期，政道还未为人信服，我感到十分愧疚。太官供应膳食，可以根据具体情况有所减撤，尚方御府雕文篆刻无用的东西，一律都减省，务必存有简约的品性，来符合我的心意。"

梁武帝普通三年（522 年）六月，由于旱灾，诏令派遣有关部门祭祀主管云雨的神灵。审理冤狱，停止土木工程，减少膳食，撤去乐器。

2. 停止修缮宫馆，减少享乐

汉文帝后元六年（前 158 年）夏季四月，发生大旱与蝗灾。冬季，天下发生旱灾与蝗灾。汉文帝推行惠民之举，命令诸侯王不上贡，放开山林水泽，减少服饰车马，精减吏员，开粮仓以赈济贫民，富裕之民可以用钱粮购买爵位。汉宣帝本始四年（前 70 年）正月，农业不获丰收，乐府裁减乐工，让他们回乡务农。汉宣帝地节三年（前67年），郡国发生地震，郡国的行宫馆舍，不再进行修葺。汉元帝初元五年（前44年），下诏说："日前函谷关以东接连遭遇灾害，百姓饥寒交迫，瘟疫频发，百姓不能寿终正寝，停止修缮平日较少使用的角抵、上林苑的宫殿馆舍。"汉殇帝延平元年（106年），殇帝诏："减太官、导官、尚方、内署诸服御珍膳靡丽难成之物。"

晋穆帝升平二年（358年），秦地大旱，苻坚减少膳食撤去舞乐，命令后妃以下都不能穿罗纨；开放山川湖泊，公私共有；停止战争，使人民获得休养的机会。虽然干旱，但还未能成灾。东晋孝武帝太元四年（379年），诏令由于战事频繁和粮食歉收，所以凡是御用之物，要简单节约；供给九亲或官僚俸禄，可酌量减半。一切劳役开销，如果不是事关军国机要，都要停止。

北魏明元帝永兴年间，频频发生水旱灾害，明元帝下诏：精减不宜陪侍皇帝的嫔妃和没有劳作技巧的宫女，将她们放出宫赐给那些没有妻子的鳏夫。

宋明帝泰始元年（465年）冬十二月，下诏说："皇室多变故，费用越来越多，多年来粮食收成不好，政府和民间的积累都不够。所以必须要刻意从俭，来度过艰难的时期，政道还未为人信服，我感到十分愧疚。太官供应膳食，可以根据具体情况有所减撤，尚方御府雕文篆刻无用的东西，一律都减省，务必存有简约的品性，来符合我的心意。"

梁武帝普通三年（522年）六月，由于旱灾，诏令派遣有关部门祭祀主管云雨的神灵。审理冤狱，停止土木工程，减少膳食，撤去乐器。

北周武帝建德元年（572年）三月，武帝下诏："百姓生活困苦，则星象会有异动；政事不合时令，则石头也会在国中说话。因此，处理政事要清静，清静在于安宁百姓；治理国家要安定，安定在于停止劳役。近年来营造建设没有节制，徭役征发不止，加之连年征战，使得农田荒芜。去年秋天发生蝗灾，使得谷物歉收，百姓流离失所，家徒四壁，无人纺织。朕常常白日里反思自己，夜里又担心恐惧。从现在起，除正调以外，不随意添加任何征调。希望时世殷厚，风俗淳朴，符合我的心意。”

3. 禁止沽酒、屠宰

汉景帝中元三年（前 147 年）夏季，发生旱灾，禁止酿酒。汉元帝初元五年（前 44 年），夏季四月，下诏说：“日前函谷关以东接连遭遇灾害，百姓饥寒交迫，瘟疫频发，百姓不能寿终正寝……下令太官不要屠宰牲畜，餐具减半。”汉和帝永元十六年（104 年）二月，诏令兖、豫、徐、冀四州连年降水过多，伤害庄稼，禁止卖酒。汉桓帝永兴二年（154 年）九月，桓帝下诏说：“云汉发生干旱，川灵泛滥，蝗虫滋生，蚕食庄稼……要禁止郡国卖酒，祠祀用酒不必足量。”

北魏文成帝太安三年（457 年）十二月，共有 5 个州镇发生蝗灾，百姓饥贫，皇帝命令开仓赈济百姓。太安四年（458 年）春正月初一，下令禁酒。北魏宣武帝永平二年（509 年）五月，皇帝因旱灾的缘故，减少膳食撤去悬挂的乐器，禁止屠杀。甲辰日，前往华林都亭，并亲自审查囚徒罪状，死罪以下的降罪一等。

宋文帝元嘉十二年（435 年）六月，丹阳、淮南、吴兴、义兴发水灾，京师民众需乘船出行。己酉日，将徐、豫、南兖三州和会稽、宣城二郡的数百万斛米赏赐给 5 郡灾民。当月，禁止酿酒。元嘉二十一年（444 年），魏太子督促百姓耕种，让没有牛的借别人的牛来耕种，以代替耕种为回报。给自己耕 22 亩，则替别人耕 7 亩，以此为标准。让百姓把姓名标记在田首，以此来判断田主的勤惰。禁止饮酒、游戏，于是开辟的田亩大大增加。

北周武帝保定二年（562 年）春正月，最初在蒲州开凿黄河渠道，在同州开凿龙首渠，用来扩充灌溉。二月，火星侵犯太微星垣的上相星，当月，因为长时间不下雨，减免罪人的罪行，在京师 30 里以内禁止饮酒。四月，禁止屠宰，这是因为天旱的缘故。

北齐武成帝河清四年（565 年）二月，诏令因为今年粮食歉收，禁止卖酒。当月又下诏不同程度地减省百官俸禄。三月，下诏给西兖州、梁州、沧州、赵州，司州的东郡、阳平郡、清河郡、武都郡，冀州之长乐郡、勃海郡遭到水涝灾害的贫困户不同程度地发放粮食。北齐后主天统五年（569 年）七月己丑，后主下诏令给罪人减刑，各有不同程度的减降。当月，后主命令派出使者巡视省察黄河以北干旱的地方，境内偏旱的州郡，都宽免当地的租税户调。十月，后主命令禁止造酒。

4. 节约马料、减省御马数

汉景帝后元二年（前 142 年）春季，因为不获丰收，禁止内郡的马匹吃粟。汉元帝初元元年（前 48 年）六月，发生瘟疫，元帝下令减少宫苑马匹，来赈济困乏的人。初元五年（前 44 年）夏季四月，元帝下诏说："日前函谷关以东接连遭遇灾害，百姓饥寒交迫，瘟疫频发，百姓不能寿终正寝……应减少喂养的拉车马的饲料，让马不要在拉车的时候疲劳就行。"

5. 省罢不急之官，减少官俸

汉文帝后元六年（前 158 年）夏四月，发生大旱与蝗灾。汉文帝推行惠民之举：命令诸侯王不上贡，放开山林水泽，减少服饰车马，精减吏员，开粮仓以赈济贫民，富裕之民可以用钱粮购买爵位。东汉桓帝延熹五年（162 年）五月乙亥，京师发生地震。诏公、卿各上奏折言事。八月庚子，桓帝下诏减省虎贲、羽林住寺，没有出行任务的减少一半的薪俸，不发给他们冬衣。

东晋孝武帝太元四年（379 年），诏令由于战事频繁和粮食歉收，所以凡是御用之物，要简单节约；供给九亲或官僚俸禄，可酌量减半。一切劳役开销，如果不是事关军国机要，都要停止。太元六年（381 年）六月，日食，扬州、荆州、江州发大水。更改制度，减省不必要的费用，裁减吏士员 700 人。

宋孝武帝大明二年（458 年）正月，颁布诏书：去年东方多受水灾。已到春耕时节，应优先加以督促。所需粮种，按时借给。恢复郡县田地提供的官俸及亲宗九族的俸禄。

东魏孝静帝天平二年（535 年）三月，因为发生旱灾的缘故，孝静帝命令京邑及各州郡县收埋死者的骸骨。四月，给京师现有的囚徒减刑。夏五月，大旱，勒令城门、殿门及省、府、寺、署、坊门浇人，不简选王公，没有限制的日期，直到天下雨时为止。

北周孝闵帝元年（557 年）三月，孝闵帝下诏："淅州去年庄稼歉收，百姓饥馑贫困，朕心中为此忧愁。本州没有缴纳完的租税，全部应当免除。并且要派遣使者巡视，有穷困饥饿的人，加以救济。"癸亥日，各省六府官吏，裁减三分之一。

三、因灾祭祀

在中国这样一个古老的农业国度里，粮食作物的丰歉事关国计民生。由于自然的和社会的诸多因素使然，中国自古以来又是一个灾害频发的国家，在往古生产力不甚发达、科学技术水平低下的年代，接踵而至的灾害对农业生产所带来的负面影响自然是巨大的。汤因比就认为中国古代"所要应付的自然环境的挑战要比两河流域和尼罗河的挑战严重得多"。这些挑战，"除了有沼泽、丛林和洪水的灾难之外，还有更大得多的气候上的灾难"。按汤氏"挑战和应战"之原理，中华文明就是华夏民族在对各种挑战的应战中创造的，中国古代祭祀仪式就是人们在长期应对旱灾挑战的过程中所产生的一种文化形式。

秦汉时期是中国历史上一个灾害频发期，如前所述，两汉时不仅旱灾次数多，而且有些灾次为害范围相当广泛，对农业生产、人民生命安全和社会安定都造成了极大的危害，驱逐旱魃、祈求降雨、祛除疾疫的祭祀活动相当丰富，甚至发展出弭灾礼仪。

据《汉书·礼仪志》记载，掌管祭祀的中央职官是太常。太常之下，设有祝官，蔡邕在《独断》中也有载："大祝掌六祝之辞。顺祝，顺丰年也。年祝，求永贞也。告祝，祈福祥也。化祝，弭灾兵也。瑞祝，逆时雨、宁风旱也。策祝，远罪病也。"

（一）农神祭祀

汉人蔡邕《独断·卷上》记："南方之神，其帝神农，其神祝融。……先农神、先农者，盖神农之神。神农作耒耜，教民耕农。"《后汉书·祭祀志》中有载，县邑常以乙未日，祭祀先农于乙地，以丙戌日祭祀风伯于戌地，以己丑日祭祀雨师于丑地，用羊、猪。汉明帝在永平四年（61年）春说："我亲自耕种籍田，祈祷农事。京师去年冬天没有降雪，春天没有降雨，烦劳群司，集中精力祷求降雨。"

（二）"大傩"仪式

根据《后汉书·礼仪志》载，安帝永初三年（109年）以前的事情，年终只是派遣卫士置办饭食祭祀，大傩仪式驱逐病疫，太后因为阴阳不调和，战事频繁，下诏祭祀时不设傩戏作乐，减逐疫仪式中一半侲子，罢除大象、骆驼表演之类，丰收年份又恢复之前的仪式。

（三）祈雨、止雨仪式

旱灾如此严重的两汉时期祈雨、止雨的仪式，可分为驱逐旱魃、"舞雩"与舞龙祈雨，等等。其中，驱旱魃的方法，有以水溺魃、用火炙魃，甚至河南南阳画像砖中绘制了神虎吃旱魃的图画等。

西汉董仲舒在其《春秋繁露》中也详细记述了求雨与止雨仪式。对于《春秋繁露·求雨篇》中所言求雨之法，有人指出："董仲舒《春秋繁露·求雨篇》，备列春、夏、季夏、秋、冬雩祭之法，当是《公羊》家相传如是。"所言极是。因为董仲舒毕竟是"公羊学"之集大成者，其雩祭之法自不能离其"公羊学"之大本营。在两汉祈雨之祭礼中，许多内容和形式皆以董氏雩祭之法为宗，这从另一侧面反映了"公羊学"在两汉的地位与影响。然而，董氏雩祭之法并非完全如上所云，乃皆"《公羊》家相传"，其中有相当一部分的内容和形式都可以从其前的祈雨礼俗中寻得其踪迹，如暴巫、自祷、以土龙求雨等；只不过这些祭礼在董仲舒那里或在两汉时期有所发展，如暴巫在董仲舒雩祭之法中在某种程度上是受到保护的，其"暴"乃形式上的和象征意义的。具体的祈雨、止雨仪式如下：

1. 请雨

武帝时，因轻微干旱下令百官求雨。张衡《东京赋》曰："因耕父于清泠，溺女魃于神潢。"《后汉书·礼仪志中》注引《东京赋》注云："耕父、女魃皆旱鬼。恶水，故因溺于水中，使不能为害。"《全后汉文》卷五十三《张衡（二）》中载，汉昭帝始元五年（前 82 年）夏天，发生干旱，举行祈雨仪式，令在仪式举行时不得用火。光武帝建武三年（27 年）七月，洛阳发生大旱灾。光武帝到南郊求雨，当天就下雨了。汉安帝永初元年（107 年），8 个郡国发生旱灾，安帝派遣议郎祈雨。汉顺帝阳嘉三年（134 年），河南、三辅大旱灾，庄稼遭遇旱灾毁坏，天子亲自露天坐德阳殿东厢请雨，又下令司隶、河南祭祀河神、名山、大泽。汉灵帝熹平五年（176 年），发生旱灾，祷请祭祀名山，求获答应。天子开三府请雨，使者与郡县户曹掾吏登山烧香祭祀。手书"君况我圣主以洪泽之福"。汉桓帝永寿四年（158 年）秋天七月，京师举行祈雨仪式。汉献帝兴平元年（194 年），献帝到正阳殿请雨。

2. 雩祀

汉昭帝始元五年（前 82 年）夏天，发生干旱，举行祈雨仪式，令在仪式举行时不得用火。汉安帝永初七年（113 年）二月丙午，18 个郡国地震。五月庚子，京师举行祈雨仪式。汉顺帝阳嘉元年（132 年），京师遭遇旱灾。庚申，下令郡国二千石各去名山岳渎祷告，派遣大夫、谒者到嵩高、首阳山，并祠河、洛，请雨。戊辰，举行祈雨仪式。因为冀部连年水灾，百姓缺衣少食，下诏书命令官员巡行地方并且禀贷，告诫百姓勤勉农事，赈济不断。五月，有日食，京师洛阳有蝗灾。六月，举行祈雨仪式，改年号延熹。

3. 止雨

《后汉书·礼仪志》中记载：成帝建始三年（前 30 年）六月，下诏让官员举行止雨仪式，朱绳反萦社，击鼓攻打。

4. 祭祀山川之神

《史记》卷四十二《郑世家》记载，山川的神灵，在水灾、旱灾的时候要祭祀它们；日月星辰的神灵，在风霜雨雪不按照时令降临时需要祭祀。汉顺帝阳嘉元年（132 年）二月甲戌，下诏："冬季没有积雪，春天没有下雨。……现在派遣侍中王辅等，分别拿着符节到岱山、东海、荥阳、河、洛去诚心祈祷。"阳嘉三年（134 年），河南、三辅大旱灾，庄稼遭遇旱灾毁坏，天子亲自露天坐德阳殿东厢请雨，又下令司隶、河南祭祀河神、名山、大泽。汉明帝永平十八年（75 年）夏四月己未，下诏说："自春以来，时雨不降，宿麦被旱所伤，秋粮不能播种……二千石分别去五岳四渎祷告。郡界内有名山大川能兴云致雨的，长吏各沐浴斋戒祈祷，希望能降下甘霖。"

5. 祭祀河伯

汉成帝以王尊为东郡太守，过了一段时间，黄河泛滥，冲毁瓠子金堤。老人和贫弱的人流落道路。唯恐河水决堤，为害百姓，王尊率领官员，投沉白马，祭祀水神河伯。

魏晋南北朝时期，继续开展各类祭祀活动，以求止灾。

魏明帝太和五年（231 年）三月，从去年十月到本月都没降雨，于辛巳日进行盛大的求雨祭典。

晋武帝泰始七年（271 年）闰五月，举行求雨祭祀。晋元帝大兴元年（318 年）六月，发生旱灾，皇帝亲自参加祈雨祭典。东晋成帝咸和九年（334 年）六月，发生旱灾，诏令太官减少膳食，减免刑法，体恤孤寡，去奢节用；八月，举行大规模的求雨祭祀。东晋成帝咸康元年（335 年）二月，皇帝亲自祭奠先圣先师，扬州诸郡饥荒，派人前去赈济。晋穆帝永和八年（352 年），从五月到十二月都没有下雨。慕容俊派遣使者祭祀，追加（冉闵）谥号为武悼天王，当日下大雨。晋穆帝升平五年（361 年）六月，发生旱灾，下令祈雨的官员咏诵《诗经》中的《云汉》。

宋文帝元嘉八年（431 年）三月，朝廷祭祀求雨。夏六月，大赦天下，旱灾依旧。再次举行求雨的祭祀仪式。

北魏文成帝和平元年（460 年）四月，不同地区发生旱灾，下诏各州郡对地方大小神灵打扫干净，进行祭祀。北魏孝文帝太和元年（477 年）五月，孝文帝驾车到武州山祈雨，不久及时雨密集落下。太和二年（478 年）四月，京师发生旱灾。孝文帝在北苑祈雨，减少膳食，避开正殿。太和三年（479 年）五月，孝文帝在北苑祈雨，关闭阳门，当日降雨。太和四年（480 年）二月，因为旱灾，孝文帝下诏祭祀山川及主管降水的神祇，整理祠堂，以牲畜和璧玉作祭品，慰问疾苦百姓。北魏宣武帝正始元年（504 年）六月，因为有旱灾，宣武帝撤去乐器减少饭食。诏令修改法律，亲自向太庙供献祭品。不久又在首阳山上设立周旦、伯夷和叔齐的神庙。

南齐明帝建武二年（495 年），发生旱灾，主管官吏建议雩祭依照明堂礼制。

梁武帝天监六年（507 年），由于旱灾严重，梁武帝下诏向蒋帝神祈雨，100 天没有降水。梁武帝普通三年（522 年）六月，由于旱灾，诏令派遣有关部门祭祀主管云雨的神灵。审理冤狱，停止土木工程，减少膳食，撤去乐器。梁武帝中大通元年（529 年）六月，京师瘟疫流行严重，武帝在重云殿为百姓设救苦斋，亲自祈祷。

陈武帝永定三年（559 年）夏四月，长时间不下雨，皇帝亲自来到钟山祭祀蒋帝庙。当日便下雨，一直到月晦时才停。

北周武帝保定三年（563 年）四月，武帝亲临正武殿审查囚犯。当月，举行盛大的祈雨祭典。诏令百官及平民百姓上书密奏政事，尽情陈述政事的得失。五月，武帝避开正殿不接受朝拜，这是天旱的缘故。当月，降雨。

北周武帝建德二年（573 年）秋七月，祭祀太庙。从春天以来没有下雨，直到这一个月。武帝在大德殿召集百官，自责认罪，并询问政治上的得失。不久，下雨。

北周武帝建德二年（573 年），刘翼出任安州总管时，旱灾严重，涢水断流。旧俗中如果频繁遭遇旱灾，就要向白兆山祈雨。皇帝之前曾禁止群众祭祀，山庙已不复存在。刘翼派遣主簿祭祀白兆山，当日就降雨水，百姓很感激他，于是聚集起来载歌载舞歌颂他。静帝大象二年（580 年）夏四月，北周静帝祭祀太庙，下诏说："我德寡才浅，不懂得治理国家，不能使天地安逸和平、阴阳调顺。从春季到夏季，没有下雨，已有西郊荒芜的哀叹，农事也将会有亏损。我心怀恐惧，不敢忘记警诫自己。实在是因为没有以恩德感化人民，政治刑法多有失误，所有的罪过，责任都在我身上。深思应当宽厚待人，将恩惠施与全国的人民。所有在押的死罪犯全部降罪为流放，流放的罪犯都降罪为服劳役，五年以下徒刑的全部免除罪罚。那些犯有反叛、十恶不赦之罪的人，以及在以往大赦中没有免罪的人，不在降罪之列。”壬午日，皇帝前往仲山求雨，到咸阳宫时，天上下雨。甲申日，返回宫中。下令京师的男女百姓到大街小巷歌舞奏乐迎候圣驾。

（四）其他

除上述各项措施外，秦汉魏晋南北朝的政府还施行另外一些措施。

晋惠帝元康七年（297 年）七月，雍州、梁州发生疫病、旱灾、下霜，毁坏庄稼。关中发生饥荒，一斛米值万钱。下诏不禁止卖子女的现象。

宋文帝元嘉二十五年（448 年），陕西汉中一带发生饥荒，境内动荡，刘秀之亲行节俭。将钱币取代绢为货币，当地百姓至今仍能得到好处。

北齐文宣帝天保九年（558 年）二月，给罪犯减刑。下诏令放火烧田仅限仲冬季节，不得在其他季节放火损害昆虫草木。北齐后主武平五年（574 年）夏五月，河北、山西发生严重旱灾，晋阳获得死去的旱魔。旱魔有两尺长，脸面和头顶各有两个眼睛。齐后主得到消息后，命令当地用木头刻出旱魔的形状献上。几天后，大赦罪人。

第二章　民间救济

一、民间互助

秦汉时期的民间救济主要体现在民间的互助救济，民间自救主要体现在加强粮食储备上。汉代因共同血缘纽带关系，聚族而居的宗族得到极大的发展，尤其是东汉，甚至发展出大规模的庄园经济。宗族相助，作为推动宗族内部人群相互关系的一个重要手段，在应对自然灾害和维护良好社会秩序上有突出的表现，他们往往在疾病、死亡、天灾时赡施赈济、和衷共济。因此，民间互助救济成效最突出的是宗族之间的救济。

乡里村社也提倡邻里互助，兄弟朋友相助以应对灾害。秦时就有了“社”这种互助组织，周家台30号秦墓出土的《日书》中就有关于田社和里社两种社神的记载。1977年在河南偃师县缑氏公社郑瑶大队南村出土了汉章帝建初二年（77年）的《侍廷里父老僤买田约束石券》，这是目前所发现的中国历史上最早提倡乡里互助的民约。这个契约中的人员来自民间，主要通过共同筹集资金购买土地，用土地收益维持组织运转。此组织运作的过程中体现了乡里协作、互助的精神。

京兆下邦人王丹，家产积累了千金，隐居家中，喜欢养士，乐善好施，急人所急。王丹每年农时就用车载酒食至田间，等候勤劳的农民，犒劳他们。樊重家资积累有过万之巨，赈济赡养宗族，恩加乡间，那些平时所借贷给别人的钱财达几百万，遗嘱中却让家人烧掉文契。章帝建初中，南阳发生大饥荒，米价每石千余，朱晖散尽家里的积蓄，用来分给宗族邻里，相识之人中的贫困者、乡族都归附他。蜀郡太守廉范田地广阔，积蓄了很多财粮，廉范都将它们赈济给宗族朋友。敦煌人盖勋出任汉阳太守时，百姓遭遇饥荒，出现人吃人的情况，盖勋调集粮食巡视地方，他首先拿出自家粮食作为表率，救活了千余人。汝南平舆人廖扶，预测到有饥荒，于是囤积谷物数千斛，都分散给宗族姻亲，又收殓埋葬遭疫死亡无力收殓的人。京兆杜陵人张奋常将租税、官俸分给贫民，赡养、抚恤宗亲，即使到了家境衰颓，施给也没有停止。汉安帝永初二年（108年），夏季遭遇干旱，祈祷很久没有下雨，周畅就收葬洛城旁客死之人的尸骨，总共有1万余人。太中大夫郭伋将光武帝赐予的帷帐、钱谷分给宗亲九族，自己没有什么留存。献帝初，百姓遭遇饥荒，张俭倾尽财产与乡里共享，依靠他生存的百姓以百数计。韦彪清俭好施，将俸禄赐给宗族，家无余财。遭遇大饥荒，赵典将家里贮备的粮食，赈济穷困饥馑之人，救活了万余人。韩韶为嬴县县令时，流民进入县界求索衣服、粮食的很多，韩韶怜悯他们的饥困，开仓赈济他们，赈济达万余户。青、徐之士为躲避黄巾之难，归赴刘虞的有百余万口，刘虞皆收留抚恤，为他们安生立业，流民都不再迁徙了。汉殇帝延平元年（106 年），黄香迁魏郡太守时，发生水灾，百姓遭遇饥荒，于是将俸禄和所得赏赐分给需要赡养的贫民，富裕之家都拿出义谷，帮助官府赈济禀贷，荒民得以活命。仲氏宗家共做大殿前石口阶陛栏盾，贫富相互扶助，会计欣欢，不谋同辞。居巢侯刘般迁任宗正，既在朝廷竭忠尽节，又赈济、施舍宗族。京兆长陵人第五伦收养孤兄子、外孙，分粮食同他们共同食用，死生相守。南阳宛人任隗所得俸禄常常用来赈济、抚恤宗族，收养孤寡。任峻在饥荒之际，收养、抚恤朋友的孤儿、遗孀、贫宗，周全救济无以为继的贫困者，以信义被人称道。杨俊赈济贫乏的人，互通有无。

晋时，发生大规模的旱灾，米价愈贵，范广散发自己家的粮食赈济灾民，下发的粮食有数千斛，远近流民都投靠归附，范广家的户口数达到以前的十倍。西晋怀帝永嘉年间，陈午的军队不久就溃散了，郗鉴得以回归家乡。当时他家乡发生了饥荒，州中有素来佩服郗鉴恩义的人相继资助了郗鉴许多钱粮。郗鉴重新分配了自己得到的钱粮，用来资助宗族和同乡孤寡老人，仰赖他全济的人甚多。那些活命的人互相说："现在天子流亡，中原没有话事人，应当跟随仁德之士。"于是共同推举郗鉴为首领，率领千余家一起避难于鲁地的峄山。

刘宋时期，等到孙恩起兵的战乱被平息之后，朝廷的东部开始闹饥荒，出现人相食的现象，孔氏散尽家里的粮食用来赈济邻里。因为孔氏的赈济粮得以活命的人很多，他们所生的孩子都以孔为姓。刘宋时期的张进之，永嘉安固人，是郡内大族。年少时有志行，历任郡五官主簿，永宁、安固两县领校尉。家族世代富足，遇到荒年他就散发家财，救济赡养乡里灾民，因为救济乡里家中就慢慢贫穷了。他保全救济了很多人。刘宋元嘉时，荆州那几年发生饥荒，刘义季考虑刘凝之将被饿死，就给刘凝之送了十万饷钱。刘凝之大喜，把钱带到市门，看到面有饥色的人就给他们分钱，不一会儿就把钱分完了。宋文帝元嘉末年，青州闹饥荒，出现人相食的现象。刘善明家里有积累下来的存粮，他就打开自家粮仓来救济乡里，乡里百姓很多都因此获得了救济而得以存活，他们称呼刘善明家的农田为“续命田”。刘宋孝武帝时，王玄谟不久迁任平北将军、徐州刺史，加都督号。当时北境有饥馑现象，王玄谟乃散发家谷十万斛、一千头牛用来赈济饥民。宋孝武帝大明八年（464 年），东境发生饥荒和旱灾，东海严成、东莞王道盖各自用 500 斛谷资助官府，用来赈恤灾民。

梁武帝即位，任昉历任给事黄门侍郎、吏部郎。后又出京师担任义兴太守。时有饥荒平民离散，任昉就用自己的俸禄去买米豆熬成粥，养活了 3000 余人。当时有生下孩子不养活的，任昉给以重处。他实行了给妇供给资费的政令，凭此救济了千余户。任昉在郡任职所得的公田俸禄是 800 石，他只留五分之一，剩下的都赈济给平民，他自己的儿女小妾都只不过吃麦子而已。梁武帝天监初年，王志担任丹阳尹，为政清净。当时城里有个没有孩子的寡妇，婆婆死了举债安葬，安葬完婆婆她没有还债能力。王志可怜她的情义，就用自己的俸禄钱赏给寡妇。当时年有饥荒，王志就每天早上在郡城门给百姓施粥，百姓都称赞他是好官。

南齐武帝永明元年（483 年），会籍永兴倪翼的母亲丁氏，年轻丧夫，性情仁爱，遇到荒年，就分发衣物食物给乡里的饥民。邻里有向她求借东西，她从未拒绝过。同乡陈穰的父母死了，孤单无亲戚，丁氏收养了他，等他长大了，还给他张罗了婚事。又有同里王礼的妻子徐氏，在荒年客死山阴，丁氏替她买了棺材，给她下了葬。元徽末年，天降大雪，交通瘫痪，村里一家挨着一家经受饥饿，丁氏拿出自己的盐和米，按人口分发给饥民。同里左侨家死了四口人，没有钱办丧事，丁氏就出钱替他料理丧事。乡里有三调交不起的，丁氏就替他们上交。

北魏建国之初，没有乡里基层组织，民众大多荫附于当地豪绅。荫附的人都没有官方劳役，但豪强对荫附的人征敛赋税，比国家的租赋要多一倍。孝文帝太和十年（486 年），给事中李冲上书说：“应当根据古代制度，五家设置一个邻长，五邻设置一个里长，五里设置一个党长，这三长都选择乡里强健而谨慎的人担任，邻长免除一个人的徭役，里长免除两个人的徭役，党长免除三个人的徭役。所免除的只是征战的徭役，其余租赋则同其他人一样交纳。三年没有过错就予以提拔，提拔一级。百姓租调是，一夫一妻交纳帛一匹、粟二石。十五岁以上而未娶者，四人出一夫一妻的租调；奴仆用于耕种，奴婢用于纺织的，八人出一夫一妻的租调；耕牛二十头出一夫一妻的租调。出产麻布的地方，一夫一妻交纳布一匹，以下到耕牛，交布依上述纳帛者一样递减。大约十匹为公调，二匹为调外附加费，三匹为内外百官的俸禄，此外便是杂调。平民年八十以上者，允许一个儿子不服劳役。凡是孤寡残疾贫穷而不能自食其力者，在三长的管辖范围内供养。”李冲的奏疏呈上去后，百官集议，大多数人表示赞成。孝文帝便采纳了这一建议。孝文帝时，有一年粮食歉收，齐地的平民饥馑，元平原就用自家的私米3000斛熬粥，保全了平民的性命。北魏宣武帝时期，崔敬友精心于佛道，日夜诵经，服丧之后，就终生吃素。对部下宽厚，对自己修身节行严格要求。自景明以来，粮食经常歉收，有饥寒乞讨的，崔敬友都让他们拿足东西再走。又在肃然山南大路北边设置旅店，为赶路的人提供食物。北魏时阎庆胤担任东秦州敷城太守，敷城连年发生饥荒，他每年都用自家的千石粮食去赈恤贫穷的百姓，当地人依赖他的粮食得以救济。北魏孝明帝时期，卢义僖性格宽和胆小，不妄自与人交往，性格清俭，不谋求财利。他年少的时候，幽州频遭水旱灾害，起先卢家用数万石谷子贷给百姓，卢义僖认为年谷还没成熟，就把田契烧掉，州中的人都感念他的恩德。北魏时期，因为连年粮食歉收，郡内发生饥馑，百姓都困顿没有粮食可吃，很多人面临饿死被填于沟壑的命运。路邕拿出家里的粮食来赈济贫窘的人，民众因为他的赈灾粮获得了救济。

陈朝时，当时京师发生大规模的饥荒，百姓都到长江以外的地区寻找食物。荀朗提高招收部曲的规模，亲自解衣送粮食，用他自己的粮食来赈济赡养灾民，他手下的部众达到数万人。

二、百姓自助救荒

西晋惠帝太安二年（303年），这一年江夏粮食大丰收，流民前来就食的有数千口。

孝武帝大明末年（约464年），本地闹饥荒，南朝宋吴兴人沈僧复就到山阳找食物求生。白天进入村野乞讨食物，晚上就回到寺舍附近。

梁简文帝大宝元年（550年），江南连年发生旱灾与蝗灾，尤其是江、扬地区。百姓流亡，争相逃入山谷江湖，采集草根、木叶、菱芡食用，凡是他们所到的地区都被吃光，死者到处都是。

三、医疗救治

东汉末年，张鲁占据了汉中，用鬼道教化百姓，自称为“师君”。那些来学道的人，开始都叫作“鬼卒”。接受本道信念已定的人，称作“祭酒”。祭酒各自统领他的部属，人数多的称作治头大祭酒。他们都用诚实守信义、不欺诈教育部属，有了病要先坦白自己的过错，大多和黄巾军的做法相似。

晋武帝太康九年（288年），当时疾疫流行，死者相继，诃罗竭为病人用咒法治疗，治愈率达到百分之八九十。东晋哀帝兴宁年间（363—365年），东境多有疾疫暴发，竺法旷年少的时候既学慈悲，又擅长神咒之法。于是他就游行村里，拯救危急的病人，后到昌原寺，百姓有患病的，大多都因为找他祈愿而好转。

北魏孝明帝时，当时有个叫惠怜的僧人，自称用念过咒语的水给人喝，能治愈各种病。病人到他那里去的，每天有1000人以上。灵太后下诏赐给衣服食物，差役从优配备，使他在城西的南面，治疗百姓的疾病。

北齐时，那连提黎耶收养患疠疾的人，男女分坊，四事供应，做得很周到。

北周时，有时候大疠病暴发，或者旱涝凶险，有人来求问的，释昙相都略提纲目，教他们治断之法，到时候必有神效，人们都认为他是奇人。

陈朝时，疠疫大暴发，染病死的百姓，过了大半。慧达内心慈悲，在杨都大市建了大药房，遇到有需要的人就供应药物。

魏晋南北朝时期，医学对治疗疠疫已经有了较多的针对性措施。

皇甫谧指出，治疗各种热病时，先喝些清凉的药水，再进行针刺，并让患者穿凉快的衣服，居处凉爽的地方，直到患者热退身凉。热病先有身体重、骨骼疼痛、耳聋、昏倦喜睡的，刺足少阴经的井荥穴。病重的，用五十九刺。热病先有头目眩晕昏冒发热，胸胁胀满，是病发于少阴与少阳，阴阳枢机失常，当刺足少阴、少阳两经。

葛洪则提供了多种药方，治伤寒及时气、温病，及头痛、高热、脉大，新得一日方：取旨兑根、叶合捣三升左右，和入真丹一两，水一升合煮，绞取汁。一次服下，出现呕吐则病愈。如果病重，一升全部服下，厚被覆盖让患者出汗，病愈。

又方：小蒜一升，捣取汁三合，一次服下，不愈，再作再服，病愈。

又方：乌梅十四枚，盐五合，用水三升，煮取一升，去渣，一次服下。

又方：取生梓木，削去黑皮，细切里白一升，用水二升五合煎，去渣，一次服八合，服三次，病愈。

又方：取术研末，搓成丸子十四枚，用水五升，揉搓熟，去渣，将汁全部服下，应当吐泻，病愈。

又方：鸡蛋一个，放冷水半升中，搅匀，另煮三升水，大开，将搅匀的鸡蛋倒入开水中，边倒边搅，寒温适中，一次喝下，发汗。

又方：用真丹涂遍全身，面向火面坐，让病人出汗，病愈。

又方：取生蘘荷根、叶，合捣，绞取汁，服三四升。

又方：取干艾三斤，用水一斗煮取一升，去渣，一次服下，发汗。

又方：盐一升，用热水一升送入腹中，应当腹中绞痛呕吐，厚盖发汗，病愈。

又方：取猪油如弹丸大小，温服下，一日三次，三日共服九次。

又方：乌梅三十枚，去核，用豉一升，醋三升，煮取一升半，去渣，一次服下。

又伤寒有多种，难以区别，用一服药都能治疗。如果刚觉头痛、身热、脉洪大，患病一二日，作葱豉汤：用葱白一握，豉一升。用水三升煮取一升，一次服下，发汗。如不出汗，再作，加葛根二两，升麻三两，五升水煎取二升，分二次服下，必能出汗。如不出汗，再加麻黄二两。

第五编

防　灾

第一章 仓 储

一、仓储思想

仓储作为一种贮存粮食等重要战略物资的场所，不仅供应城市、军队的日常所需，平抑粮食价格市场，也常常作为政府灾害防备的一种有效方式，以备国家应急之需。《盐铁论》卷一《力耕》认为：丰年五谷丰登，就储积粮食，用来预备粮食歉收的年份，预防货币充足，物流有余而可供调运的粮食不足。《汉书》卷二十四《食货志》记载：贾谊给皇帝上书说，积贮是天下很重要的事情，力陈粮食、钱财富余的好处，认为仓廪充实可以使国力强盛，天下安定。《汉书》卷二十四《食货志》还记载晁错说，只要农民勤于种植农桑，朝廷薄收租赋，国家广泛积蓄谷物，用来充实仓廪，预防水旱灾害发生，因此，百姓就可以得到实惠。为此，秦汉政府从中央到地方，建立起了一套完整而严密的仓储制度。在两汉仓储荒政思想中，最突出的是耿寿昌“常平仓”之论和与之相对的刘向“囊漏贮中”的“富藏于民”的思想。

关于耿寿昌建议设置“常平仓”的言论，文献载之甚少，语之颇略。

(1)《汉书》卷八《宣帝纪》，汉宣帝五凤四年（前54年），大司农中丞耿寿昌上奏设立常平仓，“以供给北边，节省转运漕粮的费用”。应劭注：“耿寿昌上奏在边郡谷贱时增加买入粮食，谷贵时减少买入，而卖出粮食，称之为常平仓。”学界普遍认为，耿寿昌始开常平仓之论。

(2)《汉书》卷二十四《食货志》：“至昭帝时，流民稍还，田野益辟，颇有畜积。宣帝即位……时大司农中丞耿寿昌以善为算能商功利得幸于上，五凤中奏言：‘故事，岁漕关东谷四百万斛以给京师，用卒六万人。宜籴三辅、弘农、河东、上党、太原郡谷足供京师，可以省关东漕卒过半。'……御史大夫萧望之奏言：'……夫阴阳之感，物类相应，万事尽然。今寿昌欲近籴漕关内之谷，筑仓治船，费直二万万余，有动众之功，恐生旱气，民被其灾。寿昌习于商功分铢之事，其深计远虑，诚未足任，宜且如故。'上不听。漕事果便，寿昌遂白令边郡皆筑仓，以谷贱时增其贾而籴，以利农，谷贵时减贾而粜，名曰常平仓。民便之。上乃下诏，赐寿昌爵关内侯。"

（3）《汉书》卷七十八《萧望之传》：五凤年间，大司农中丞耿寿昌奏设常平仓，汉宣帝同意了，然而萧望之反对耿寿昌的提议。耿寿昌常平仓之议的提出，其前提条件是社会经济有了一定的发展，国家"颇有畜积"，特别是三辅诸地产谷可满足京师消费之求，否则便不会有省关东之漕和关内、边郡皆"筑仓"之论的提出。

其一，关于建议设置常平仓的地区，以往论者认为仅限于边郡，然从《汉书》卷八《宣帝纪》"大司农中丞耿寿昌奏设常平仓，以给北边"和《汉书》卷二十四《食货志》载萧望之反对之语看，似乎在关内也多有设置。

其二，《汉书》卷二十四《食货志》中载有耿氏常平仓的核心内容，论"谷贱时增其贾而籴""谷贵时减贾而粜"与战国时李悝等"平籴""平粜"之议似曾相似："善平籴者，必谨观岁有上中下孰。……大孰则上籴三而舍一，中孰则籴二，下孰则籴一，使民适足，贾平则止。小饥则发小孰之所敛，中饥则发中孰之所敛，大饥则发大孰之所敛，而粜之。故虽遇饥馑水旱，籴不贵而民不散，取有余以补不足也。"但细加探析，李、耿二论又有一定的区别，就救荒度饥而言，李论之"平"是视岁饥之大、中、小程度的不同而通过分别发大、中、小三熟所敛而粜之来实现的；而耿论之"平"则是国家以财政补贴的形式，通过增、减谷价这一途径来达到的。实施的结果，二者无疑皆达到了"平"的目的，而对国家来说，却有不同的效果：前者通过丰、歉之年的"平籴""平粜"，国家从中获利受益，所以史称是法"行之魏国，国以富强"；后者由于靠的是国家斥资这一途径来实现"常平"的，受益者乃百姓，所以史载"民便之"。

出于"以给北边，省转漕"之虑，耿寿昌提出了在关内、边郡

“皆筑仓”之议，这是毋庸置疑的。若据此而认为“全部民食之调节，似尚不在政府计念之中”则未必为是，仅“民便之”三言即可明证之。

然而，常平仓的设置，元帝时遭遇障碍。《汉书》卷二十四《食货志》中有载，元帝即位，国内发生大水，函谷关以东的11个郡尤其严重。第二年，齐地发生饥荒，谷价每石300余钱，百姓多饿死，琅邪郡发生人相食的情况。在位诸儒多言盐铁官及北假田官、常平仓可撤销，不要与百姓争利益。汉元帝听从他们的建议，都废除了。

当然，耿寿昌“常平仓”之议甫出，就遭到了诸如萧望之之流的反对。对于萧之异议，颜师古在注《汉书》卷八《宣帝纪》时评骘曰：“此望之不知权道。”而王夫之在《读通鉴论》中则认为这是由萧望之“矫以与人立异”的个人品质所决定了的：“夫望之者，固所谓可小知而不可大受者也。望之于宣帝之世建议屡矣，要皆非人之是，是人之非，矫以与人立异，得非其果得，失非其固失也。”颜、王二人于此之论未为允当，萧望之之所以反对耿寿昌的常平仓之议，从历史记载看，是因为他与耿在仓储之论上有分歧，与耿之仓储于国的观点相反，萧望之主张因袭古者富“臧于民”。萧望之认为，“臧于民”就是减轻租赋，让民富足，然后再取之于民以补国家之不足，而国家储备充足，又是灾荒年月赈济灾民的保障，萧望之概而言之为“臧于民，不足则取，有余则予”。“臧于民”是国家“不足则取”的前提和条件，而“有余则予”则是国家仓储的终极目的。萧望之这种“臧于民”的主张与重农荒政思想中的富民论较为相近，具有相当的积极意义。

《淮南子·主术》记载，刘安认为三年耕种要结余一年的粮食，一共九年而有三年的积蓄，十八年而有六年的贮存，二十七年而有九年的储备，即使发生水旱灾害，百姓没有穷困流亡的。因此，诸侯国有九年的储备，称作储备充足；没有六年的积蓄，可以称之为很危急；没有三年的贮存，就已经很穷乏了。因此，刘安很注重仓储。而且刘向主张，与萧望之粟“臧于民”的荒政思想几如出于一辙。

刘向在《新序》卷六中言：“周谚曰：‘囊漏贮中’而独不闻欤？

夫君者民之父母也，取仓之粟，移之与民，此非吾之粟乎?!……粟之在仓，与其在民，于我何择！邹民……皆知其私积之与公家为一体也。”据引文中“周谚曰”一语，我们可以推测“囊漏贮中”的思想并非刘向首创，早在周代即已有之，但其具体内容究竟为哪些，不可详知。但在刘向这里，“囊”乃国家之官方粮仓，“中”为民仓。“囊”中之储，是小民一年四季辛勤劳动的收获物，在百姓总收成有限的条件下，“囊”之蓄积越丰，百姓所承受的剥削就越重，其储则越少，是为时人所强调的“蓄积多则赋敛重”。于是，每当“灾害发起”之时，一方面会出现“百姓空虚，不能自赡”的情形；另一方面，“余衍之蓄聚于府库”，虽然国家因之而“囷仓粟有余者”，然而由于种种原因，灾民却得不到政府的救济。“财竭力尽”的百姓在“灾异屡降，饥馑仍臻”之年，“流散冗食”，常常“馁死于道以百万数”。“王者以民为基，民以财为本，财竭则下畔，下畔则上亡。是以明王爱养基本，不敢穷极，使民如承大祭。”鉴于此，刘向认为与其如此重敛而使“粟之在仓”，莫如轻徭薄赋以利“粟之……在民”，即“囊漏贮中”。在他看来，于国家、统治者而言，粟之积于国仓和“在民”没有什么区别，而“贮中”则往往会收到“粟之在仓”所无法比拟的实效，即“富民强国”。

二、中央仓储

秦汉仓储的管理，有制度和法律上的规定。秦在统一之前就有了内史管理仓储，内史之下分设太仓和大内。在《通典》卷二十六《职官八》中有载，秦代设有官职“太仓令、丞”。而且，在睡地虎秦简中，有《仓律》《效律》等对仓储的设置、看管，出仓登记、封识，奖惩制度有了一系列规定，说明仓储制度在此时已经相当成熟。秦朝建立之后，也有比较完备的仓储系统。秦末的敖仓，在荥阳西北山上，是濒临黄河的大仓，为兵家必争之地。在楚汉战争时，韩信与项羽的楚军在荥阳、南京鏖战，一个重要的原因就是为了取得敖仓的粮食。

汉承秦制，在汉代的职官中，大司农总领粮仓，设有太仓令，郡国设有仓农监等，管理仓储。仓储系统中还有啬夫等属吏来管理。两汉时期的著名粮仓有京太仓、京师仓、敖仓等，平时储存大量粮食，发生严重灾荒时，则“发仓廪以振贫民”。西汉高祖七年（前200年），“萧何修治未央宫，设立东阙、前殿、北阙、武库、太仓”。惠帝六年（前189年），“设立太仓、西市”。西汉初年，在京师四维，广设仓储。太仓为重要的国家仓储，汉武帝时，太仓之粟陈陈相因，充溢露积于外，至腐败不可食。东汉时，《后汉书》卷二十六《百官志三》载有大司农的属官中有太仓令。另外，在《后汉书·礼仪志》中还有籍田仓的记载：春始东耕于藉（籍）田，官员祭祀先农，先农即神农炎帝。祭祀时太牢一人在前，百官跟从，重重赏赐三辅二百里孝悌、力田、三老布匹。粮种百谷万斛，设立籍田仓，设置令、丞。

到晋朝承受天命，晋武帝想平定并统一长江以南。当时粮食便宜而布匹丝帛很贵，晋武帝想设立平籴法，用布匹丝帛买粮食，作为粮食储备。提意见的人认为军费还少，不应该用贵的换便宜的。泰始二年（266年），晋武帝下诏说：“百姓在收成好的时候就花费过度，在凶年荒年的时候就缺钱少粮，这是互相报应的缘故。所以古人权衡国家的用度，从有富余的地方取用而分散给欠缺的，形成了轻重平籴的制度。管理财政平均使用，有益而不浪费，是最好的治理。但是这样的事情被废弃了很久，天下人希望按照习惯了的做法行事。加上官府的积蓄还不充分，讨论时的意见不一致，还没能够理顺财物流通的制度。更加使得国家的宝物在丰年流散而皇帝收不到，贫穷羸弱的人在荒年遭困而国家没有储备。豪强和富裕的商人，带着轻便的资金，购藏大量物资囤积，来谋求他们自己的利益。所以农夫认为自己的工作很苦，而从商之类的事情不能禁止。如今减省徭役一心从事农业生产，努力开垦种植，希望让农业生产更加发展，耕种的人更加努力，可是还有人抬高物价，以至于农民们都受到伤害。现在应该买进谷物，以便弥补歉收年的不足。主管的人斟酌商定，具体地制订出条例制度。”但是事情最终没有实行。当时江南还没有平定，朝廷对农业种植投入大量精力。泰始四年（268年）正月丁亥日，皇帝亲自耕种。庚寅日，下诏说："让四海之内的人民，抛弃经商返回到农业上来，竞相从事农耕生产，并能够奉扬我的志向，让百姓努力劳动乐于农务的，那只有郡县官员们了！先之劳之，在于不倦。每当想到他们经营本职事务时，那也是很勤勉的啊。就把中典牧和左典牧的种母马，赐给县令的下属官员和在郡国任职的官员每人一匹。"泰始七年（271 年），朝廷认为杜预擅长运筹谋划，匈奴统帅刘猛发兵反叛时，从并州西到河东、平阳，诏令杜预以散侯身份在宫中设定计谋，不久任度支尚书。杜预于是上奏立籍田，安定边疆，以及治国之要事。又奏请制作人排新器，兴建调节粮价的常平仓，规定谷物价格，核定食盐贩运，制定赋税条例，对内利于国家对外救助边塞一类建议 50 多条，都被采纳。晋武帝咸宁二年（276 年）九月丁未日，在城东起建太仓，在东西市建常平仓。《隋书》指出，东晋时期，其粮仓，京师有龙首仓，即石头津仓，台城内仓、塘仓、常平仓、东西太仓、东宫仓，所贮存总共不超过 50 多万石。

南齐武帝永明五年（487 年）九月，下诏书说："京师及四方出钱亿万，购进米、谷、丝、绵之类物品，以平价优惠卖给百姓。曾经在边远地区采购的杂物，如果不是当地传统的产品，全部停止。一定要让当年的赋税事宜，都邑所缺乏的，可以根据现价议价购买，不要拖欠削减。"南齐武帝永明中，天下米、谷、布、帛价钱低贱，武帝想设立常平仓，市积为储。南齐武帝永明六年（488 年），武帝下诏，兼尚书右丞李珪之等参加议论，在京师动用上库钱五千万，购买米、丝、绵、绫、绢布；扬州出钱千九百一十万，南徐州三百万，在各自的郡所市籴。南豫州二百万，购买丝、绵、绫、绢、布、米、菽、麦。江州出钱五百万，买米、胡、麻。荆州出钱五百万，郢州出钱三百万，都用来购买绢、绵、布、米、大小豆、大胡麻、荆州米和粳粟。湖州出钱二百万，购买米、布、蜡。司州出钱二百五十万，西豫州出钱二百五十万，南兖州出钱二百五十万，雍州出钱五百万，皆是购买绢、绵、布、米，南兖州还买了大麦大豆。使台传达朝廷命令让各州郡在市场上购买交易。

北魏孝文帝太和十二年（488 年），下诏要求百官提出安定百姓的措施。有关部门上书说：“建议分出州郡正式租调的九分之二以及京师度支部门每年的结余，另外储存，并设立专门官员管理，年籴粮储存入库，歉收之年则加十分之一的价卖给民众。如此一来，民众必然努力耕田以卖粮买绢，积蓄钱财以便荒年买粮。有关部门官员，在丰年就经常籴粮储积，歉年便估价出售。此外，再另立农官，抽调州郡十分之一的农户作为屯民由农官督率，选择条件较好的地方，按户分给一定数量的田地，用国家没收的罪犯赃款赃物购买牛力给这些民户使用，让其努力耕作。一夫所耕之田，一年要求其交纳六十斛粮食，免其正常租调及一切杂役。采取这两项措施，数年之内便可做到粮食丰满而民众富足。”皇帝看了奏疏后，觉得是个好办法，随后便付诸实施。从此以后，国家和民众都丰足起来，虽然时有水旱灾害，也没有造成大的灾难。太和二十年（496 年）十二月，设立常平仓。北魏孝庄帝初年，时在丧乱之后，仓库空虚，于是颁布纳粟买爵的制度。输粟八千石，赏散侯；六千石，赏散伯；四千石，赏散子；三千石，赏散男。职员输七百石，允许依照门第出身的规定取得做官资格，输一千石，加一大阶；没有门第者输五百石，可以取得正九品出身的资格，输一千石，加一大阶。佛寺弟子如有输粟四千石到国库者，授予本州统的官职，如果本州没有相关僧职，就授予大州都；如果不纳入京师国库，而输入外州郡仓库者，输粟三千石，可得到畿郡都统，依州格；如果输五百石入京师国库，则授予本郡维那，如果本郡没有相关僧职，就授予外郡僧职；输粟到外州郡仓库七百石以及输粟到京师国库三百石的人，可授予县维那。北魏孝明帝孝昌三年（527 年）二月，下诏说：“关陇遭受贼寇祸难，燕赵一带叛逆侵凌，百姓流浪，农民失业，加上转运、劳役很多，州中粮仓储备，已经空无所有，除非实行输赏的条例，怎么能停息漕运的烦劳？凡有能运输谷粟到瀛、定、岐、雍四州的，官斗二百斛赏官位一级；输入到南北华州的，五百石赏一级。不限定多少，谷粟送后就授予官职。”

梁武帝中大通六年（534 年），分为六坊的皇城警卫部队中跟随孝武帝到西边去的不到 1 万人，其余的都迁徙到了北方，并常年供给他们俸禄，春秋两季皇帝还要送绸缎供给他们做衣服用，除了正常赋调之外，在庄稼丰收的地区，将绢帛折价买进粮食供国家使用。

东魏孝静帝天平年间，常调之外，根据粮食丰稔的情况，各地折绢籴粟，用来充实国家储备。在本州沿河渡口码头，皆设置有官仓贮积粮食，以此来比拟漕运。自是之后，仓廪充实，虽有水旱凶饥灾害，受灾地皆仰赖开仓以赈济灾民。

陈文帝天嘉五年（564 年），又命令老百姓中满 18 岁的授给田地并交纳赋税，20 岁的当兵，60 岁可以免除劳役，66 岁时交还田地，免去赋税。男子一人授给 80 亩露田，妇女授给 40 亩，奴婢授给同样的亩数，有一头耕牛的增授 60 亩。大致一对夫妇的赋税是一匹绢、八两绵，垦租二石，义租五斗；奴婢是平民的一半，一头牛征赋税二尺绢，垦租一斗，义租五升。垦租上缴中央，义租缴给所在郡以防水旱灾年。

后周太祖起初为魏相时，创制司仓，掌辨九谷之物，以衡量国用。国用充足，蓄其余以备凶年荒年所用；不足，则停止使用。国用足则用粟贷给百姓，春天放贷，秋天收贷。

三、地方仓储

除了上一节中，中央政府设置的仓储之外，各个郡国也建设了为数不少的中小型粮仓。另外，甘泉仓及北边诸仓的作用主要在于保证北边军粮供应，然而由于北边曾安置大量内地灾荒移民，因而这些仓储的实际作用也与救荒有关。根据考古及出土简帛信息，主要用于军事目的的有都尉仓、侯官仓、部仓，另外边地仓储主要有玉门仓、昌安仓、居卢訾仓。

成都郭外有秦时的旧仓，公孙述改名为白帝仓。自王莽以来时常空置。沛公刘邦包围宛，南阳守舍人陈恢说：“宛，大郡的都城。连接城池数十个，百姓众多，积蓄丰富。”

汉文帝时，发生旱灾、蝗灾，于是文帝下令发放仓库中的粮食来赈济灾民。汲黯经过河南时，河南贫困的百姓遭遇水旱灾害的有上万家，有的父子相食。因此，他手持符节，发运河南仓廪的粮食赈济灾民。元狩三年（前 120 年），函谷关以东遭受水灾，百姓很多遭遇饥馑、困乏，于是天子派遣使者，打开郡国仓廪来赈济灾民。元狩四年（前 119 年），太行山之东遭受黄河水灾，汉武帝调拨巴蜀的粮食赈灾。本始四年（前 70 年）春季正月，运输长安仓的粮食，帮助赈贷贫民。王莽派遣三公、将军，开放东方诸仓，赈济穷乏。汉安帝元初七年（120 年），安帝调运零陵、桂阳、丹阳、豫章、会稽的租米，赈济南阳、广陵、下邳、彭城、山阳、庐江、九江饥民，又调运滨水县谷输敖仓。樊准出使冀州，吕仓出使兖州，吕仓和樊准到达目的地，就开仓赈济灾民粮食，慰问百姓，让他们安心生活、劳作，流民都能够得以保存生机。汉桓帝永兴二年（154 年），云汉发生干旱，川陵涌水，蝗虫滋生，毁坏庄稼，诏曰：那些没有受灾的郡县，应该为遭受饥馑的储存粮食。

除州郡设有仓储，县也普遍设有仓储。东汉章帝时，武原县遭遇饥荒，县令苏章开仓赈济，3000 余户赖以存活。山阳湖陆人度尚，汉桓帝延熹四年（161 年）任文安县令时，遭遇疾疫，谷价贵，百姓遭遇饥荒。度尚开仓赈济饥民、疾者，百姓都仰仗他的救济。韩韶为嬴县县令时，流民进入县界求索衣服、粮食的很多。韩韶怜悯他们的饥困，开仓赈济他们，赈济达万余户。

《敦煌汉简》简 619 记载安定太守由书转运粮食到嘉平仓。《敦煌汉简》简 1262 中有“粟输渭仓”的记载。《居延汉简释文合校》的人事调任中有两则涉及仓长事宜：三月丙午，张掖长史、延行太守事肩水仓仓长，汤兼行丞事；五月甲戌，居延都尉，德库丞登，兼行丞事，下库城仓。《华阳国志》卷三《蜀志》记载，汉时蜀地有五仓，名万安仓。

北齐武成帝河清三年（564 年），定令各州郡平常设置富人仓。起初设立之时，核准所领中下户口数，得以支一年的粮食，每逢所在州谷价贱时，酌量分出当年的义租充入。谷价贵时，以低价卖出；谷价贱，再将所卖出之物依价买入贮存。

东晋时期，在京师之外有豫章仓、钓矶仓、钱塘仓，都是很大的储备之处。其余各州郡和官署驿站，也各设有粮仓。

四、民间储备

先秦时期就发展了丰富的“藏富于民”思想。汉代的民间仓储很普遍，统治者督率民众加强积贮，并在灾荒赈济时充分利用，发动民间力量救济灾民。民间仓储一般规模较小且比较简陋，非常注重因地制宜，就近储粮，“委粟平地”“委菽依垣”“委米依垣内免”，因此，在大型仓储之粮尚未运抵灾荒之地，民间仓储会及时地提供赈济物资。如西汉渤海太守龚遂亲自节俭以为表率，劝百姓从事农桑，春夏去田亩劳作，秋冬按时课税，使郡中都有积蓄，官民富裕、殷实。汉成帝永始二年（前 15 年），成帝下诏说函谷关以东连年不获丰收，官员百姓因道义所在，收纳贫民、捐谷物帮助县官赈济的人，政府赐予与他花费相当的租赋。那些捐助达到百万以上的，百姓加赐第十四爵；想要做官，要补交三百石，官员升官两个等级。捐助达三十万以上的，百姓赐爵五大夫，官吏升官两个等级，百姓补郎官。捐助达十万以上，家免三年租赋。捐助万钱以上的，免租赋一年。

东汉和帝永元五年（93 年），和帝令郡县官员劝告百姓贮存蔬菜杂粮，来弥补主食的不足。桓帝永寿元年（155 年），司隶、冀州发生灾荒，百姓遭遇饥荒，桓帝下令州郡赈给弱小的贫民。若王侯官民有储备谷物的，一律出贷十分之三，用来帮助禀贷；凡是百姓官吏帮助赈济的，朝廷用现钱偿还贷粮。王侯助赈的粮食，到纳新租的时候偿还。

1997 年江西南昌县小兰乡出土的西晋元康七年（297 年）墓“立鸟谷仓”，仓体近球形，平底，近顶部和腹部分置三周凸棱，顶部立一鸟，腹中部开一方形仓门，门两侧各置一有孔耳形门套，带钮方形仓门板与其组合配套使用。既有防盗设施，又兼顾渗漏、防潮，是西晋时期南方地区谷物储藏的实物见证。从立鸟谷仓，可以考察魏晋时期的储粮技术。

第二章 水 利

一、沟洫系统

沟、洫农业是指我国农业发展史上一种配有田间排水系统的旱作农业。沟、洫是用于田间泄洪排涝的大小水渠。这种农业主要兴起于原始社会末期的华北平原。当时华北平原气候温暖，沼、泽、沮、洳较多，没有经过人工治理，洪涝频繁。要想在这样的低平地区发展农业，首先必须开沟排水，解决洪涝问题。由此产生的沟洫农业逐渐成为黄河中下游传统农业的主导形式。史载大禹治水后，又"尽力乎沟洫"，带领各部落人民开沟挖渠，建立田间排水系统。当时的挖沟工具都是木质或石质的，非常简陋，沟洫农业发展还处于初期。到了西周，周王朝实行井田制，农业工具也比以前发展了，沟洫更加适合农业发展，井田与沟洫充分结合，建立起了完备的沟洫农业制度。

沟洫系统是我国劳动人民在劳动实践中的伟大创造，它既可以防洪，又可以抗旱。在雨水过多的情况下，可以通过沟洫排水；在排水的过程中，一部分水量又会渗入沟洫两旁的土壤，成为地下水，当农作物需要水的时候，这些水就可以通过土壤的毛细血管被农作物吸收，起到抗旱的作用。在气候干旱少雨的时候，少量的降水完全可以保留在沟洫里，渗入到土壤中，最后被农作物吸收。所以，沟洫制度的建立，大大提高了土地产量和农业生产的稳定性。

沟洫制度建立后，农作物的耕种方法也发生了改变。原始农业时期，土壤耕种的基本方法是点播法，即不翻地，不起垄，在放火烧荒的土地上用耒耜戳穴点播。当沟洫制建立起来后，沟洫两边的土地自然形成了高出地面的垄畦，人们就把农作物种在垄畦上。以后，逐渐与井田制结合在一起，形成一种正式的耕作法，叫"甽亩法"。

随着生产力的进步，土地制度的变迁，原有的井田制被破坏，土地逐渐私有化，农业生产个体化越来越成为生产的主导形式。铁质工具的广泛使用为沟洫制度提供了新的劳作形式。铁质工具由于锋利、耐用，为土地的深耕提供了保证。《管子》强调深耕，认为若“耕之不深，芸之不谨……虽不水旱，饥国之野也”。耕地不深，除草不勤，虽然没有发生水旱，也是一个饥国的田野。铁质农具的普遍使用和牛耕的进一步推广，使得土地深耕、熟耰变得名副其实，土壤的防旱保墒进一步加强。西汉《氾胜之书》提出，黑垆土等强土，耕后要及时磨平磨碎，防止跑墒；轻土、弱土耕后要及时镇压，或用牛羊践踏，以提高保墒。氾胜之还认为保墒防旱不是一种临时性措施，而是一年四季都要注意的事情，利用冬雪也很重要。他提出：“冬雨雪止，辄以蔺之，掩地雪，勿使从风飞去；后雪复蔺之；则立春保泽，冻虫死，来年宜稼。”冬雪停止之际，要用器具将雪压入地里，把地面的雪掩住，不要让它被风吹飞；以后下雪，再压进去；这样，立春以后，可以保持水分，同时，虫也冻死了，来年的庄稼一定好。冬雪不仅可以“保泽”，还能消灭田间害虫，实在是一举两得。

汉献帝建安十八年（213 年），曹操凿渠，引漳水东入清、洹以通河漕，名字为利漕渠。

三国魏时，贾逵对外整顿军队，对内治理民事，截断鄢水、汝水，修造新的蓄水塘，又拦住山上的泉流和溪沟里的水，建起小弋阳陂，疏浚运输的河渠 200 余里，这就是人们所说的贾侯渠。范阳郡有一条旧水渠，叫督亢渠，长 50 里；渔阳燕郡戾陵有一些旧塘堰，方圆约 30 里。这些渠道塘堰都长年失修，废毁多时，一直没有修复利用。而当时水旱灾害频繁，百姓饥饿不堪，裴延俊认为修复旧渠堰，一定能够成功，于是上书请求批准动工。工程开始后，他亲自查看水利地形，对各种施工都检查督促，不久，工程竣工，可灌溉田地百万余亩，效益提高了 10 倍。刘靖修建扩展戾陵渠大坝，引水灌溉蓟地南北的田地；三年改种水稻，给边境的百姓带来了好处。曹魏齐王正始二年（241 年），邓艾开凿了广漕渠，每到朝廷对东南有军事活动，大军兴众，泛舟而下，到了江、淮，有粮草储备而没有水害，无不仰赖邓艾所建的广漕渠。

晋宣帝时，同时修治扩大淮阳、百尺两条水渠，上引黄河流水，下通淮河和颍水，在颍南、颍北大规模整修各个堤坝，开凿水渠300多里，灌溉农田2万顷，淮南、淮北都互相连接起来。晋武帝泰始十年（274年），光禄勋夏侯和上奏修建新渠、富寿、游陂三条水渠，共计灌溉农田1500顷。杜预修建邵信臣遗迹，阻遏滍、淯几条河水来浇灌万余顷良田，划分田界刻石碑，使有规定，公私同时得利。百姓信赖他，称他为“杜父”。旧水道仅有沔、汉通往江陵一千几百里，向北没有通路。此外巴丘湖、沅湘交汇的地方，内外有山川，确实险固，正是荆蛮所凭仗的。杜预于是开杨口，从夏水到巴陵1000多里，对内泄除长江水险，对外沟通零桂的漕运。

前秦建元十三年（377年），苻坚因为关中水旱不合时，商议依照郑白的旧事，征发王侯以下及豪门望族富贵人家的奴仆3万人，开挖泾水上游，挖山筑堤，开渠引水，灌溉盐碱地。到春天完工，百姓得到好处。

北魏刁雍为薄骨律镇镇将，他到军镇就向皇帝上奏章说：“富平西边三十里，有艾山，南北绵延二十六里，东西横贯四十五里，凿开艾山用来通河，似乎有大禹治水的昔日遗迹。新开凿的水渠两岸用作灌溉农田的大渠，宽十余步，艾山南边引来水流到此渠中。据统计，昔时高于河水不超过一丈，河水水流湍急，沙土在水上漂流。现在水渠高于河水二丈三尺，又因为河水的侵蚀，往往有崩溃的危险。水渠的地势高了，水流很难流通，虽又在各处按旧渠的轨迹来引水，水源还是很难得到。现在的艾山北边，河中有洲渚，水分为两个部分。西河又小又狭窄，河流水面宽一百四十步。臣今请求来年正月，在河西高渠北边八里之处，河水分流处下游八里的地方，在平地开凿水渠，水渠需要宽十五步，深五尺，修筑水渠两岸的堤坝，让堤坝高一丈。水渠之水往北蜿蜒四十里，还流入古时候的高渠，既然修筑了高渠的北边，复八十里，一共百二十里，会带来大面积的良田。共计用四千人，四十天的工期，水渠可以修好。我准备开凿的新渠渠口，河下五尺，水流不进去。现在请求从小河东南岸斜向到西北岸，计长二百七十步，宽十步，高二丈，拦腰截断小河。用二十天的工期，工程可以完成，合计工期需要六十天。小河之水全部流入新渠，新渠水流充足，可以灌溉官田民田四万余顷。一旬时间，水流可以把良田灌溉一遍，凡是新渠灌溉到良田，粮食都能够丰收。”朝廷准许了他的方案，国库和百姓都因为新渠的修建获得了利益。北魏孝文帝太和十二年（488 年）五月，下诏六镇、云中、河西以及关内各郡，各自兴修水田，挖通水渠以便灌溉农田。

北齐武成帝河清三年（564 年），斛律羡又导高梁水北合易京，东汇于潞河，用以灌田。这样，边储获利，岁岁积累，减省漕运之费，公私两便。

二、陂塘

秦汉时期，民间充分利用当地自然环境，兴修了许多小型灌溉工程——陂塘。这种水利设施在秦汉文献中多称之为“陂”。其用途很多，除用于灌溉外，还可发展渔业。《史记·货殖列传》认为“水居千石鱼陂”，产千石鱼的鱼塘，财富就能与千户侯相等。在四川发现的汉代墓葬的稻田陶土模型，常常直接与一个小池塘模型连在一起，池塘里有鱼、船，甚至还有青蛙。20 世纪 70 年代至 90 年代，考古工作者在云南出土陂池水田模型 8 件，分布于东至云南的嵩明，西至云南的大理。模型或呈长方形或呈圆形，中间一道坝将模型分成两部分，一半为水池，内有水生动植物，另一半为水田。这是民众利用资源向自然博取利益的良好体现。

陂塘在许多地方都存在过，关中、山东等地皆有。

汉武帝曾下诏云：“左、右内史地，名山川原甚众，细民未知其利，故为通沟渎，畜陂泽，所以备旱也。”左、右内史辖地，名山、河流、原地很多，百姓不知道它们的好处，所以开凿沟渠，在陂塘、湖泽蓄水，用来防备旱灾。

汉武帝时，灌夫家有千万家资，食客每天有数十甚至上百人。他在居所修建池塘、田地庄园，他的同族人和宾客为争权夺利，横行颍川。武帝时，酷吏宁成家在南阳，归家后在家乡放高利贷，买有池塘的田地千余顷，借贷给贫民，让数千家为其劳作。

东汉杜诗做南阳太守，制造水排，铸造农具，百姓用力少，但很方便。他还修建整理界内的池塘，开拓田地，郡内富足，百姓喜欢他的德行。

东汉建安时期，刘馥做扬州刺史，广泛屯田，大力整治芍陂、茄陂、七门堨、吴塘陂等用来灌溉稻田。

陂塘有的属于民众，有的则属于政府或者诸侯国。政府设有陂官管理陂塘。《汉书·地理志》载九江郡设置有陂官、湖官。汉宣帝时，"相胜之奏夺（广陵）王射陂草田以赋贫民"。意思是说，广陵相胜之奏请朝廷夺取广陵王刘胥在射陂的草田用来分给贫苦百姓。射陂即射水之陂，在射阳县。地方官吏也积极修建陂塘，东汉时极为兴盛。明帝永平年间，汝南郡池塘较多，每年决口损坏，耗费钱财常有三千多万，太守鲍昱于是在上游利用方梁石制作渠道水闸，水量充足，可以灌溉更多农田，人民生活富足。章帝元和年间，张禹做下邳相，徐县的北部有蒲阳陂，附近有很多良田，然而都荒废着无人修整。张禹开修水闸，引水灌溉，于是，变成数百顷成熟的田地。他勉励引导官吏百姓，借给他们粮食种子，勤勉劳作，遂获得粮食大丰收。邻郡的贫穷百姓有数千户来归附他，他们盖的房屋相互连接，那个地方便形成了市镇。后来每年垦田达到千余顷，百姓得以温饱自给。新蔡县有青陂，灵帝建宁三年（170年），新蔡长李言奏请修复当地的青陂，得到许可，青陂灌溉有500余顷。

在灾荒时期，政府有时会开放陂塘，供灾民使用。司马相如在其《天子游猎赋》中多次提到"陂"，借天子之口说道："苑中土地可以开垦，全部改为农田，用来供养百姓、属臣。推倒围墙，填平沟壑，让山中、大泽中的百姓得以到此劳作。蓄养陂池，不再禁止百姓捕捞；空下宫馆，不再入内住宿。打开粮仓，赈济贫穷百姓，补助衣食不足的人，抚恤鳏夫、寡妇，周济孤儿和老人。"汉元帝初元元年（前48前）下诏：关东地方今年粮食歉收，很多百姓无法生活。令各郡国对遭受重灾的百姓免收租税。属于少府管辖的江海陂湖园池等租借给贫民，不收租税。汉献帝兴平元年、二年（194—195年）间，发生了大的旱灾，蝗灾接踵而至。夏侯惇在陈留屯田，领陈留、济阴太守，他利用太寿水为陂塘，亲自背土方，率领将士种植稻谷，民赖其利。汉献帝建安五年至十三年（200—208年），刘馥聚合儒生，设立学校，扩大屯田，兴建芍陂以及茄陂、七门、吴塘等拦河水坝用来灌溉稻田，使官府和百姓都有储粮。

三国魏文帝时，郑浑为阳平、沛郡二太守，管辖的郡内地界低洼潮湿，遭受水涝灾害，老百姓饥饿困乏。郑浑在萧县和相县（今安徽淮北相山区）的交界处，修筑陂池水坝，开垦稻田。郡里的人都认为这样做不适宜，郑浑说："这里地势低下，便于灌溉，这样做终究会在养鱼种稻上带来长久的收益，这可是使老百姓富裕的根本大事啊。"于是，他带领官吏和百姓，一个冬天的时间就全部完成。第二年获得大丰收，田亩的粮食产量逐年增加，缴纳的租赋是往常的两倍，老百姓仰赖他带来的好处，撰文刻石颂扬他的功绩，并把修好的陂池命名为郑陂。魏明帝青龙元年（233年），司马懿凿通了成国渠，自陈仓到槐里修筑了临晋陂，引汧洛之水灌溉了3000多顷盐碱地，国库由此富足充实。刘靖修建扩展戾陵渠大坝，引水灌溉蓟地南北的田地；三年改种水稻，给边境的百姓带来了好处。

晋武帝咸宁元年（275年），下诏说："今年雨水过量，又有虫灾。颍川、襄城自春季以来，大部分都不能播种，为此深深感到忧虑。当地负责人怎么替百姓考虑的，尽快提出意见来。"杜预上奏疏说："臣经常想，如今东南水灾特别厉害，不仅五谷没有收获，家居产业也都被损害，低洼的田地到处积着污水，高处的土地又都多半坚硬瘠薄，像这样百姓的困苦穷愁一定会出现在来年。即使诏书谆谆告诫地方官员们就此想办法，而不改变根本大计，确定有关的正确方向，恐怕会徒然，真正的益处很少。现在正是秋夏蔬菜食物最多的时候，可是百姓已经有不够的了，往下到冬春两季，野外连青草都没有，就一定指望仰赖官家的救济粮，用来活命。这才是一方的大事，不可不预先考虑的啊。臣认为既然因为以水为田，应当依仗鱼菜螺蚌，而洪水泛滥，贫穷弱者始终无法得到它们。如今应该大规模破坏兖州、豫州东部边界的所有堤坝，根据水流所向而加以疏导，使得饥民们全都能利用丰富的水产品，百姓不用走出本地边界，早晚都能在野外找到食物，这就是每天供给的办法。洪水退去以后，填塞了淤泥的农田，每亩可以收获好几种。到春季大量种植五谷，五谷必定丰收，这又是明年的收益了。”杜预又说：“各种想要整修水田的人，都认为火耕而水耨最便利。并不是那样，不过这样的方法用在新开垦的田和荒地，和百姓居住的地方相隔离的情况下罢了。从前东南一带刚开发而人口稀少，所以拥有可以用火烧荒的便利。近来户口天天增加，可是蓄水塘每年决口，良田里长出蒲草芦苇，人们居住在水泽岸边，水陆失调，放牧绝种，树木枯死，都是堤陂为害。堤陂多导致土层薄而水浅，积水不能往下渗掉。所以每当有洪水大雨，就又泛滥横流，影响到旱田。议论的人不考虑其中的缘故，就说这样的土地不能种植旱地作物。臣统计了汉代的户口，来核验现在有堤陂的地方，都是当年的陆地。其中有的还有旧陂旧堰，都是坚固完好的，不是现在所说的危害人民的。臣以前见尚书胡威上奏说应该毁掉堤陂，他的话诚恳至极。大臣中又有宋侯相应遵上书提议，请求毁掉泗陂，改变运粮的路线。眼下都督和度支共同处理，各自根据自己见到的，不听从应遵的意见。臣考察了应遵上书说的事情，运粮路线往东到寿春，有旧的水渠，可以不经由泗陂。泗陂在应遵管辖的地界内毁坏耕地共一万三千多顷，伤害败坏了现成的基业。应遵的辖区里管理的应有农户二千六百口，可以说非常少，却还担忧土地狭小，不足以尽力，这都是水害造成的。应当共同关心这件事，客家都督和度支又各自意见不同，不难看出，仅仅是因为认识不同妨碍了事理。人心所想到的既然有不同，利害关系的情况又有差异。军队方面和地方郡县，士大夫和老百姓，他们的认识没有一点相同，这些都是因为偏重它的好处而忘记了它的害处。这正是事理之所以还不被了解，而实际中之所以有很多困难的原因。臣又认为，荆河州界内二处度支所管理的农户，都是州郡的大军杂士，共用水田七千五百多顷罢了，算起来三年的积累，不超过二万多顷。根据常理来说，没有必要过多积存没有用处的水，何况如今洪水成涝，造成了大灾害。臣认为与其失当，不如泄掉它而不蓄积。应该发布明文诏令，命令刺史二千石，凡是汉代的旧陂旧堰以及山谷里的私家小陂，都应该修缮好以便积水。凡是各代魏氏以来所建造的，以及各种因为雨水冲决后而建的蒲苇马肠之类的小陂，全部拆毁它。长吏二千石亲自到现场鼓励作业，所有出力的人都集中听从号令，赶在水能冻结之前，能够大致枯涸，其中参加整修有实际功劳的人都加以鼓励。凡是旧的水塘沟渠应当有所修补堵塞的，都查找出微小的迹象，一律按照汉代的做法，预先分类备案。到了冬季，东南一带休兵交接的时候，各自留出一个月来做这件事。山川河渎有不变的流水，地势形貌有一定的样子。汉代居民众多，尚且没有问题，如今根据遇到的问题而把它泄掉，仿效古代的事例而了解眼前的问题。根本的道理是很明显的，可以很轻易地明白。臣不胜愚意，窃以为实在是如今最大的现实利益所在。”朝廷听从了他的意见。

晋元帝时，张闿任晋陵内史，当时所属的四县因为干旱而歉收，张闿就兴建曲阿新丰塘，能灌溉田地800余顷，每年都丰收。

北魏时，范阳郡有一条旧水渠，叫督亢渠，长50里；渔阳燕郡戾陵有一些旧塘堰，方圆约30里。这些渠道塘堰都长年失修，废毁多时，一直没有修复利用。而当时水旱灾害频繁，百姓饥饿不堪，裴延俊认为修复旧渠堰，一定能够成功，于是上书请求批准动工。工程开始后，他亲自勘查水利地形，对各种施工都检查督促，不久，工程竣工。可灌溉田地百万余亩，效益提高了10倍。

宋文帝元嘉七年（430年），刘义欣担任荆河刺史，镇守寿阳。寿阳当时土境荒毁，百姓离散。刘义欣制定了一系列政策，根据实地情况加以治理。芍陂本有良田万顷，堤堰年久失修，秋夏两季经常闹旱灾。刘义欣遣谘议参军殷肃巡行芍陂加以治理，用旧的沟渠引淠水入陂，伐木开榛，水流畅通，由是年年丰收。

三、大型水利工程

中国古代就是一个农业大国，农业的发展离不开水利，所以，中国人民很早就有了水利工程的建设。水利工程主要有三种用途，一是防洪，二是灌溉，三是漕运。与自然灾害密切相关的是防洪和灌溉，所以，此处暂不讨论漕运的发展。很多地区的水利工程防洪、灌溉两者作用是兼备的，很难严格区分。

（一）防洪工程

所谓防洪工程，指的是政府组织的专门为预防洪水危害而修建的水利工程。这样，政府在水灾暴发后立即组织的为堵塞洪水而修建的工程就不算防洪工程，可称它们为治水工程。中国古代大的防洪工程起源至少可以从春秋战国时算起，黄河中下游大规模的人工堤岸开始出现。

秦汉时期，水灾众多，防洪工程的修建更加重要。秦汉时期的水利工程众多，但多为防洪、灌溉功能并存工程，真正专门为防洪而修建的却数量不多。防洪工程在当时大致可分为两类，一类是用修筑堤防，疏浚江湖河道，设置堰闸斗门，以调节和控制水资源的流程和流速，以防治水灾。另一类水利工程是用修筑海塘，控制海浪。据顾浩研究，海塘工程起源于秦汉时期，根据刘宋时期的《钱唐记》，认为："东汉时期钱塘江口一带人民确实已经有了兴筑海塘、抵御海潮的活动。江苏海塘，在东晋已有明确的文字记载。"《水经注·渐江水》引《钱唐记》："防海大塘在县东一里许，郡议曹华信家议立此塘，以防海水。"防海大塘在县东1里左右，由郡的议曹华信家族主持议立，用来防范海水。

秦汉时期有以下重要的防洪工程。

汉武帝元封二年（前109年），修筑瓠子堵口工程。汉武帝元光三年（前132年），黄河在瓠子决口，从东南向注入钜野泽，沟通淮水、泗水，泛滥面积达16个郡。在这样规模巨大的水患面前，汉武帝毅然派遣汲黯、郑当时带领10万人堵塞决口，还建造一座龙渊宫。可惜不久河堤又被冲坏。当时武安侯田蚡为丞相，他的封邑鄃县在黄河北岸，河决之南则没有水患，粮食收获就多。田蚡为了一己之利，对武帝说："江河之决皆天事，未易以人力为强塞，塞之未必应天。"一些方士也这样认为。由于某些原因，武帝没有对河决足够重视，所以长时间没有堵塞瓠子决口。长时间没有堵塞决口的后果是自黄河在瓠子决口后

20多年，每年因此年成不好，而梁国、楚国一带尤其严重，给当地人民造成极大的痛苦。汉武帝完全了解灾情后，在干旱少雨的元封二年（前109年），派汲仁、郭昌发卒数万人塞瓠子决口。汉武帝在祈祷完万里沙后，亲自到河决口，沉白马、玉璧，命令群臣从官自将军以下都背负薪柴填决河。当时东郡薪柴少，砍伐百里之外淇园的竹子作为堵塞河决的楗。这种堵塞河决的办法是一种创新。这个防洪工程的修建，使得梁、楚之地恢复安宁，不再有水灾。

汉宣帝地节年间（前69—前66年），郭昌开凿穿渠工程。《汉书》卷二十九《沟洫志》载：宣帝地节年间，光禄大夫郭昌被派遣巡行黄河。北面三处曲折地方水流之势都缓慢经过贝丘县。郭昌担心水大后，堤防不能承受，就另外开渠，直着向东，经东郡境内，不让它向北弯曲。渠通后受益，百姓感到安全了。可惜，这次穿渠效果不大。成帝初，清河都尉冯逡上奏："地节年间郭昌开凿直渠，三年后，河水又从原来第二处拐弯的地方北面大约六里，重新向南汇合。现在它弯曲的势头重又缓慢经过贝丘县，百姓感到心寒，应重新开渠使河水向东流。"他建议再次穿渠，但因国家财政紧张，没被采纳。

秦汉时期最大的防洪工程修建是在东汉明帝时。

西汉平帝时，黄河、汴渠已经决坏，到东汉光武帝时仍然没有治理。建武十年（34年），阳武令张汜上书说："黄河决口很长时间了，天天为害，济渠淹了几十个县。修理河流，取得成功并不困难。最好改建河堤，使百姓安定。"书奏，光武帝立刻派人修建防洪工程。这时，浚仪令乐俊上书建议："从前在武帝元光年间，人口众多，都沿着河堤开垦种植，而瓠子河决口，尚且有二十多年不曾立即堵塞。现在人口稀少，田地宽阔，虽然没有治理，灾患还可以承受。而且刚刚经过战争，现在又兴动劳役，劳苦和怨恨一旦增多，老百姓无法承受。应该等到稳定的时候，再讨论这件事。"光武帝于是停止了工程。随着时间的推移，汴渠逐渐向东扩张，泛滥面积越来越大，以前设立水门的地点，都已经被河水淹没。兖州、豫州的百姓受害最深，认为政府不为民着想。东汉王朝经过数十年的休养生息，国力已经得到发展，到汉明帝永平十二年（69年），史载，这一年天下太平，百姓没有徭役，年岁丰收，百姓富足，粟米一斛三十，牛羊遍野。这时，一方面修建防洪工程的物质基础成熟了，有强大的国力作保证；另一方面，修建防洪工程也成为必要，防洪工程可以减少灾害，增产粮食。于是，永平十二年（69 年）夏，明帝派遣王景和王吴带领数十万卒，修渠筑堤。工程自荥阳东至千乘海口，共有千余里。王景经过一番艰苦努力，商度地势，凿山阜，破砥绩，直截沟涧，防遏冲要，疏决壅积，十里立一水门，令更相洄注，无复溃漏之患。到第二年夏完成任务。整个工程虽然节约役费，但花费也达百亿。此项防洪工程质量高，堤岸坚固，加上其他因素，使得黄河中下游大约安流了 500 余年。

东汉时期还有几次巩固黄河堤岸的行动。如汉安帝永初七年（113 年），在今河南原阳县西南，令谒者泰山的于岑在石门 8 个地方堆积石头，都像小山一样，防止波浪冲击，称为“八激堤”。顺帝阳嘉年间，又从汴口以东地方，沿着黄河堆积石头修建渠道，都称为“金堤”。据《水经・济水注》记载：济水又向东流，汇合荥渎。荥渎上口引入河水，有石门，称为荥口石门，但地势却十分低洼，以前流到荥播泽的水，就是从这里开始的。石门南边靠近黄河，有一块从前立的石碑，上面刻着：阳嘉三年（134 年）二月丁丑日，派遣河堤谒者王诲去疏浚河道，通过荒芜的土地。以往由于大河冲积淤塞，因而侵蚀了金堤堤防，过去总是用竹笼装石头，填上泥土来筑堤，但用这种办法筑的堤时常毁坏，引起溃决，枉费了亿万钱财。因此请求临河各郡派民夫，开山采石来砌筑堤岸，工程完成以后，徭役也可停息了。辛未日朝廷颁发诏书，同意王诲办法，少府卿着手规划基址，下诏颁发策书给予赏赐。但不久他又调职于沇州。于是挑选了一辆马车给使者司马登，要他继承前人的事业，完成这项重大的工程。到了汉灵帝建宁四年（171 年），在敖城西北用石块砌筑了一道水门，用来拦截渠口，称为石门，所以人们也把此渠称为石门水。石门宽十余丈，西距大河有 3 里。黄河堤岸经过多次加固，延长了使用时间，成为黄河安流 500 余年的一大保证。

防洪工程所需成本很大，如王景治河花费就达百亿之巨，但其效果也同样巨大，保证了两岸百姓长期不受水患困扰。

（二）灌溉工程

灌溉工程指的是主要用于农田灌溉、防止水旱的水利工程。

我国水利灌溉事业蓬勃发展的时代开始于秦汉时期。秦、西汉都定都关中，如黄盛璋所言：“封建时代，农业经济是维系王朝统治的主要基础，政费、军费以及统治阶级本身的享乐消耗，财政上的来源主要就靠农业生产；其次，首都所在地，人口大量集中，食粮的经常供应也是迫切需要解决的。由于这两个问题都紧密地关系着统治阶级的切身利益，这就迫使他们不得不首先密切注意到首都一带的农业生产，努力讲求并实现各种可以促进粮食增产的方法。”关中农田水利的发展及发达的原因即在此。秦始皇元年（前 246 年），任命水工郑国在关中修建郑国渠。郑国渠引泾水东注洛水，干渠东西长 300 余里，流经今泾阳、三原、高陵、富平、蒲城、白水等县。郑国渠建成后，用引来带有淤泥的水，灌溉盐卤地 4 万余顷，每亩收成有一钟（六石四斗）。于是，关中变成了沃野，没有荒年。郑国渠当时灌溉面积达 4 万顷之多，合今 280 万亩，为秦灭六国奠定了强大的物质基础。

西汉之初，百废待兴，中央政府还未能及时有效地组织地方政府修建水利工程，有限的几个工程是由地方政府发起修建的。如文帝末年，庐江太守文翁做蜀郡太守，开凿湔江口，灌溉郫县、繁县的农田 1700 顷，再次扩大了蜀地的水田面积。

朝廷组织的大型灌溉工程大量兴起于武帝时期。

关中首先发起修建灌溉工程的高潮。依据关中的自然条件，渭河横贯关中盆地。渭河南边为秦岭。秦岭与渭河之间是一个堑断地带。秦岭沿着断层而上升，渭河则沿着断层而下降，因此秦岭与渭河之间，相对高度悬殊，平原狭窄，坡度很陡，河流多短小而流急，没有较长一点的河。所以这里不适于兴建大型水利工程。而渭河北岸属于北山山系，坡度起伏不大，尤其是越往北，山顶越近平坦，有人叫它陕北高原。渭、泾、洛、汧是渭河的四大水源，泾、洛、汧都位于渭河北岸，非常适合发展农业。总之，“渭北宜于大型灌溉系统的修建，渭南一般就只适于中小型灌溉的发展”。

秦时郑国渠只引泾水，远远没有利用好关中的水利。到武帝年间，经过汉初数十年的休养生息，国力大盛，有人就开始建议利用关中的水利了。武帝年间关中的水利建设以元封二年（前 109 年）为界，可分为两个阶段。元封二年前，朝廷虽已认识到关中水力的能量，但建设得并不成功。大司农郑当时认为：“穿渠后，渠下的民田有一万多顷，可以得到渠水灌溉；这样减少了漕运时间，节省了人力，使关中的土地更加肥沃，多收粮食。”他的建议得到武帝的支持，元光六年（前 129 年）穿渠，渠下的民田灌溉很多。有人建议开通褒斜道进行漕运。但开通后，水多湍石，不能漕运。庄熊罴说：“临晋的百姓希望开渠引洛水灌溉重泉以东的一万多顷原来的盐卤地。如果能得到渠水灌溉，可以达到亩产十石。”于是开凿龙首渠，征发民夫 1 万多人来挖渠，从而把洛水引到商颜山下。渠岸容易崩塌，于是挖井，深的有 40 多丈。连续挖了很多井，井下相通，使水流过。水从地下穿过商颜山，向东到了离山岭十多里的地方。井渠的出现从此开始。因为挖渠的时候得到了龙骨，所以称它为龙首渠。开凿了十多年，渠道都开通了，但还没有得到好的收成。

水利建设的大发展发生在元封二年之后。黄河瓠子堵口成功给朝廷极大鼓舞。司马迁说：“自是之后，用事者争言水利。”在这种背景下，关中的水利建设红红火火地开展起来，泾水、渭水和汧水都得到开发。

汉武帝元鼎六年（前 111 年），左内史儿宽在郑国渠的北岸，开凿 6 条小渠——六辅渠，灌溉郑国渠过去所不能灌溉的高昂之地。《汉书·沟洫志》载：“从开凿郑国渠开始，到元鼎六年，共一百三十六年，儿宽做左内史，上奏请求开凿六辅渠，用来灌溉郑国渠一带地势高昂的农田。”颜师古指出：“这是在郑国渠上游的南岸开凿六道小渠辅助灌溉，今天（唐代）雍州的云阳、三原两县境内这条渠还存在，当地人称为六渠，也叫辅渠。”即使这样，泾水流域水利还有可开发之处。太始二年（前 95 年），赵国中大夫白公在郑国渠的南面谷口开了一条新渠——白渠，引泾水经宜秋城南池阳城北、居陵城北、莲勺城南东注为金氏陂，又东南注入渭河。赵国的中大夫白公又上奏开凿渠道，引入泾水，从谷口开始，渠尾到栎阳，注入渭水中，长有二百里，灌溉田地4500余顷，因此渠名称为白渠。当时人称赞白渠和郑国渠的作用说："田在什么地方？池阳、谷口就是。郑国渠在前面，白渠在后面。举起的锸像云，开挖的渠像雨。泾水一石，泥有数斗。一边灌溉一边施肥，使我的禾、黍生长。供给京师的衣服、粮食，达到亿万的人数。"其他还开凿有成国渠、灵轵渠、漳渠等。《汉书·地理志》郿县条载："成国渠头部引入渭水，东北流到上林苑注入蒙笼渠。"《水经注》渭水条载："盩厔县北有蒙笼渠，上流在郿县东引渭水，经过武功县，称为成林渠；往东流经县北，又叫灵轵渠。"《河渠书》以为是从堵水引水的。徐广说，此渠又叫诸川，是这样的。黄耀能考之流路，认为："成国渠即起源于郿县之渭水。自郿县罗房镇附近经杨陵镇南，再经武功县之长宁镇，马嵬镇南至兴平县之一段称为成国渠。而由兴平县北流经盩厔县北至咸阳县北，东经汉天子诸陵南，至桃园附近注入渭水称为蒙笼渠，亦称为灵轵渠。"黄留珠指出，"东汉末年，因董卓以成国渠输粟，又称'董卓运河'。"三国曹魏攻蜀，卫臻又自陈仓（今陕西宝鸡市东）引汧水东流，和武帝旧渠合为一水，后总称亦为成国渠。由于泥沙淤塞，新成国渠到北魏时已名存实亡。西魏时在漆河上建六门堰以节水势，成国渠更加败落。

汉武帝时还在关中以外建设了大量水利工程。西北的朔方、西河、河西、酒泉都引河及川谷溉田。汝南、九江引淮水，东海引钜定泽水，泰山下引汶水，都穿渠溉田，每地都有万余顷。其他小渠、陂，更是不可胜数。

汉武帝之后，全国各地的水利建设迅速开展起来，或是开发新渠，或是修治旧渠，形成了多个灌溉区。水利建设已经成为王朝必不可少的制度性建设。

宁夏平原引黄灌区的建立。宁夏平原是一片沿黄河两岸呈南北向分布的狭长平原，本是"斥卤不毛"的塞外荒原。因其地理位置重要，秦汉政府为了巩固西北边防，在此实行屯边政策，开展农业建设。引黄河水溉田，相继开辟了秦渠、汉渠、汉延渠及光禄渠等工程。秦渠又名“秦家渠”，因属北地郡并位于黄河东（右）岸，又名“北地东渠”，相传创始于秦，具体年代不可考。汉渠也在黄河东岸，位于秦渠之南，相传为汉武帝时所修，又名“汉伯渠”。秦时有“北地西渠”，因在北地郡黄河西（左）岸得名。东汉顺帝永建四年（129年），郭璜在其基础上修理和延伸，因名汉延渠。光禄渠位于黄河左岸，为汉时光禄勋徐自所开，故以得名。这些渠道灌溉面积多在几十万亩，形成了宁夏引黄灌区。宁夏引黄灌区从此成为西北地区的重要粮仓，因而自古有“黄河百害，独富宁夏”之称。灌区成为灌溉工程化水害为水利的典范。

淮水灌区的形成。芍陂春秋时已经建成，但后来年久失修，逐渐荒废。西汉初，羹颉侯刘信在庐江郡修治芍陂、茹陂、七门、吴塘诸堰，取得了溉田“凡二万顷”的良好成绩。东汉章帝建初八年（83年），王景任庐江太守，亲率吏民对芍陂予以修浚。其陂近百里，灌田万顷。1959年考古工作者发掘出一座汉代闸坝遗址，认为系王景所建。坝身由草木分层堆垒而成，以木桩固定。当陂外灌渠缺水时，芍陂水可通过闸坝的草层逐渐流淌到坝外的水潭内，使水有节制地灌溉农田。降水太多或山洪暴发时，过多的水可越过坝顶，向水潭宣泄，而不致损害坝身。可以说，“芍陂在东汉时已是一座相当完善的水利工程”。东汉末期，军阀混战，芍陂水利受到破坏。但鉴于芍陂的重大作用，有识之士仍注意到芍陂的建设。献帝建安五年（200年），扬州刺史刘馥招抚流亡，兴修芍陂及茄陂、七门、吴塘诸堨溉田。建安十四年（209年），曹操置扬州郡县长吏，开芍陂屯田。到魏时，邓艾重新修治芍陂，堵塞山谷的水，在芍陂附近建小池塘50多座，沿淮附近的军粮都仰仗这里。

鸿隙陂也是淮河流域的著名水利工程，位于淮水和汝水之间，现在息县以北的一块地方，是一个具有相当规模的蓄水灌溉工程。史籍中没有此陂修建时间的明确记载，到汉成帝时，此陂已经开始转利为害了。关东地区多次发生水患，鸿隙陂水溢为害。当时丞相翟方进与御史大夫孔光共遣掾行视，认为如果将陂废毁，不仅可以免除水患，节省堤防之费，还可以得到肥美良田。等到鸿隙陂被废，弊端逐渐显露。王莽时，由于失去陂水灌溉，这一带常常大旱。于是，童谣四起，要求修复鸿隙陂。童谣说："毁坏鸿隙陂的是谁？是翟子威。用什么来做饭？我只有豆可吃。用什么来做汤？我只有芋根可吃。世事反复无常，鸿隙陂应当修复。是谁说这话的呢？两只黄鹄。"直到东汉光武帝建武十八年（42 年），汝南太守邓晨委派许杨为都水掾，主持修复鸿隙陂。许杨利用地势高低，修建堤岸 400 多里，几年才修成。老百姓得到便利，每年庄稼都丰收。这座废毁 50 多年的灌溉工程终于又焕发活力。

水利工程在南阳地区也很兴盛。召信臣为南阳太守时，不仅加强水利建设，还制定水权制度，取得很大成效。召信臣在南阳郡中巡视水泉，主持开通沟渠，建立水门提闸几十处，使受灌溉的农田每年有所增加，最多时达到 3 万顷。百姓得到了好处，收获的粮食贮蓄有余。召信臣还为百姓制定了用水的规定，把这些规定刻在石碑上，立在田地的边界处，用来防止争抢水。《文献通考》卷六《田赋考》载："建昭年间，召信臣做南阳太守，在穰县以南六十里的地方修建钳卢陂，砌石为堤，旁边开六个石门用来调节水势。陂中有钳卢池，因此称为钳卢陂。"东汉光武帝建武年间，杜诗为南阳太守，对召信臣所筑的陂、堰、坎、渠、池加以修复，并新修了一些水利工程，使南阳水利工程得到了完善。南阳人民为纪念召信臣、杜诗的功劳，称其为"召父""杜母"。

英国著名汉学家杜希德（Denis Twitchett）在《有关唐代灌溉事业的几点意见》（*Some Remarks on Irrigation under the T' ang*）一文中提出："像灌溉一类的活动，实质上是由这些与地方关系密切的官员们个别倡导的，而这些官员所承受的只是并不太有效的中央政策控制，因此这类活动实在也不能当作魏复古（按一般译作魏特夫——引者注）所执着的那些东方专制制度的基本要件。"这样的论断在汉代同样得以成立。西汉已经有地方官吏积极修建水利工程，到东汉，地方官吏更加积极兴修水利，由中央政府主持的水利工程反而减少了。东汉中央政府也要求地方政府勤修水利。和帝永元十年（98 年）下诏说："修筑堤防沟渠，是用来顺应辅助地理形势，疏通壅塞的。现在则对此松懈废弛，不以为责。刺史、太守等应该顺随地形地势疏导开通。不要因为其他缘由而荒废，从而造成麻烦和困扰，将明确执行惩罚。”安帝元初二年（115 年），下诏令三辅、河内、河东、上党、赵国、太原等地各自修理以前的沟渠，使水道畅通，用来灌溉公家和私人的田地。水利工程的修建基本成为地方政府的制度性工作。

东汉时地方水利建设自光武帝时起，几乎没有停止过。如光武帝建武中，任延做武威太守，设置水官，修理沟渠，百姓都得到好处。但较大的水利工程并不多。章和年间（87—88 年），广陵太守马棱修复池塘、湖泊，灌溉田地有 2 万多顷。和帝永元中，汝南太守何敞修理以前的鲖阳渠，百姓得到利益，垦田增加了 3 万多顷。顺帝永和五年（140 年），会稽太守马臻修建了镜湖，在会稽、山阴两县边界修筑塘堤蓄水，高 1 丈多，田又高出大海 1 丈多。如果水少，就开放湖水灌溉田地；如果水多，就打开湖排泄田里的水入大海，所以没有荒年。镜湖塘堤周围有 510 里，灌溉田地 9000 多顷。这是东汉较为著名的水利灌溉工程。

三国时期各地方政权都很重视水利工程建设。曹操是一位有远见卓识的政治家，出于军事上的需要，先后兴修了睢阳渠、利漕渠、白马渠、鲁口渠、讨虏渠等众多沟渠。它们虽然多被用于战争与漕运，但同时也为流经区域的农田灌溉创造了条件。

魏齐王正始四年（243 年），司马懿督军讨伐吴将诸葛恪。依邓艾之计，北临淮水，自钟离（今安徽凤阳）而南横石以西，包括沘水 400 余里地，5 里设置一营，一营为 60 人，一边佃种一边守护。又修宽了淮阳渠、百尺渠，上引黄河水，下通淮水、颍水，在颍南、颍北设置很多陂塘，穿渠 300 余里，灌溉田地 2 万顷。

西晋泰始十年（274 年），光禄勋夏侯和上奏修筑了新渠、富寿、游陂三渠，共灌溉田地 1500 顷。

第三章　农　事

一、北方旱作精耕细作技术体系的形成

秦汉魏晋南北朝时期的农事防灾活动，主要表现在农地改造、动力工具、耕作技术、灌溉水利、大兴屯田、防治虫害、救荒作物、农事禳弭等方面。

（一）农地改造

秦汉时期，农业技术中出现两种新的耕作栽培方法，即代田法和区田法。这两种方法对于确立北方旱作精耕细作技术体系有着十分重要的作用，体现了秦汉时期我国精耕细作技术的成熟，也显示出抗旱栽培技术的提升。

1. 代田法

代田法是汉武帝末年搜粟都尉赵过在总结先秦种植技术经验基础之上创立的抗旱防风耕作栽培技术，是适应旱作地区耕作的一种增产方法。它与先秦时期的垄作法有一些相似之处，都是将土地整理划分为沟和垄两部分，但不同之处在于代田法在沟中播种，用垄土壅根，沟、垄逐年轮换位置。据《汉书·食货志》记载，代田法是指将一亩田分成三甽，甽和垄每年轮换。这是一种古法，相传后稷时开始制作甽田，用两个耜做成一个耦，宽一尺、深一尺叫作一甽，长度一直到亩的末端。一亩地分成三甽，一个农夫耕作百亩地，总共三百甽，作物播种在甽里。苗长出三四片叶子的时候，稍微耨一耨垄中的草，趁机把土隤些下来，附在苗根上。所以《诗》曰："或者芸，或者芓，黍和稷长得那么茂盛。"芸，是指除草。芓，是指将土附在根上。苗稍微长大之后，每次锄都需要向根上培土，等到盛夏时节，垄上的土铲下培平了，根就很深了，能够经受风与旱，所以长势茂盛。耕地、锄地

和下种的田器，使用起来都比较方便而灵巧。12 个农夫有田一井一屋，古亩折算成汉代的亩就是 5 顷，使用耦犁。一年的收成，往往一亩要比缦田多收一斛以上，善于操作甽田的，收成还要加倍。

“一亩三甽”其实就是在一亩地上开出三条沟，形成三个垄和三个沟。甽是行间的行沟，甽中犁起来的土堆积成垄，垄宽一尺，甽垄相间合成宽 6 尺。这种做法适应了西北地区干燥的气候条件，在行沟中播种有利于吸收土壤中的水分，培壅垄土可以抵挡风沙的危害，减少土壤水分蒸发，促进种子生根发芽。代田法不仅对种子、播种、幼苗、成苗、收获进行考量，而且还考虑到土壤肥力恢复的问题。代田法是秦汉时期北方旱作地区耕作的增产技术，促进了农业改革，推进了农耕文化的发展。

2. 区田法

除代田法外，区田法也是汉代农地改造的一种优良方法。区田法，又叫区种法，是秦汉魏晋南北朝时期北方旱作地区具有增产作用的农业耕作技术。

《齐民要术》引《氾胜之书》说：“汤时有旱灾，伊尹就创造了区田法，教导人民施肥下种，担水浇灌庄稼。区田法依靠肥料的力量，并不一定需要使用好田。就是在山上、大土阜上、城镇附近的高峻斜坡上，以及土堆上、城墙上，都可以成为区田。区田不再耕种旁边的土地，以便尽量发挥区内的地方。凡种区田，不必先整地，就在荒地上开区种植。用一亩地作为标准来说：要使一亩地的面积长十八丈，阔四丈八尺。把十八丈横分作十五条町，町与町之间分为十四条道，让人可以通行，道宽一尺五寸。每町都阔一丈零五寸，长四丈八尺。在每一町上，再随着町的长度，每隔一尺横向凿一条横沟，沟阔八尺，深一尺。把凿出来的土堆积在沟里，沟与沟相隔一尺。在沟里种谷子或黍子，沿着沟种两行。行离开沟边各二寸半。行与行相距五寸，株距五寸。一沟共种四十四株。一亩共种一万五千七百五十株。种谷子或黍子，要使种子上面有一寸厚的土覆盖着。种麦，行与行相距二寸，一行种五十二株。一亩共种九万三千五百五十株。麦种上面，覆土二寸。种大豆，株距一尺二寸，一行种九株，一亩共种六千四百八十株。

种荏，株距三尺。种芝麻，株距一尺。区种法，天旱时常用水浇灌，一亩可以收获一百斛。上农夫的区，每区六寸见方，六寸深，区与区相距九寸。一亩地内作成三千七百区。一个工作日可以作成一千区。每区种粟二十粒；使用一升好粪，与土混合。一亩地用二升种子。到了秋天，每区可以收获三升粟，一亩可以收获一百斛。中农夫的区，每区九寸见方，六寸深，区与区相距二尺。一亩地内作成一千零二十七区。使用种子一升，可以收获粟五十一石。一个工作日可以作成三百区。下农夫的区，每区九寸见方，六寸深，区与区相距三尺。一亩地内作成五百六十七区。使用种子半升，可以收获二十八石。一个工作日可以作成二百区。区里长了草，要连根拔起。区间的草，要用铲子铲除，或用锄头锄掉。苗长大了，不好拔草的时候，就用弯钩镰刀贴近地面，将其割掉。”

卜风贤教授认为“抗旱是区田法的目的，旱灾是区田法产生的直接原因”。区田法不仅在平年时能获得较高的收成，在旱灾年份也能获得丰产。区田法可以广泛采用，能够进一步扩大耕地面积，不仅适用于平原地区的旱地，其他诸如以山陵为代表的过去难以利用或无法利用的土地都能进行农业生产。区田法对主要粮食作物使用种子的数量、土地面积、收成都有分类以及详细介绍。中耕除草并且配合溲种的施肥技术，能够有效地发挥土壤、种子、水利三者的作用，促进农作物的生产。另外，由于北方地区降雨稀少，区田法所体现出的保持土壤水分的特性显得尤为重要。区田法所创设的抗旱耕作栽培技术的精髓在于精耕细作，施用足量的水肥可以保证丰产高产。

（二）动力工具

自春秋战国开始，抗旱保墒成为北方旱地农业生产的重要做法，抗旱保墒耕作技术在多方面取得了突破性进展。牛耕铁犁就可以抗旱保墒，提高产量。汉代牛耕铁犁的特点在于：其一，在犁底和犁辕交叉处设置犁箭，通过调整犁辕和犁底夹角的大小来调整犁铧入土深浅。其二，牛耕铁犁出现犁壁，安装犁壁之后，能够定向翻土碎土，起到压草肥田和曝杀害虫的作用。其三，牛耕铁犁的农艺学原理在于加深耕作层的作用，发挥蓄水保墒、压草肥田、消灭病虫害的作用，深翻之后的农田不但可以显著增加作物产量，还具有提高农田稳产、抗灾的能力。

汉代最为著名的农业动力工具，当数赵过推行的耧犁。《齐民要术》引崔寔《政论》说："汉武帝任命赵过为搜粟都尉，教导百姓耕种。他的方法是：一头牛拉三个犁，一个人掌握着，下种拉耧覆土，步骤一一完成。一天可以播种一顷地。这种耕作方法流行于三辅地区，百姓受益颇丰。"此外，山东邹城出土的汉代农耕画像石刻牛耕图中就有两牛拉犁，一农夫在后扶柄耕地，耕牛前后，有三人各扛长柄锸、曲柄拍板和木榔头，它们分别是用来翻土和砸碎土块、平整保墒的农具。这些资料生动地证明，两汉时期的农民在根据当地地理、气候特点的基础上，在牛耕铁犁耕作制度之上，针对土壤墒情容易快速损失的特点，已经总结出一套综合保墒技术系统，即由多种农具和耕作措施联合有效地配套保墒保苗、精细耕作的技术和农具。汉代牛耕铁犁的推广，代表着北方旱作农业区生产力的重大进步，推动着耕作保墒配套措施的形成，在中国农业发展史上具有划时代的意义。

（三）耕作技术

秦汉时期，北方旱作农耕区实行轮作和复种，并出现一些间作、混作的现象。《氾胜之书》有记载："脯田与腊田，皆伤田，二岁不起稼，则一岁休之。"另外，溲种法的出现也是秦汉时期农业耕作技术发展的代表之一。

《氾胜之书》详细记载了溲种法的各项内容。《齐民要术》引《氾胜之书》之记："瘦薄的田没有条件上粪的，可以用蚕屎和入谷物中一起播下，这样还可以免除虫害。还有，把马骨斫碎，一石碎骨用三石水来煮，煮沸三次；然后滤去骨渣，把五个附子浸渍在骨汁里。三四天之后，滤去附子，用分量相等的蚕屎和羊屎加进去，搅拌均匀，使它黏稠。下种前二十天，拿这种粪来溲种子，溲成类似麦饭一样。一般在天气干燥时溲种，这样会干得很快；薄薄地铺开，多次搅动，让它干得更快。第二天再溲，阴雨天就不要溲，溲了六七次之后停止。

然后把它晒干，小心储藏，不能让它受潮。到可以播种的时候，用剩下的粪再溲一次后播种。这样，禾苗就不会遭受虫害。”除马骨之外，牛骨、羊骨、猪骨、麋骨、鹿骨都可以调成粪汁溲种。如果没有骨，也可以用缫丝煮蛹的汁来调粪溲种。由于马和蚕都是虫类的领头者，加上附子，能使庄稼不遭受虫害，骨汁和缫丝蛹汁都是肥的，能使庄稼耐旱，所以每年都会有好收成。可以说，溲种法的肥料原料来源广泛，并在种子外面包裹一层有机物质，从而具有了催芽、提早出苗的效果。这种处理方式不仅能耐旱，还能防止病虫害，提升了农作物的单位亩产量。

另外，秦汉时期，北方旱作农业区普遍重视保墒。《齐民要术》引《氾胜之书》之记：“春气未通，则土历适不保泽，终岁不宜稼，非粪不解。慎无旱耕。须草生，至可耕时，有雨即耕，土相亲，苗独生，草秽烂，皆成良田。此一耕而当五也。不如此而旱耕，块硬，苗秽同孔出，不可锄治，反为败田。秋无雨而耕，绝土气，土坚垎，名曰‘腊田’。及盛冬耕，泄阴气，土枯燥，名曰‘脯田’。脯田与腊田，皆伤田，二岁不起稼，则一岁休之。……冬雨雪止，辄以蔺之，掩地雪，勿使从风飞去；后雪，复蔺之。则立春保泽，冻虫死，来年宜稼。得时之和，适地之宜，田虽薄恶，收可亩十石。”耕地讲究与下雨配合，这样土壤才会湿润，土壤和种子紧密结合，翻在地里的杂草容易腐烂，收成才会好。

（四）灌溉水利

1. 治理黄河

汉武帝曾组织大规模的人力物力治理黄河，并亲临治河现场指挥，命群臣从官自将军以下都要背柴草、土石，参加治河，还调动大量的民工和军队参与治河，终于堵住了黄河瓠子段的决口。此后十年中，黄河自瓠子口以下，都受到巨大的益处，之后30多年黄河未曾发生水患，汉武帝为此专门作《瓠子歌》。然而，黄河的治理并非一朝一夕就能解决的。西汉末年到东汉初年，黄河又出现几次决口，国家因之投入大量的人力、物力。成帝河平元年（前28年），黄河在馆陶、东郡金堤决口，泛滥于兖州、豫州，水流进入平原、千乘、济南等地，浸泡4个郡、32个县，淹没田地达15万余顷，水深3丈，毁坏4万所官亭屋舍。河堤使者王延世主张用堵塞的方法治理水患，他采用长4丈的竹子，大有9层，其中装满小石头，用两条船夹着放到河里去，36天之后，河堤方才造成。王莽始建国三年（11年），黄河在魏郡决口，黄河泛滥夺济水和汴水河道，形成了历史上第二次黄河大改道，给济、汴河两岸兖州、豫州的百姓带去深重的水灾。汉明帝永平十二年（69年），明帝起用精通水利的王景主持治水事宜。王景采取一系列先进的治水手段，不但治理了黄河，还解决了汴水长期以来的水患，并且自荥阳东至千乘海口之间修筑黄河大堤和汴渠堤防，开辟出一条新的黄河入海通道，大大降低了黄河水患的危险，出现黄河安流800年的稳定局势。

2. 兴修水利

水利设施的兴建可以促进农业的发展，人们通过水利设施能够较好地利用水资源。汉哀帝初年，针对黄河频繁决口、为害日盛的情况，贾让上书，主张治理黄河应分为上、中、下三策。其中，中策即在冀州开凿漕渠。《汉书·沟洫志》记载贾让的奏对，他说道："开凿水渠并不是凿地，只需要东方筑一道堤防，让水往北流行三百余里，注入漳水之中。因为西边有山，地势高，所以各个水渠都可以开沟引水：干旱之时，就打开东边的下水门来灌溉冀州；水多之时，就打开西边的高门来分流。开凿水渠有三种优势，不开凿水渠有三种弊端。百姓常常疲于救治水患，耗费大半精力，不能专心从事农业生产；水流在地上，浸泡土地，百姓多患湿气之症，树木立刻枯萎，盐渍地不长庄稼；决口之后，水流泛滥，谷物毁坏，多被鱼鳖所食。这是三种弊端。如果开凿水渠，灌溉土地，盐渍就会下渗，淤泥填上来又可以增加土壤的肥力；种植谷物、麦子，或者秔稻，地势高的田地可以增收五倍，地势低的田地可以增收十倍；还有漕船、航运的便利。这是三种优势。"贾让详细分析了开凿水渠的三种优势与不开凿水渠的三种弊端，将水渠开凿与农业发展之间的利害关系梳理得十分清楚。

汉献帝兴平元年、二年间（194—195年），发生了大的旱灾，蝗灾接踵而至。夏侯惇截断太寿水形成水塘，他亲自背土，带领将士们努力耕种稻田，老百姓依赖他受益。

北魏刁雍为薄骨律镇镇将，他到了军镇，就向皇帝上奏章说："富平西边三十里有艾山，南北绵延二十六里，东西横贯四十五里。凿开艾山用来通河，似乎有大禹治水的昔日遗迹。新开凿的水渠两岸用作灌溉农田的大渠，宽十余步，艾山南边引来水流到此渠中。据统计昔时高于河水不超过一丈，河水水流湍急，沙土在水上漂流。现在水渠高于河水二丈三尺，又因为河水的侵蚀，往往有崩溃的危险。水渠的地势高了，水流很难流通，虽又在各处按旧渠的轨迹来引水，水源还是很难得到。现在的艾山北边，河中有洲渚，水分为两个部分。西河又小又狭窄，河流水面宽一百四十步。臣今请求来年正月，在河西高渠北边八里之处，河水分流处下游八里的地方，在平地开凿水渠，水渠需要宽十五步，深五尺，修筑水渠两岸的堤坝，让堤坝高一丈。水渠之水往北蜿蜒四十里，还流入古时候的高渠，既然修筑了高渠的北边，复八十里，一共百二十里，会带来大面积的良田。共计用四千人，四十天的工期，水渠可以修好。我准备开凿的新渠渠口，河下五尺，水流不进去。现在请求从小河东南岸斜向到西北岸，计长二百七十步，宽十步，高二丈，拦腰截断小河。用二十天的工期，工程可以完成，合计工期需要六十天。小河之水全部流入新渠，新渠水流充足，可以灌溉官田民田四万余顷。一旬时间，水流可以把良田灌溉一遍，凡是新渠灌溉到良田，粮食都能够丰收。"朝廷准许了他的方案，国库和百姓都因为新渠的修建获得了利益。

宋文帝元嘉七年（430 年），刘义欣担任荆河刺史，镇守寿阳。寿阳当时土地荒毁，百姓离散。刘义欣制定了一系列政策，根据实地情况加以治理。芍陂本有良田万顷，堤堰年久失修，秋夏两季经常闹旱灾。刘义欣遣谘议参军殷肃巡行芍陂加以治理，用旧的沟渠引淠水入陂，伐木开榛，水流畅通，由是年年丰收。

（五）大兴屯田

东汉末年，军阀混战，造成大量农田荒芜。不仅老百姓无法正常耕作，军队也没有粮食供应。于是三国两晋南北朝时期屯田之风盛行。汉献帝建安元年（196 年）这一年，曹操采用枣祗、韩浩的建议，开始兴屯田之事。

汉献帝建安元年（196 年）因天旱年成不好发生饥荒，军中粮食不足，羽林监颍川人枣祗建议设置屯田，曹操任命任峻做典农中郎将，招募百姓在许昌附近屯田，收获粮食 100 万斛，于是各郡国都配置了主管屯田的官员，数年之内，凡有屯田的地方到处都堆积着粮食，仓库全都装满了。汉献帝建安五年至建安十三年（200—208 年），刘馥聚合儒生，设立学校，扩大屯田，兴建芍陂以及茄陂、七门、吴塘等拦河水坝用来灌溉稻田，使官府和百姓都有储粮。汉献帝建安十四年（209 年），设置扬州各郡县的长官，开凿芍陂屯田。汉献帝建安年间，曹操在淮南招募百姓屯田，任命仓慈为绥集都尉。汉献帝建安十八年（213 年），梁习上表奏请设置屯田都尉二人，带领屯田的外乡人 600 名，在道路旁驻下种植粮食，来供给伐运木材的人口粮和牛吃的草料。汉献帝建安十九年（214 年），派庐江人谢奇任蕲春典农，在皖县乡间屯垦田地。

魏文帝黄初年间（220—226 年），文帝降了卢毓的职，派他带领迁徙的百姓，担任睢阳典农校尉。卢毓把心思放在为百姓谋利上，亲临视察土地，选择肥美的田地让百姓居住，百姓都信赖他。魏明帝太和五年（231 年），司马懿上奏把冀州的农夫迁到上邽，加强京兆、天水、南安的监督和管理。曹魏齐王正始年间（240—249 年），王昶上表请求迁移治所到新野，在荆州、豫州训练水军，开垦荒地扩大农业生产，仓库里的粮食都堆满了。

北魏孝文帝太和十一年（487 年），发生大旱，十二年（488 年），秘书丞李彪上奏："请求专门设立农官，取州郡户口的十分之一为屯田户。根据田地水陆的情况，料定田亩的数量，用罪犯的赃款赃物来购买牛力，令农户尽力耕种。一个民夫的田地，一年收取六十斛，包括他的正课和征戍等杂役。施行这样的制度，数年之内就可以达到粮食蓄积而百姓丰足的效果了。"孝文帝看了奏章觉得很好，不久就施行这一制度。从此以后国库和百姓丰足，虽然时有水旱灾情发生，也不足为害了。

（六）防治虫害

1. 人工防治

秦汉时期，时人在人工防治蝗虫方面取得了一定的成绩，主要方法有二：一为扑打捕杀，一为开沟陷杀。

（1）扑打捕杀。面对蝗虫的严重危害，秦汉时期出现由政府组织的集体捕杀蝗虫的行动。平帝元始元年（1 年），郡国发生旱灾、蝗灾，青州尤为严重，百姓流亡。平帝派遣使者捕捉蝗虫，百姓捕捉蝗虫之后上交给官府，官府给予奖励。王莽地皇三年（22 年）夏，蝗虫铺天盖地地从东方飞来，到达长安，有些飞入未央宫，布满了殿阁的边缘。王莽设立奖励机制，发动官吏、百姓捕捉蝗虫。

（2）开沟陷杀

由于蝗虫到来之时，或飞起，或聚集，聚集之地，谷物、草木会变得枯萎。所以，官吏、士卒、百姓有时开凿堑埳，将数千只蝗虫聚集到堑埳里，然后掩埋杀死。

2. 技术防治

（1）合于时节。西汉农学家氾胜之曾说："夏至之后七十天，可以种植冬麦。种得太早，会遭遇虫害，还会过早地拔节。"可见，种植麦的时节不适宜，就会招致虫害。反之，种植麦的时节适宜，就不会招致虫害，收成自有保证。东汉崔寔也曾说："从正月一直到六月，不可以砍伐树木；就是伐木也一定会长出蛀虫。……如果不是急需，就不要砍伐树木。十一月，可以砍伐树木。"在崔寔看来，砍伐树木要符合一定的时节，否则就会生出蛀虫。

（2）精选良种。种子在储藏过程中，如遇潮湿封闭而导致生热，就会生虫。为了防止这种情况的出现，《齐民要术》引《氾胜之书》说道："等麦子成熟到可以收割的时候，选择粗大强壮的穗子，割下来，扎成把，束立在打谷场上高燥的地方，晒到特别干燥，然后打下来。不要让它有'白鱼'，如果有，要用簸箕扬出去。用干燥的艾草夹杂着储藏，一石麦种，用一把艾草。用瓦器或竹器储藏。"另外，收获谷子时，要选择高大的谷子，在穗子一节的下面斩断，扎成把，挂在高燥的地方。

3. 生物防治

秦汉时期，人们已初步认识到生物之间存在着相互依存、相互制约的现象，并采取相应措施防治虫害。相传神农、后稷之时，已有贮藏种子的方法，即熬煮马屎，用煮出的汁浸渍种子，可以使苗不生虫。《齐民要术》引《氾胜之书》说，牵马到谷堆上，让它吃几口谷，再在谷堆上踩着走过，用这样的谷物作为种子，就不会遭受黏虫的危害。氾胜之的看法是否属实，暂且不论，但他确实已经认识到防治虫害的重要性。除马屎以外，带髓的牛、羊骨头也可以防治蚂蚁。据《齐民要术》记载，如果瓜上有蚁，可以拿带髓的牛、羊骨，放在瓜窝旁边，等蚁爬到骨头上，就拿起来丢掉。如此反复两三次之后，蚁就没有了。可以说，这些认识是人们在长期的农业生产实践中总结出来的宝贵经验，对于防治农业灾害起到了不容忽视的作用。

（七）救荒作物

古人很少种植单一的农作物，原因之一在于他们希望通过多种作物，提升农业的防灾能力。《汉书·食货志》云："种谷必杂五种，以备灾害。"除五谷以外，大豆、芜菁、稗、芋等农作物都可以用来备荒。

1. 大豆。《齐民要术》引《氾胜之书》："大豆保岁易也，宜古之所以备凶年也。谨计家口数，种大豆，率人五亩，此田之本也。"这就是说，大豆的收获较有保证，且容易种植，适宜人们防备荒年。在氾胜之看来，种田人家的根本大事在于按照每人 5 亩的标准种植大豆，以备荒年。

2. 芜菁。相传汉桓帝曾诏令说："洪水横流成灾，五谷没有好的收成，令遭受灾害的郡国都种植芜菁，用来接济粮食。"芜菁的根晒干以后，蒸熟吃，又甜又美，可以当作粮食，以便度过凶年、解救饥荒。

3. 稗。《齐民要术》引《氾胜之书》说："稗，既堪水旱，种无不熟之时，又特滋茂盛，易生芜秽。良田亩得二三十斛。宜种之，备凶年。”由于稗能够忍受水潦和干旱，播种下去收成良好，且繁殖茂盛，在杂草多的地里也容易生长。好田一亩可以收获二三十斛。所以人们应该种植它，防备荒年。

4. 芋。相传酒客曾担任梁县县令，他教导百姓多多种植芋，并断言3年之内有大饥荒。由于百姓听从了他的话，所以才没有饿死。可见，芋可以算是一种救荒作物。

（八）农事禳弭

农事禳弭是指祈求神灵或控制某种超自然力，以便预防或驱除各种农业灾害。

农侯占验即是一种农事禳弭的方法。据《齐民要术》引《师旷占术》记载，如果当年杏树结的果实多，又不生虫，那来年秋季谷物的收成一定好。五木是五谷的先兆，要想知道五谷的收成，只要看五木就可以，即看当年哪种树木长得茂盛，来年就多种些与该树木相应的谷物，一定能够丰收。

祈雨灭虫也是一种农事禳弭的方法。汉桓帝永寿元年（155年），弘农县有螟虫吞食庄稼，百姓惶恐惧怕。公沙穆设坛说道：“百姓有罪，都是因为公沙穆所引起的，希望用自身来祷请。”于是，天降暴雨，天晴之后螟虫消失，百姓将公沙穆奉为神明。

二、农书的发展

（一）《氾胜之书》

西汉氾胜之所著的《氾胜之书》是继《吕氏春秋》中的《任地》《辨土》《审时》三篇之后十分重要的农学著作。氾胜之是一位具有丰富实践经验的农学家，不过其生卒年由于缺乏文献记载已无法予以考证。《汉书·艺文志》中提及的《氾胜之》十八篇即是该书内容。该书现已散佚，如今主要通过《齐民要术》引用其原文而窥见一二。《氾胜之书》是迄今为止最早较为系统地概括我国北方旱作农业地区情况的农书，书中关于牛耕铁犁和深耕保墒技术的记载是中国农业科学技术发展史上具有划时代意义的总结。人们对于《氾胜之书》的评价较高，汉代郑玄称赞为“土化之法，华之使美，若氾胜之书也”，唐代贾公彦评价汉时农书“有数家，氾胜为上”。该书主要贡献在于总结了旱地种植作物的经验与技术，反映了西汉时期农业生产水平较之以往有较大进步。著名农史学家曾雄生先生称赞该书，“奠定了中国传统农学作物栽培总论和各论的基础，而且其写作体例也成了中国传统综合性农书的重要范本。从《齐民要术》到《农桑辑要》《王祯农书》，再到《农政全书》《授时通考》莫不如此。凡此种种足以证明氾胜之对中国农学的贡献。”

《氾胜之书》现存内容大部分是从《齐民要术》中辑佚而来，字数大约在3500字左右，其首要价值在于提出耕作栽培的原则，对比《吕氏春秋》的《任地》《辨土》《审时》三篇内容来看，不但获取了其精华的内容，并且有了更深入的认识。该书细致地记述了农业耕作过程中从育种、播种、施肥、深耕、灌溉以及田作管理等一系列的北方旱地耕作技术，讲求农业种植品种、时令、气候、土壤的统一。《氾胜之书》针对不同作物的特性和要求，提出不同的栽培方法和措施。从书中记载可知，当时可以种植的农业作物有水稻、粟、黍、冬小麦、春小麦、小豆、大豆、大麻，还有各种蔬菜和油料作物。该书指出选择麦子和粟的种子穗要保持品种的纯正，谷子（粟）的播种时期要根据土地的情况来安排，冬小麦因越冬而对压雪保墒的技术要求甚高等。同时，《氾胜之书》对于稗、大豆的备荒作用亦有翔实记录，表现出一定的备荒思想。

（二）《四民月令》

《四民月令》的成书时间大约为东汉顺帝末年至桓帝初年（144—147年）。作者崔寔（约103—170年），字子真，东汉后期人，曾任五原太守、辽东太守、尚书等职。崔寔针对社会上鄙视农业、反对“辟草莱、任土地”的思想，认为农业生产得不到发展便无法维持国家的统治。于是，他亲自从事农庄经营和生产，兴修水利，推广农具，并且根据前人农书和自己的生产实践，悉心撰写本书。《四民月令》是我国第一本逐月介绍地区农事活动的专著，并系统介绍了粮食果菜的采集加工活动以及牧养禽畜、修造农具、纺织手工、采药制药等庄园生产环节。另外，该书对农家庄园食品的酿造加工与腌渍储藏方法也有系统的介绍，并且按照各个月令的农事、经营、联谊、交际活动编写出实用的农家作业历法等，生动地反映出了汉代北方农人在各个时令的主要生产活动。《四民月令》撰写于崔寔中年以后，主要原因在于其父去世之后，家族又生变故，他在逆境中认识到农业生产以及由此衍生出的一系列生产活动应该以农作物的生长季节作为标准，并且加以合理安排才能顺天应人，于是他将多年积累的农业经验与生活经验整理成书。关于《四民月令》记述农事活动的分布区域，缪启愉先生指出是以洛阳为中心，也包括一些与洛阳地理、气候条件相近的其他地区。崔寔的活动范围大致位于今河北、河南的中原地区以及西北地区，《四民月令》记述农事活动的区域与之吻合。

《四民月令》虽承袭《夏小正》与《礼记·月令》的体系，但《四民月令》的农学思想有显著进步。该书不仅继承《夏小正》将农业物候与历法结合起来的特质，同时更涉及当时的生活习惯，并且根据月令对农业生产活动和日常生活进行详细的叙述，更为完整地展现出两汉时期农业社会的生活风貌，成为后世撰写月令体农书的典范。两汉时期，天人感应思想影响甚巨，为了顺应人与自然的关系，人们逐渐把做事的时间固定化，以求得到自然的眷顾。《四民月令》根据天文、气候、阴阳五行等情况，规定符合月令的生产与生活以及统治者在宗教、政治方面所应有的活动。《四民月令》希望人们通过时事对应的制度与自然展开博弈，祈盼自然不降灾害，强调人们的生产与生活要顺应时令。另外，《四民月令》记载着较为丰富的物候信息，通过这些记录我们可以发现秦汉时期已经萌生通过观察动植物生物性的变化来安排具体农事活动的观念，对于这种农学知识，农官与普通农民掌握起来较为容易，能够有效地指导农业生产活动。《四民月令》代表着《氾胜之书》之后农学和农业技术的新发展。

（三）《齐民要术》

《齐民要术》是北魏时期中国杰出农学家贾思勰所著的一部综合性农学著作，也是世界农学史上最早的专著之一。贾思勰，北魏农学家，青州首都（今山东寿光）人，生平不详，曾任高阳郡（今山东临淄）太守，是中国古代杰出的农学家。贾思勰所著《齐民要术》系统地总结了秦汉以来我国黄河流域的农业科学技术知识，其取材布局为后世的农学著作提供了可以遵循的依据，是中国现存的最完整的农书。书名中的“齐民”，指平民百姓，“要术”指谋生方法。书中援引古籍近200种，所引《氾胜之书》《四民月令》等现已失传的汉晋重要农书，后人只能以此了解当时的农业运作。

《齐民要术》总结了公元6世纪以前，黄河流域中下游地区所积累的农业科学技术知识。《齐民要术》自序说其内容“起自耕农，终于醯醢，资生之业，靡不毕书”。全书10卷，92篇，约10万余字。92篇外，卷一前面的《杂说》，大多数研究者认为非贾书原有。卷一，有总论耕田、收种2篇和种谷1篇；卷二，为各类、豆、麻、麦、稻、瓜、瓠、芋等13篇；卷三，包括葵、蔓菁、蒜等蔬菜12篇，还有苜蓿、杂说各1篇；卷四、五，总论园篱、栽树2篇，果树12篇，伐木1篇等，共25篇；卷五，为家畜、家禽和养鱼，共6篇；卷七是货殖、涂瓮各1篇，酿酒4篇；卷八、卷九，主要为农产品加工，包括酿造酱、醋、豉及食品的调制和储藏22篇，还有煮胶、制笔墨各1篇；卷十为“五谷果蓏菜茹非中国物产者”1篇，记载了100多种有实用价值的热带、亚热带植物和60多种野生可食植物。综观全书，范围广泛，大大超过先秦、两汉农书的规模。所记述的生产技术以种植业为主，兼及桑、林业、畜牧、养鱼、农副产品储藏加工等；在种植业方面则以粮食为主，兼及纤维作物、油料作物、染料作物、饲料作物、园艺作物等。从地区来说，以反映黄河中下游农业生产技术为主，同时也涉及南方和其他地区的植物品种等。有人称之为“中国古代农业百科全书”。

《齐民要术》在学术上的成就和贡献，一是对秦汉以来黄河流域的农业科学技术知识进行的系统总结，保存了汉代农业技术的精华，而且着重总结了《氾胜之书》以后北方旱地农业的新经验、新成就，如以耕—耙—耱为中心的旱地耕作技术系统和轮作倒茬、种植绿肥、良种选育等项技术，标志着中国北方旱地精耕细作体系的成熟。在此后的1000多年中，中国北方旱地农业技术的发展，基本上没有超出它所总结的方向和范围。对精耕细作的园艺技术，林土的压条、嫁接等繁育技术，家禽的饲养管理、良种选育、外形鉴定，农副产品的加工和微生物利用技术等，《齐民要术》也第一次作了全面、系统的总结。

附　录

附录一　人物

一、秦汉时期

贾谊（前200—前168年）：西汉洛阳（今河南洛阳东）人，汉代著名的思想家、文学家。贾谊年少成名，18岁时就以能诵《诗经》《尚书》和撰著文章而闻名于河南郡。汉文帝即位后召其为博士，一年之中，又被破格晋升为太中大夫。后为长沙王太傅。文帝七年（前173年），拜为梁怀王太傅。文帝十一年（前169年），梁怀王不幸坠马而亡。一年后，贾谊过度自责，伤心而死，年仅33岁。其政论文《过秦论》《论积贮疏》《论治安策》等为人称道。《论积贮疏》指出：该下雨的时候不下雨，百姓就要感到畏惧；世上有荒年，这是上天的安排；积累贮藏，是天下的大命。粮食、物资储备是国家的命脉，文章从饥荒等各种角度论述了加强积贮对国计民生的重大意义。

董仲舒（前179—前104年）：西汉广川郡（今河北景县广川镇）人，汉代著名思想家、政治家、教育家。以研究《春秋》公羊学出名，景帝时为博士。武帝即位后举贤良文学之士，董仲舒以贤良对策，史称"天人三策"。他系统地提出了"天人感应""大一统"学说，对后来的政治思想影响很大。经过他的大力提倡，儒家思想逐渐成为国家的主导思想。武帝元光元年（前134年），任江都易王刘非国相10年；元朔四年（前125年），任胶西王刘端国相，4年后辞职回家。董仲舒以阴阳言灾异，认为在求雨时关闭阳气，释放阴气，使天下雨；止雨时，要关闭阴气，释放阳气，使雨停止。他认为，灾是上天对恶政的谴责，异是天威的体现，如果天谴不行，即施以天威。君主奢侈过度，滥用刑罚，赋役繁重，任人不当，后宫不肃，违法乱制，穷兵黩武等都将导致灾异的出现。灾变与民之疾病都是君主行为违背天道、损国害民所造成的。这种灾异谴诫体现了天对君主的仁爱，希望通过灾异对君主“谴告”和警示来拯救国家的衰亡。这种思想对限制皇帝专权有一定作用。元光五年（前130年）辽东高庙和长陵高园殿发生火灾，董仲舒在家推说其意，写成草稿。主父偃私见其稿，因为嫉妒董仲舒，偷出草稿上奏朝廷。武帝出示给朝中诸儒看，董仲舒弟子吕步舒不知是其老师的书，对其大加批判。汉武帝一怒之下将董仲舒下狱，罪当致死，后下诏赦免。董仲舒不再敢谈灾异。其著《春秋繁露》中有关于灾异的详细分析。

王延世（生卒年不详）：字长叔，西汉犍为资中（今四川资阳）人。汉成帝时任河堤使者，是著名的治黄水利专家。成帝建始四年（前29年），黄河在馆陶和东郡的金堤决口，水患波及兖州、豫州一带，进入平原、千乘、济南等地，共冲灌4个郡32个县，水居地有15万多顷，深的有3丈，毁坏官署房屋等4万多座。御史大夫尹忠因河决应答不当，遭到成帝责难，自杀。汉廷一面救济灾民，一面派船徙民避水。次年春，杜钦推荐校尉王延世为河堤使者前去治河。王延世以竹落长四丈，大九围，盛以小石，两船夹载而下，历经36日，将河堤堵塞成功。为纪念治河成功，汉成帝改建始五年为河平元年，升王延世为光禄大夫，秩中二千石，赐爵关内侯，黄金百斤。成帝河平三年（前26年），黄河又在平原决口，流入济南、千乘等郡。成帝又派王延世与丞相史杨焉、将作大匠许高、谏大夫乘马延年等共同治理黄河决口。经过6个月，又修复河堤，成帝赐王延世黄金百斤。

氾胜之（生卒年不详）：约生活在公元前1世纪的西汉末期。氾水（今山东曹县北）人，古代著名农学家。汉成帝时为议郎，知农事，后官至黄门侍郎。他曾以轻车使者的名义，在三辅地区指导农业生产，获得丰收。他所编著的《氾胜之书》总结了古代黄河流域劳动人民的农业生产经验，记述了耕作原则和作物栽培技术，对促进我国农业生产的发展产生了深远影响，由此而闻名于世。他深入到农业生产实践中去，认真研究当地的土壤、气候和水利情况，因地制宜地总结、推广各种先进的农业生产技术。其“区田法”最为知名，即把土地分成若干个小区，做成区田。每一块小区，四周打上土埂，中间整平，深挖作区，调和土壤，以增强土壤的保水保肥能力。采用宽幅点播或方形点播法，推行密植，注意中耕灌溉等。区田法的推广和运用，大大提高了关中地区单位面积产量，受到广大农民的欢迎，并流传后世。他还大力推广种子穗选法，要求在田间选择籽粒又多又饱满的穗留作种子。他发明推广了“溲种法”，在种子上沾上一层粪壳作为种肥，其原理至今还在应用。《氾胜之书》原为2卷18篇，北宋时亡佚。后人从《齐民要术》及《太平御览》等书中辑录约3000余字。《汉书·艺文志》农家类称之《氾胜之十八篇》，也称《氾胜之种植书》或《氾胜之农书》，后通称《氾胜之书》，是我国古代第一部较为完整的农业科学专著，继承并发展了战国以来的农学思想，对后世产生了极其深远的影响。

贾让（生卒年不详）：西汉末年的水利专家。西汉成帝年间，黄河水患频仍，得不到有效救治。哀帝时，平当领河堤事，奏言应求能浚川疏河的能人。哀帝诏下，丞相孔光、大司空何武奏请部刺史、三辅、三河、弘农太守荐举能人，无人应答。待诏贾让于绥和二年（前7年）应诏上奏，提出治理黄河的上中下三策。他针对汉代黄河河患频发的原因，提出了以“宽河行洪”思想为主的全面治理黄河的三种不同对策。上策有言：“徙冀州之民当水冲者，决黎阳遮害亭，放河使北入海。河西薄大山，东薄金堤，势不能远泛滥，期月自定。”即在今河南滑县西南的遮害亭一带掘堤，改让河水北流，穿过魏郡入海。中策有言：“多穿漕渠于冀州地，使民得以溉田，分杀水怒。”即在冀州多挖漕渠，使百姓能够用来灌溉农田，分担水流的急势，穿渠一则可以灌溉兴利，二则可以分洪。下策乃修理旧堤，把低地填高，把薄处加厚，劳累花费没有止境，多次遭受它的危害。继续加高培厚原来的堤防，花费很多，但仍会不时遭受水害。贾让的“治河三策”是保留至今的我国最早的一篇比较全面的治河文献，不仅提出了防御河患的对策，还提出了放淤、改土、通漕等多方面的措施，其所体现的思想对后世产生了重大影响。

王景（约30—85年）：字仲通，乐浪郡邯（今朝鲜平壤西北）人，原籍琅邪不其（今山东即墨西南）。东汉光武帝建武六年（30年）前生，约汉章帝元和年间卒于庐江（治今安徽庐江西南）任上。东汉著名的水利工程专家。少学易，广窥众书，又好天文术数，沉深多伎艺。辟司空伏恭府。有人举荐他能治水，明帝诏其与王吴共修浚仪渠，王吴采用王景的墕流法，整修后，水不复为害。王莽始建国三年（11年），黄河在魏郡决口，泛滥清河以东的几个郡。原先，王莽担心黄河决口成为元城县他的祖坟的灾害。等到决口后河水向东流，元城县境不用担心水灾，因此就不筑堤堵水。东汉初期无暇治河，至汉明帝时，黄河、汴河已经泛滥了60多年，兖、豫多被水患。永平十二年（69年）春，议修汴渠。明帝召见王景，赠《山海经》《河渠书》《禹贡图》及钱帛、衣物，派他与将作谒者王吴治理黄河、汴渠，使河、汴分流。次年夏天完工，河道流路自荥阳东至千乘海口千余里，与西汉大河流路不同，为之后长时期的黄河安流奠定了基础。王景治河，测量地形，打通山陵，清除水中沙石，直接切断大沟深涧，在关键地方筑堤，疏通引导阻塞积聚的水流，每10里立一座水闸，使得水流能够来回灌注，不再有溃决的危害。这整治汴渠渠道的方法，还是整治黄河河道的方法，或者是并用于河、汴两水，学界没有定论。后人对“十里立一水门”更是颇有争论。治河成功后，王景名声显著，三迁为侍御史。永平十五年（72年），从驾东巡狩，至无盐，明帝嘉其功绩，拜为河堤谒者。章帝建初七年（82年），迁徐州刺史。时有杜笃奏《论都赋》，建议迁都长安，耆老人心思动，王景以立都已久，怕人情疑惑，皆当时有神雀、凤凰等祥瑞出现，作《金人论》称颂雒阳之美符合天命。建初八年（83年），迁庐江太守。当地百姓不知牛耕，不能尽地利，粮食不足。庐江古有芍陂，王景率吏民整修，教百姓犁耕，又鼓励蚕织，由是田地增多，经济逐渐丰裕。王景还参众家数术文书、冢宅禁忌、堪舆日相等，集为《大衍玄基》，今已佚。

张衡（78—139年）：字平子，南阳西鄂（今河南南阳石桥镇）人，东汉时伟大的天文学家，在数学、地理、绘画和文学等方面也多有创建。汉和帝永元年间，张衡被推举为孝廉，但他没有接受，公府几次征召也不到。安帝永初五年（111年），被朝廷公车特征进京，拜为郎中，再升任太史令。虽然在汉顺帝即位初年曾调动他职，但后来又任太史令。张衡任此职前后达14年之久，许多重大的科学研究工作都是在这一阶段里完成的。张衡研究阴阳，精通天文历法，制作浑天仪，著有《灵宪》《算罔论》。阳嘉元年（132 年），张衡在太史令任上发明了世界最早的地动仪，称为候风地动仪，曾经一龙机发，地不觉动，洛阳的学者都责怪不足信。几天之后，送信人来了，果然在陇西发生地震，众人于是都服其神妙。自此之后，朝廷就令史官记载地动发生的地方。次年，张衡升任侍中。永和元年（136 年），张衡被外调任河间王刘政的国相。刘政骄奢淫逸，不遵法纪；又有不少豪强之徒，纠集一起捣乱。张衡到任后，严整法纪，打击豪强，暗中探得奸党名姓，一时收捕，上下肃然。任职三年后，张衡上书请求辞职归家，被征召拜为尚书。张衡还擅长文学，仿照班固的《两都赋》，殚精竭虑 10 年，作成《二京赋》。

崔寔（约 103—170 年）：字子真，一名台，字元始。涿郡安平（今河北安平）人，东汉后期政论家。出身于名门世家，祖父崔骃，父亲崔瑗。崔寔少时沉静，喜读书。父亲去世后，隐居墓侧服丧。桓帝初，被朝廷召拜为议郎，作《政论》。曾与边韶、延笃等在东观著作，后出为五原太守。五原地方土壤适宜种植麻等纤维作物，但民间却不知纺织。百姓冬天没有衣服穿就睡于草窝中，见地方官吏时则穿着草衣出来相见。崔寔到五原后斥卖蓄积，购买工具教其纺织，人民得免寒苦。时匈奴、乌桓、鲜卑连年侵扰云中、朔方，崔寔整饬军马，严守边防，匈奴等不敢进犯，保证了一方的安定。后以病征，再拜为议郎，与诸儒博士共同确定《五经》。因梁冀被诛，以其为故吏免官，禁锢数年。由于他在五原太守的政绩卓著，鲜卑进犯时，又被司空黄琼推荐为辽东太守。赴任途中，其母病故，上书求归葬行丧，获准。服丧后升为尚书。但称病不视事，数月便被免归。崔寔为官清廉，灵帝建宁三年（170 年）病死时，家徒四壁，无以殡殓，由光禄勋杨赐、太仆袁逢、少府段熲为他备办棺木葬具。著有碑、论、箴、铭、答、七言、祠、文、表、记、书，凡 15 篇。除《政论》外，所著《四民月令》影响非常大。该书反映的是东汉晚期一个拥有相当数量田产的世族地主庄园，一年 12 个月家庭事务的计划安排。其中提到要按照时令气候，安排耕种，收获粮食、油料、蔬菜；养蚕、纺绩、织染、漂练、裁制、浣洗、改制等女红；食品加工及酿造；修治住宅及农田水利工程；收采野生植物，主要是药材，并配制法药；保存收藏家中大小各项用具；粜籴；等等。这些内容不仅有很多农业生产知识，也有很多防灾、减灾的经济思想。《四民月令》也是农家月令书的创始者，《四时纂要》《农桑衣食撮要》《经世民事录》《农圃便览》等都承袭了《四民月令》的体裁。《四民月令》原书已佚。

桑钦（生卒年不详）：汉代学者、地理学家。字君长，河南洛阳人。生卒年不详。据传桑钦尽终生之力踏遍全国考察水道情况，撰写了《水经》一书。该书记下了137条主要河流的基本资料，共一万多字，是中国古代一部重要的地理著作。郦道元的《水经注》就是以《水经》为纲，详加增补，使其内容更为丰富，成为地理名著。

二、魏晋南北朝时期

郦道元（？—527年）：北魏时期著名的地理学家、文学家。字善长。范阳涿县（今河北涿州）人。约生于北魏献文帝天安元年（466年）。父亲郦范，曾任青州刺史、尚书右丞。郦道元少喜读书及游览。成年后，曾任平城（今山西大同）和洛阳御史中尉、冀州（河北冀县）镇东府长史、鲁阳郡（河南鲁县）太守、东荆州（河南唐河）刺史和河南尹等职。对任职之地的山川都作过详细的考察。任职期间，“做官清刻”，受豪强、皇族忌恨。北魏延兴二年（472年），赴任关右大使，路上被叛官雍州刺史萧宝夤杀害，时年62岁左右。郦道元的一生，主要贡献在于《水经注》一书。书中对1200多条河流的发源地、流经地、支渠分布及河道变迁等作了十分详细的记载。此外，该书以河流为纲，广泛地记述了河流两岸的地理沿革、物产矿藏、风俗民情、城镇兴衰、历史遗迹以及农田水利设施等。除《水经注》外，郦道元还有《本志》和《七聘》等著作，惜其亡佚。《水经注》共40卷，30多万字。该书不仅在地理方面作了陈述，而且还涉及其他科学领域，如古代的冶炼业、煮盐业以及农业等，是一部具有重大科学研究价值的巨著，也是一部颇具文学特色的山水游记。书中除了独到的见解外，还引用了400余种有关书籍，实地考察了许多河流山川、名胜古迹，保存了许多很有价值的文献资料。它是公元6世纪前第一部全面、系统地反映中国古代地理面貌的巨著。郦道元对水利工程特别重视，他不但注意河道水渠的分布情况，而且对战国以来的农田水利建设，如陂、塘、堰、堤的兴废也都一一作了详细记载。《水经注》在中国科学史上有非常重要的位置，许多学者先后对该书进行过专门、系统的研究，他们注释、校勘、考证、绘图，以致形成了专门的学术领域——“郦学”。

贾思勰（生卒年不详）：北魏农学家。青州益都（今山东寿光）人，曾任北魏高阳郡（治今山东临淄西北）太守。曾到过现在的山东、山西、河北、河南等省，考察农业生产情况，后又有从事农业、畜牧业的实践，具有广泛的农事知识。约于永熙二年（533年）至东魏武定二年（544年）间，贾思勰在广泛查阅有关农书著述，广采民谣、民谚，寻访有经验的老农的基础上，撰成《齐民要术》10卷92篇。包括土壤整治、肥料施用、精耕细作、防旱保墒、选种育种、粮食与蔬菜作物栽培、果树培植和嫁接、畜禽饲料和医治、食品加工和储藏，以及野生植物利用等。此书充分反映了当时我国北方农村生活状况和社会经济状况，为我国古代不朽的农业科学巨著，对后世影响很大。其中，果树嫁接与熏烟防霜法、葡萄冬季埋蔓法等，至今还用于生产实际。同时，还记载了旱作农业地区的耕作制度、施肥方法，特别指出绿肥的作用，介绍了轮作制和果树嫁接技术，主张人工育良种和重视植树造林，提出了顺天时、量地利等尊重自然规律的主张。此书内容丰富，规模宏大，并附有图说，较系统地总结了6世纪以前黄河中下游劳动人民丰富的农业生产经验，是我国也是世界上现存最早、保存最完整的一部农学专著，对当时及后世农业生产的发展和农业科技的提高，起过重大作用。元、明、清各朝编辑农书，都吸取此书的精华，在国外尤其对日本也产生了很大影响。全书博引上古以来文献150余种，其中一些书早佚，赖此书而保存了部分内容，如西汉的《汜胜之书》、东汉的《四民月令》等。贾思勰主张重视农业，提倡奖励农耕，认为农业是平民之要术，也是立国安民，维护和巩固封建政权之要术。他把天看作自然物，主张改造、利用它，认为人可以胜天。“人生在勤，勤则不匮”“力能胜贫，谨能胜祸”（《齐民要术·序》）。在强调人力的同时，指出要顺应自然。“上因天时，下尽地力，中用人力，是以群生遂长，五谷蕃殖”（《种谷》）；提出“顺天时，量地利”，按照农作物生长的规律办事，以收“用力少而成功多”之效。还总结出一套具有经验科学的方法论意义的原则，要求系统掌握资料。

葛洪（284—364 年）：东晋道士、名医。字稚川，又名抱朴子。丹阳句容（今江苏句容）人。精通炼丹术，兼通医学。少好神仙导养之法，随从祖葛玄弟子郑隐习炼丹术，悉得其传。西晋惠帝太安二年（303 年），从军参与镇压石冰起义，事后应嵇含之托去广州，得师事南海太守上党鲍玄，传其业，兼习医术，并娶其女鲍姑为妻。东晋成帝咸和初（约 326 年），召补州主簿。后闻交趾出丹，求为勾漏（今广西北流）令，并携子侄至广州，留止于罗浮山炼丹，在山积年而终。所著《抱朴子》，其内篇言“神仙方药，鬼怪变化，养生延年，禳邪却祸”之事，外篇言“人间得失，世事臧否”，为道教理论著作。书中有“金丹”“黄白”“仙药”诸篇多述炼丹术，所言炼丹过程中物质分解、化合、置换等反应，为化学史上最早记载，故英人李约瑟称其为“最伟大的博物学家和炼金术士”。精医学，博览经方，尝见戴霸、华佗所集《金匮绿囊》，崔中书《黄素方》及阮河南等百家杂方近千卷，患其混杂烦重，有求难得，故收拾奇异，捃拾群遗，撰《玉函方》一百卷，分别病名，使种类殊分，以类相续，不致杂错。葛洪长期从事炼丹术和医学研究，对传染病学、寄生虫学以及制剂化学的发展均有一定贡献。于咸康七年（341 年）撰成《肘后备急方》，书中记述各种急性传染病及内外、妇儿等病因，症状及治疗所选方药，具有简便、廉、验特点。所载以水银软膏治皮肤病比意大利罗吉尔早 800 多年；以狂犬脑髓治疗、预防狂犬病比法国巴斯德在 1885 年的同类发现早 1500 多年，为免疫学先驱；对天花描述比阿拉伯著名医家累塞斯早 500 多年；关于恙虫病（沙风热）之记载比日本桥本伯寿 1810 年报道早 1400 多年；关于疥虫描述比阿拉伯医生阿文兹早 800 多年。他还是中国第一位发现血吸虫病的医家，另著有《神仙传》和《本草注》。

附录二　文献

一、诏令

1. 汉文帝后元元年（前163年）三月《求言诏》：“间者数年比不登，又有水旱疾疫之灾，朕甚忧之。愚而不明，未达其咎。意者朕之政有所失而行有过欤？乃天道有不顺，地利或不得，人事多失和，鬼神废不享欤？何以致此？将百官之奉养或费，无用之事或多欤？何其民食之寡乏也！夫度田非益寡，而计民未加益，以口量地，其于古犹有余，而食之甚不足者，其咎安在？无乃百姓之从事于末以害农者蕃，为酒醪以靡谷者多，六畜之食焉者众欤？细大之义，吾未能得其中，其与丞相列侯吏二千石博士议之，有可以佐百姓者，率意远思，无有所隐。”

2. 汉宣帝本始四年（前70年）正月《振贷贫民诏》：“盖闻农者兴德之本也，今岁不登，已遣使者振贷困乏。其令太官损膳省宰，乐府减乐人，使归就农业。丞相以下至都官令丞上书入谷，输长安仓，助贷贫民。民以车船载谷入关者，得毋用传。”

3. 汉元帝初元元年（前48年）四月《免灾民租赋诏》：“关东今年谷不登，民多困乏。其令郡国被灾害甚者毋出租赋。江海陂湖园池属少府者以假贫民，勿租赋。赐宗室有属籍者马一匹至二驷，三老、孝者帛五匹，弟者、力田三匹，鳏寡孤独二匹，吏民五十户牛酒。”

4. 汉成帝河平元年（前28年）三月《改元河平诏》：“东郡河决，流漂二州。校尉延世堤防三旬立塞。其以五年为河平元年。卒治河者为著外繇六月。惟延世长于计策，功费约省，用力日寡，朕甚嘉之。其以延世为光禄大夫，秩中二千石，赐爵关内侯，黄金百斤。”

5. 汉光武帝建武六年（30年）正月辛酉《给廪诏》：“往岁水旱蝗虫为灾，谷价腾跃，人用困乏。朕惟百姓无以自赡，恻然愍之。其命郡国有谷者，给禀高年、鳏、寡、孤、独及笃癃、无家属贫不能自存者，如《律》。二千石勉加循抚，无令失职。”

6. 汉光武帝建武二十二年（46 年）九月戊辰《地震诏》：“日者地震，南阳尤甚。夫地者，任物至重，静而不动者也。而今震裂，咎在君上。鬼神不顺无德，灾殃将及吏人，朕甚惧焉。其令南阳勿输今年田租刍藁。遣谒者案行，其死罪系囚在戊辰以前，减死罪一等；徒皆弛解钳，衣丝絮。赐郡中居人压死者棺钱，人三千。其口赋逋税而庐宅尤破坏者，勿收责。吏人死亡，或在坏垣毁屋之下，而家羸弱不能收拾者，其以见钱谷取佣，为寻求之。”

7. 汉明帝永平十三年（70 年）四月乙酉《巡行汴渠诏》：“自汴渠决败，六十余岁，加顷年以来，雨水不时，汴流东侵，日月益甚，水门故处，皆在河中，漭瀁广溢，莫测圻岸，荡荡极望，不知纲纪。今兖、豫之人，多被水患，乃云县官不先人急，好兴它役。又或以为河流入汴，幽、冀蒙利，故曰左堤强则右堤伤，左右俱强则下方伤，宜任水势所之，使人随高而处，公家息壅塞之费，百姓无陷溺之患。议者不同，南北异论，朕不知所从，久而不决。今既筑堤理渠，绝水立门，河、汴分流，复其旧迹，陶丘之北，渐就壤坟，故荐嘉玉絜牲，以礼河神。东过洛汭，叹禹之绩。今五土之宜，反其正色，滨渠下田，赋与贫人，无令豪右得固其利，庶继世宗《瓠子》之作。”

8. 西晋武帝泰始二年（266 年），晋武帝诏：“夫百姓年丰则用奢，凶荒则穷匮，是相报之理也。故古人权量国用，取赢散滞，有轻重平籴之法。理财钧施，惠而不费，政之善者也。然此事废久，天下希习其宜。加以官蓄未广，言者异同，财货未能达通其制。更令国宝散于穰岁而上不收，贫弱困于荒年而国无备。豪人富商，挟轻资，蕴重积，以管其利。故农夫苦其业，而末作不可禁也。今者省徭务本，并力垦殖，欲令农功益登，耕者益劝，而犹或腾踊，至于农人并伤。今宜通籴，以充俭乏。主者平议，具为条制。”

9. 宋文帝元嘉八年（431 年）闰（六）月庚子诏：“自顷农桑惰业，游食者众，荒莱不辟，督课无闻。一时水旱，便有罄匮，苟不深存务本，丰给靡因。郡守赋政方畿，县宰亲民之主，宜思奖训，导以良规。咸使肆力，地无遗利，耕蚕树艺，各尽其力。若有力田殊众，岁竟条名列上。”

10. 宋孝武帝大明八年（464 年）二月，壬寅诏：“去岁东境偏旱，田亩失收。使命来者，多至乏绝。或下穷流冗，顿伏街巷，朕甚闵之。可出仓米付建康、秣陵二县，随宜赡恤。若济拯不时，以至捐弃者，严加纠劾。”

11. 北魏孝文帝太和十一年（487 年）六月癸未，孝文帝诏令：“春旱至今，野无青草。上天致谴，实由匪德。百姓无辜，将罹饥馑。寤寐思求，罔知所益。公卿内外股肱之臣，谋猷所寄，其极言无隐，以救民瘼。”

12. 北魏孝明帝孝昌三年（527 年），二月，孝明帝下诏说：“关陇遭罹寇难，燕赵贼逆凭陵，苍生波流，耕农靡业，加诸转运，劳役已甚，州仓储实，无宜悬匮，自非开输赏之格，何以息漕运之烦。凡有能输粟入瀛、定、岐、雍四州者，官斗二百斛赏一阶。入二华州者，五百石赏一阶。不限多少，粟毕授官。”

13. 南齐武帝永明五年（487 年）九月，下诏书说：“善为国者，使民无伤，而农益劝。是以十一而税，周道克隆，开建常平，汉载惟穆。岱畎丝枲，浮汶来贡，杞梓皮革，必缘楚往。自水德将谢，丧乱弥多，师旅岁兴，饥馑代有。贫室尽于课调，泉贝倾于绝域，军国器用，动资四表，不因厥产，咸用九赋，虽有交贸之名，而无润私之实，民咨涂炭，寔此之由。昔在开运，星纪未周，余弊尚重。农桑不殷于曩日，粟帛轻贱于当年。工商罕兼金之储，匹夫多饥寒之患。良由圜法久废，上币稍寡。所谓民失其资，能无匮乎？凡下贫之家，可蠲三调二年。京师及四方出钱亿万，籴米谷丝绵之属，其和价以优黔首。远邦尝市杂物，非土俗所产者，皆悉停之。必是岁赋攸宜，都邑所乏，可见直和市，勿使逋刻。”

二、碑刻与简牍

1.《风雨诗》：“日不显目兮黑云多，月不见视兮风非沙。从恣蒙水诚江河，州流灌注兮转扬波。辟柱槙到忘相加，天门俫小路彭池。无因以上如之何，兴章教诲兮诚难过。”

2.《张汜雨雪辞》：“惟永初七年，十二月有闰六日戊戌，吴房长平阴张汜字春孙，以诏请雨。絜斋诣山，为民谒福。敬香充牲，稽首震恪。上天崇远，款允不达。乃鹭田岳，造灵作乐。天监闵照，玄云骈错。觚胙未终，甘雨累落。庶卉咸茂，国赖宁乐。惟精之感，厥应孔遬。时与主簿魏亲并余官属，攀兀登峻，壹慨再息。晏臻兹坐，劬劳备极。余来良难，君亦歉渴。率土之宾，此□朝贺。钦记鄙辞，以征百福。唯远既哀，殖我稼穑。国殷民考，盖如斯石。乱曰：登斯岳兮，望旋机；三光雾兮，雪徽徽；降我穑兮，育英芝；国赖宁兮，福崇崔；永如山兮，靡隤时。”

3. 阿斯塔那五九号墓文书：

《二 北凉 神玺三年仓曹贷粮文书》：▭主者赵恭、孙殷今贷课石▭拾斛，秋熟还等斛，督入本▭尅给。明案奉行。神玺三年五月七日起仓曹。

4. 阿斯塔那五二四号墓文书：

《三 高昌章和五年取牛羊供祀帐》：章和五年乙卯岁正月 日，取严天奴羊一口，供始耕。次三月十一日，取胡未駒羊一口，供祀风伯。次取曲孟顺羊一口，供祀树石。次三月廿四日，康祈羊一口，供祀丁谷天。次五月廿八日，取白姚羊一口，供祀清山神。次六月十六日，取屠儿羊一口，供祀丁谷天。次取孟阿石儿羊一口，供祀大坞 阿摩。次七月十四日，取康酉儿牛一头，供谷里祀。

三、诗文

（一）贾谊《旱云赋》

惟昊天之大旱兮，失精和之正理。遥望白云之蓬勃兮，滃澹澹而妄止。运清浊之澒洞兮，正重沓而并起。嵬隆崇以崔巍兮，时仿佛而有似。屈卷轮而中天兮，象虎惊与龙骇。相搏据而俱兴兮，妄倚俪而时有。遂积聚而给沓兮，相纷薄而慷慨。若飞翔之从横兮，阳侯怒而澎濞。正帷布而雷动兮，相击冲而破碎。或窈窕而四塞兮，诚若雨而不坠。阴阳分而不相得兮，更惟贪邪而狼戾。终风解而霰散兮，陵迟而堵溃，或深潜而闭藏兮，争离而并逝。廓荡荡其若涤兮，日炤炤而无秽。隆盛暑而无聊兮，煎砂石而烂渭。汤风至而合热兮，群生闷满而愁愦。畎亩枯槁而失泽兮，壤石相聚而为害。农夫垂拱而无事兮，释其锄耨而下泪。忧疆畔之遇害兮，痛皇天之靡惠。惜稚稼之旱夭兮，离天灾而不遂。怀怨心而不能已兮，窃托咎于在位。独不闻唐虞之积烈兮，与三代之风气。时俗殊而不还兮，恐功久而坏败。何操行之不得兮，政治失中而违节。阴气辟而留滞兮，厌暴至而沈没。嗟乎，惜旱大剧，何辜于天无恩泽。忍兮啬夫，何寡德矣！既已生之，不与福矣。来何暴也，去何躁也！孳孳望之，其可悼也。憭兮栗兮，以郁怫兮。念思白云，肠如结兮。终怨不雨，甚不仁兮。布而不下，甚不信兮。白云何怨，奈何人兮。

（二）贾谊《说积贮》

《管子》曰："仓廪实而知礼节。"民不足而可治者，自古及今，未之尝闻。古之人曰："一夫不耕，或受之饥；一女不织，或受之寒。"生之有时，而用之亡度，则物力必屈。古之治天下，至纤至悉也，故其畜积足恃。今背本而趋末，食者甚众，是天下之大残也；淫侈之俗，日日以长，是天下之大贼也。残贼公行，莫之或止；大命将泛，莫之振救。生之者甚少而靡之者甚多，天下财产何得不蹶！汉之为汉几四十年矣，公私之积犹可哀痛。失时不雨，民且狼顾；岁恶不入，请卖爵、子。既闻耳矣，安有为天下阽危者若是而上不惊者！

世之有饥穰，天之行也，禹、汤被之矣。即不幸有方二三千里之旱，国胡以相恤？卒然边境有急，数十百万之众，国胡以馈之？兵旱相乘，天下大屈，有勇力者聚徒而冲击，罢夫羸老易子而咬其骨。政治未毕通也，远方之能疑者，并举而争起矣，乃骇而图之，岂将有及乎？

夫积贮者，天下之大命也。苟粟多而财有余，何为而不成？以攻则取，以守则固，以战则胜。怀敌附远，何招而不至？今驱民而归之农，皆著于本，使天下各食其力，末技游食之民，转而缘南畮，则畜积足而人乐其所矣。可以为富安天下，而直为此廪廪也，窃为陛下惜之！

（三）董仲舒《雨雹对》

元光元年七月，京师雨雹，鲍敞问董仲舒曰："雹何物也，何气而生之？"仲舒曰："阴气胁阳气，天地之气，阴阳相半，和气周回，朝夕不息。阳德用事，则和气皆阳，建巳之月是也。故谓之正阳之月。阴德用事，则和气皆阴，建亥之月是也。故谓之正阴之月。十月阴虽用事，而阴不孤立，此月纯阴。疑于无阳，故谓之阳月。诗人所谓'日月阳止'者也。四月阳虽用事，而阳不独存，此月纯阳，疑于无阴，故亦谓之阴月。自十月以后，阳气始生于地下，渐冉流散，故言息也。阴气转收，故言消也。日夜滋生，遂至四月纯阳用事。自四月以后，阴气始生于天上，渐冉流散，故云息也。阳气转收，故言消也。日夜滋生，遂至十月纯阴用事。二月八月，阴阳正等，无多少也。以此推移，无有差慝，运动抑扬，更相动薄，则薰蒿歊蒸，而风雨云雾，雷电雪雹生焉。气上薄为雨，下薄为雾，风其噫也，云其气也。雷其相击之声也，电其相击之光也。二气之初蒸也，若有若无，若实若虚，若方若圆，攒聚相合，其体稍重，故雨乘虚而坠。风多则合速，故雨大而疏。风少则合迟，故雨细而密。其寒月则雨凝于上，体尚轻微，而因风相袭，故成雪焉。寒有高下，上暖下寒，则上合为大雨，下凝为冰，霰雪是也。雹霰之至也，阴气暴上，雨则凝结成雹焉。太平之世，则风不鸣条，开甲散萌而已。雨不破块，润叶津茎而已。雷不惊人，号令启发而已。电不眩目，宣示光耀而已。雾不塞望，浸淫被洎而已。雪不封条，凌殄毒害而已。雪则五色而为庆，三色而成矞。露则结味而成甘，结润而成膏。此圣人之在上，则阴阳和风雨时也。政多纰缪，则阴阳不调，风发屋，雨溢河，雪至牛目，雹杀驴马。此皆阴阳相荡而为祲沴之妖也。"

敞曰："四月无阴，十月无阳，何以明阴不孤立，阳不独存邪？"

仲舒曰："阴阳虽异，而所资一气也。阳用事，此则气为阳；阴用事，此则气为阴。阴阳之时虽异，二体常存，犹如一鼎之水，而未加火，纯阴也。加火极热，纯阳也。纯阳则无阴，息火水寒，则更阴矣。纯阴则无阳，加火水热，则更阳矣。然则建巳之月为纯阳，不容都无复阴也。但是阳家用事，阳气之极耳。荠麦枯，由阴杀也。建亥之月为纯阴，不容都无复阳也。但是阴家用事，阴气之极耳。荠麦始生，由阳升也。其尤者，葶苈死于盛夏，款冬花于严寒，水极阴而有温泉，火至阳而有凉焰，故知阴不得无阳，阳不容都无阴也。"

敞曰："冬雨必暖，夏雨必凉，何也？"曰："冬气多寒，阳气自上跻，故人得其暖，而下蒸成雪矣。夏气多暖，阴气自下升，故人得其凉，而上蒸成雨矣。"敞曰："雨既阴阳相蒸，四月纯阳，十月纯阴，斯则无二气相薄，则不雨乎？"曰："然，纯阳纯阴，虽在四月十月，但月中之一日耳。"敞曰："月中何日？"曰："纯阳用事，未夏至一日。纯阴用事，未冬至一日。朔旦夏至冬至，其正气也。"敞曰："然则未至一日，其不雨乎？"曰："然，颇有之，则妖也。和气之中，自生灾沴，能使阴阳改节，暖凉失度。"敞曰："灾沴之气，其常存耶？"曰："无也，时生耳。犹乎人四支五脏，中也有时。及其病也，四支五脏皆病也。"敞迁延负墙，俯揖而退。

四、奏折

（一）东汉·杨终《建初元年大旱上书》

臣闻"善善及子孙，恶恶止其身"，百王常典，不易之道也。秦政酷烈，违牾天心，一人有罪，延及三族。高祖平乱，约法三章。太宗至仁，除去收孥。万姓廓然，蒙被更生，泽及昆虫，功垂万世。陛下圣明，德被四表。今以比年久旱，灾疫未息，躬自菲薄，广访失得，三代之隆，无以加焉。臣窃按《春秋》水旱之变，皆应暴急，惠不下流。自永平以来，仍连大狱，有司穷考，转相牵引，掠拷冤滥，家属徙边。加以北征匈奴，西开三十六国，频年服役，转输烦费。又远屯伊吾、楼兰、车师、戊己，民怀土思，怨结边域。传曰："安土重居，谓之众庶。"昔殷民近迁洛邑，且犹怨望，何况去中土之肥饶，寄不毛之荒极乎？且南方暑湿，障毒互生。愁困之民，足以感动天地，移变阴阳矣。陛下留念省察，以济元元。

（二）东汉·张衡《阳嘉二年京师地震对策》

臣闻政善则休祥降，政恶则咎征见。苟非圣人，或有失误。昔成王疑周公，而大风拔树木，开金縢而反风至，天人之应，速于影响。故称《诗》曰："无曰高高在上，日监在兹。"间者京都地震，雷电赫怒。夫动静无常，变改正道，则有奔雷土裂之异。自初举孝廉，迄今二百岁矣，皆先孝行，行有余力始及文法。辛卯诏以能宣章句、奏案为限。虽有至孝，犹不应科。此弃本而就末。曾子长于孝，然实鲁钝，文学不若游、夏，政事不若冉、季。今欲使一人兼之，苟外可观，内必有阙，则违选举孝廉之制矣。且郡国守相，剖符宁境为大臣，一旦免黜十有余人，吏民罢于送迎之役，新故交际，公私放滥，或临政莅民，为百姓取便，而以小过免之，是为夺人父母使嗟号也。又察选举，一任三府，台阁秘密，振暴于外，货贿多行，人事流通，令真伪浑淆，昏乱清朝。此为下陵上替，分威共德，灾异之兴，不亦宜乎！《易》"不远复"，《论》"不惮改"，朋友交接且不宿过，况于帝王承天理物以天下为公者乎！中间以来，妖星见于上，震烈著于下，天诫详矣，可为寒心。明者消祸于未萌，今既见矣，修政恐惧则转祸为福矣。

（三）晋·杜预《言水灾疏》

臣辄思惟今者水灾，东南特剧，非但五谷不收，居业并损。下田所在渟污，高地皆多硗瘠，此即百姓困穷，方在来年。虽诏书切告长吏二千石为之设计，而不廓开大制，定其趣舍之宜，恐徒文具，所益盖薄。当今秋夏蔬食之时，而百姓已有不赡。前至冬春，野无青草，则必指仰官谷以为生命。此乃一方之大事，不可不豫为思虑者也。臣愚谓既以水为田，当恃鱼菜螺蚌，而洪波泛滥，贫弱者终不能得。今者宜大坏兖豫州东界兖州东界诸陂，随其所归而宣导之。庶令饥者尽得水产之饶，百姓不出境界之内，朝暮野食，此目下日给之益也。水去之后，填淤之田亩收数钟。至春大种五谷，五谷必丰，此又明年之益也。前启典牧种牛，不供耕驾，至于老不穿鼻者，无益于用，而徒有吏士谷草之费，岁送任驾者甚少，尚复不调习。宜大出卖，以易谷及为赏直。诏曰：孳育之物，不宜减散。事遂停寝。问主者，今典虞右典牧种产牛，大小相通，有四万五千余头。苟不益世用，头数虽多，其费日广。古者匹马匹牛，居则以耕，出则以战，非如猪样类也。仅徒养宜用之牛，终为无用之费，甚失事宜。东南以水田为业，人无牛犊。今既坏陂，可分种牛三万五千头以付二州将吏士庶，使及春耕。谷登之后，头责三百斛。是为化无用之费，得运水次成谷七百万斛。此又数年后之益也。加以百姓降丘宅土，将来公私之饶，乃不可计。其所留好种万头，可即令右典牧都尉官属养之。人多畜少，可并佃牧地，明其考课。此又三魏近甸岁当复入数十万斛谷，牛又皆当调习，动可驾用，皆今日之可全者也。

（四）北魏·薄骨律镇镇将刁雍《表》

富平西三十里（薄骨律镇，今灵武郡。富平，今回乐县），有艾山，南北二十六里，东西四十五里，凿以通河，似禹旧迹。其两岸作溉田大渠，广十余步，山南引水入此渠中。计昔时高于河水不过一丈，河水激急，沙土漂流。今日此渠高于河水二丈三尺，又河水侵射，往往崩颓。渠既高悬，水不得上，虽复诸处按旧引水，水亦难求。今艾山北，河中有洲渚，水分为二。西河小狭，水广百四十步。臣今请入来年正月，于河西高渠之北八里，分河之下五里，平地凿渠，广十五步，深五尺，筑其两岸，令高一丈。北行四十里，还入古之高渠，即修高渠而北，复八十里，合百二十里，大有良田。计用四千人，四十日功，渠得成就。所欲凿新渠口，河下五尺，水不得入。今求从小河东南岸斜断到西北岸，计长二百七十步，广十步，高二丈，绝断小河。二十日功，计得成毕，合计用功六十日。小河之水尽入新渠，水则充足，溉官私田四万余顷。旬日之间，则水一遍，水凡四溉，谷得成实。

（五）北魏·李彪《积谷备荒封事》

《礼》云：国无三年之储，谓国非其国。光武以一亩不实，罪及牧守。圣人之忧世重谷，殷勤如彼；明君之恤人劝农，而相切若此。顷年山东饥，去岁京师俭，内外人庶出入就丰，既废营产，疲困乃加，又于国体实有虚损。若先多积谷，安而给之，岂有驱督老弱糊口千里之外？以今况古，诚可惧也。臣以为宜折州郡常调九分之二，京都度支岁用之余，各立官司，年丰籴于仓，时俭则加私之二粜之于人。如此人必事田以买官绢，又务贮财以取官粟，年登则常积，岁凶则且给。又别立农官，取州郡户十分之一以为屯人。相水陆之宜，料顷亩之数，以赃赎杂物余财市牛给科，令其肆力。一夫之田，岁责三十斛，甄其正课并征戍杂役。行此二事，数年之中，则谷积而人足，虽灾不害。

参考文献

古籍类

[1](北齐)魏收:《魏书》,北京:中华书局,1974年。

[2](北魏)贾思勰著、缪启愉校释:《齐民要术校释》,北京:中国农业出版社,1998年。

[3](北魏)郦道元著、陈桥驿校证:《水经注校证》,北京:中华书局,2007年。

[4](北魏)杨衒之撰、周祖谟校释:《洛阳伽蓝记校释》,北京:中华书局,2010年。

[5](春秋)管仲撰、黎翔凤校注:《管子校注》,北京:中华书局,2004年。

[6](春秋)晏婴撰、吴则虞集释:《晏子春秋集释》,北京:中华书局,1962年。

[7](汉)班固:《汉书》,北京:中华书局,1962年。

[8](汉)董仲舒:《雨雹对》,《古文苑》卷十一,龙谿精舍丛书本。

[9](汉)氾胜之撰、万国鼎辑释:《氾胜之书辑释》,北京:农业出版社,1963年。

[10](汉)桓宽撰、王利器校注:《盐铁论校注》,北京:中华书局,1992年。

[11](汉)贾谊:《旱云赋》,《古文苑》卷三,龙谿精舍丛书本。

[12](汉)刘安撰、刘文典集解:《淮南鸿烈集解》,北京:中华书局,1989年。

[13](汉)刘珍等撰、吴树平校注:《东观汉记校注》,北京:中华书局,2008年。

[14](汉)司马迁:《史记》,北京:中华书局,1959年。

[15](汉)王充撰、黄晖校释:《论衡校释》,北京:中华书局,1990年。

[16](汉)应劭撰、王利器校注:《风俗通义校注》,北京:中华书局,1981年。

[17](晋)常璩撰、任乃强校注:《华阳国志校补图注》,上海:上海古籍出版社,1987年。

[18](晋)陈寿:《三国志》,北京:中华书局,1971年。

[19](晋)干宝撰:《搜神记》,北京:中华书局,1985年。

[20](晋)葛洪:《西京杂记》,北京:中华书局,1985年。
[21](晋)葛洪:《肘后备急方》,广州:广东科技出版社,2012年。
[22](晋)皇甫谧等撰:《二十五别史》,济南:齐鲁书社,2000年。
[23](晋)皇普谧著、周琦校注:《针灸甲乙经》,北京:中国医药科技出版社,2011年。
[24](晋)袁宏撰、周天游校注:《后汉纪校注》,天津:天津古籍出版社,1987年。
[25](晋)张华撰、范宁校注:《博物志校注》,北京:中华书局,1980年。
[26](明)何淳之编辑:《荒政汇编》,李文海、夏明方、朱浒主编:《中国荒政书集成》第1册,天津:天津古籍出版社,2010年。
[27](明)祁彪佳:《救荒全书》,李文海、夏明方、朱浒主编:《中国荒政书集成》第2册,天津:天津古籍出版社,2010年。
[28](明)屠隆撰、(清)俞森辑:《荒政考》,李文海、夏明方、朱浒主编:《中国荒政书集成》第1册,天津:天津古籍出版社,2010年。
[29](南朝梁)慧皎撰、汤用彤校注:《高僧传》,北京:中华书局,1992年。
[30](南朝梁)沈约:《宋书》,北京:中华书局,1974年。
[31](南朝梁)萧绎:《金楼子》,北京:中华书局,1985年。
[32](南朝梁)萧子显:《南齐书》,北京:中华书局,1972年。
[33](南朝宋)范晔:《后汉书》,北京:中华书局,1965年。
[34](清)顾祖禹:《读史方舆纪要》,北京:中华书局,2005年。
[35](清)陆曾禹:《钦定康济录》,李文海、夏明方、朱浒主编:《中国荒政书集成》第3册,天津:天津古籍出版社,2010年。
[36](清)汤球辑:《九家旧晋书辑本》,济南:齐鲁书社,2000年。
[37](清)汤球辑:《十六国春秋辑补》,济南:齐鲁书社,2000年。
[38](清)张能麟:《荒政考略》,李文海、夏明方、朱浒主编:《中国荒政书集成》第2册,天津:天津古籍出版社,2010年。
[39](宋)洪迈:《隶释·隶续》,北京:中华书局,1985年。
[40](宋)李昉等编:《太平广记》,北京:中华书局,1986年。
[41](宋)李昉等撰:《太平御览》,北京:中华书局,1960年。
[42](宋)司马光:《资治通鉴》,北京:中华书局,1956年。
[43](宋)王钦若:《册府元龟》,北京:中华书局,1960年。
[44](宋)郑樵:《通志二十略》,北京:中华书局,1995年。

[45](隋)虞世南:《北堂书钞》，天津：天津古籍出版社，1988年。
[46](唐)道宣撰、郭绍林点校:《续高僧传》，北京：中华书局，2014年。
[47](唐)杜佑:《通典》，北京：中华书局，1988年。
[48](唐)房玄龄等:《晋书》，北京：中华书局，1974年。
[49](唐)李百药:《北齐书》，北京：中华书局，1972年。
[50](唐)李延寿:《北史》，北京：中华书局，1972年。
[51](唐)李延寿:《南史》，北京：中华书局，1975年。
[52](唐)令狐德棻等撰:《周书》，北京：中华书局，1971年。
[53](唐)魏徵等撰:《隋书》，北京：中华书局，1973年。
[54](唐)姚思廉:《陈书》，北京：中华书局，1972年。
[55](唐)姚思廉:《梁书》，北京：中华书局，1973年。
[56](元)马端临:《文献通考》，北京：中华书局，1986年影印版。
[57](战国)荀子撰、王先谦集解:《荀子集解》，北京：中华书局，1988年。
[58]程树德:《论语集释》，北京：中华书局，1990年。
[59]周天游辑注:《八家后汉书辑注》，上海：上海古籍出版社，1986年。

出土文献类

[1]高文:《汉碑集释》(修订本)，开封：河南大学出版社，1997年。
[2]国家图书馆善本金石组编:《先秦秦汉魏晋南北朝石刻文献全编(一)》，北京：北京出版社，2003年。
[3]国家文物局古文献研究室、新疆维吾尔自治区博物馆、武汉大学历史系编:《吐鲁番出土文书》第01册，北京：文物出版社，1981年。
[4]国家文物局古文献研究室、新疆维吾尔自治区博物馆、武汉大学历史系编:《吐鲁番出土文书》第02册，北京：文物出版社，1981年。
[5]吴礽骧、李永良、马建华释校:《敦煌汉简释文》，兰州：甘肃人民出版社，1991年。
[6]谢桂华、李均明:《居延汉简释文合校》，北京：文物出版社，1987年。
[7]长沙简牍博物馆、中国文物研究所、北京大学历史学系走马楼简牍整理组编著:《长沙走马楼三国吴简·竹简〔贰〕(下)》，北京：文物出版社，2007年。
[8]长沙简牍博物馆、中国文物研究所、北京大学历史学系走马楼简牍整理组编著:《长沙走马楼三国吴简·竹简〔叁〕(下)》，北京：文物出版社，2008年。
[9]长沙市文物考古研究所、中国文物研究所、北京大学历史学系走马楼简牍整理组编著:《长沙走马楼三国吴简·竹简〔壹〕(下)》，北京：文物出版社，

2003年。

[10]长沙市文物考古研究所、中国文物研究所、北京大学历史学系走马楼简牍整理组编著:《长沙走马楼三国吴简·嘉禾吏民田家莂(上)》,北京:文物出版社,1999年。

[11]赵超:《汉魏南北朝墓志汇编》,天津:天津古籍出版社,2008年。

今人专著类

[1]陈高傭等编:《中国历代天灾人祸表》,上海:上海书店,1986年影印版。

[2]邓云特:《中国救荒史》,上海:商务印书馆,1937年。

[3]冯柳堂:《中国历代民食政策史》,北京:商务印书馆,1993年影印版。

[4]高文学:《中国自然灾害史(总论)》,北京:地震出版社,1997年。

[5]顾功叙主编:《中国地震目录(公元前1831年—公元1969年)》,北京:科学出版社,1983年。

[6]顾浩主编:《中国治水史鉴》,北京:中国水利水电出版社,1997年。

[7]胡寄窗:《中国经济思想史》,上海:上海人民出版社,1963年。

[8]黄留珠主编:《汉武帝传》,西安:西安出版社,2003年。

[9]黄耀能:《中国古代农业水利史研究》,台北:六国出版社,1978年。

[10]焦培民、刘春雨、贺予新:《中国灾害通史·秦汉卷》,郑州:郑州大学出版社,2009年。

[11]李向军:《清代荒政研究》,北京:中国农业出版社,1995年。

[12]林甘泉:《中国经济通史》(秦汉经济卷),北京:经济日报出版社,1999年。

[13]刘克祥:《简明中国经济史》,北京:经济科学出版社,2001年。

[14]马大英:《汉代财政史》,北京:中国财政经济出版社,1983年。

[15]马新:《两汉乡村社会史》,济南:齐鲁书社,1997年。

[16]水利部黄河水利委员会《黄河水利史述要》编写组:《黄河水利史述要》,北京:水利出版社,1982年。

[17]汤因比:《历史研究》,曹未风等译,上海:上海人民出版社,1966年。

[18]王育民:《中国历史地理概论》,北京:人民教育出版社,1987年。

[19]吴忠良、刘宝诚编著:《地震学简史》,北京:地震出版社,1989年。

[20]武汉水利电力学院、水利水电科学研究院《中国水利史稿》编写组:《中国水利史稿》,北京:水利电力出版社。

[21]张美莉、刘继宪、焦培民:《中国灾害通史·魏晋南北朝卷》,郑州:郑州

大学出版社，2009 年。
[22] 张敏：《生态史学视野下的十六国北魏兴衰》，武汉：湖北人民出版社，2004 年。
[23] 中国社会科学院历史研究所资料编纂组：《中国历代自然灾害及历代盛世农业政策资料》，北京：农业出版社，1988 年。
[24] 邹逸麟主编：《黄淮海平原历史地理》，合肥：安徽教育出版社，1997 年。

今人论文类

[1] 卜风贤：《重评西汉时期代田区田的用地技术》，《中国农史》2010 年第 4 期。
[2] 邓伯清：《四川牧马山灌溉渠古墓清理简报》，《考古》1959 年第 8 期。
[3] 段伟：《汉武帝财政决策与瓠子河决治理》，《首都师范大学学报》(社会科学版)2004 年第 1 期。
[4] 段伟：《试论东汉以后黄河下游长期安流之原因》，《灾害学》2003 年第 3 期。
[5] 高凯、西镇岩：《从汉简所见蠡测两汉时期伤寒病的地理变迁》，中国社会科学院历史研究所、日本东方学会、首都师范大学历史学院编《第七届中日学者中国古代史论坛文集》，北京：中国社会科学出版社，2016 年版。
[6] 高凯：《从居延汉简看汉代的"女户"问题》，《史学月刊》2008 年第 9 期。
[7] 高凯：《从吴简蠡测孙吴初期临湘侯国的疾病人口问题》，《史学月刊》2005 年第 12 期。
[8] 葛志毅：《汉代博士奉使制度》，《历史教学》1996 年第 10 期。
[9] 龚胜生：《魏晋南北朝疫灾时空分布规律研究》，《中国历史地理论丛》2007 年第 3 期。
[10] 郭黎安：《关于六朝建康气候、自然灾害和生态环境的初步研究》，《南京社会科学》2000 年第 8 期。
[11] 黄盛璋：《关中农田水利的历史发展及其成就》，收入黄盛璋著：《历史地理论集》，北京：人民出版社，1982 年。
[12] 陆人骥：《中国历代蝗灾的初步研究》，《农业考古》1986 年第 1 期。
[13] 罗劲松：《江西出土六朝青瓷所蕴含的社会文化习俗》，《南方文物》2005 年第 4 期。
[14] 王邨、王松梅：《近五千余年来我国中原地区气候在年降水量方面的变迁》，《中国科学》B 辑 1987 年第 1 期。
[15] 王弢：《十六国荒政研究》，安徽师范大学硕士学位论文，2004 年。
[16] 王亚利：《魏晋南北朝时期自然灾害研究》，四川大学博士学位论文，

2003 年。

[17] 肖明华：《陂池水田模型与汉魏时期云南的农业》，《农业考古》1994 年第 1 期。

[18] 辛德勇：《由元光河决与所谓王景治河重论东汉以后黄河长期安流的原因》，《文史》2012 年第 1 期。

[19] 许云和：《敦煌汉简〈风雨诗〉试论》，《首都师范大学学报》（社会科学版）2011 年第 2 期。

[20] 杨联陞：《从经济角度看帝制中国的公共工程》，收入杨联陞著《国史探微》，沈阳：辽宁教育出版社，1998 年。

[21] 杨振红：《汉代自然灾害初探》，《中国史研究》1999 年第 4 期。

[22] 殷滌非：《安徽省寿县安丰塘发现汉代闸坝工程遗址》，《文物》1960 年第 1 期。

[23] 张剑光、邹国慰：《略论两汉疫情的特点和救灾措施》，《北京师范大学学报》（社会科学版）1999 年第 4 期。

[24] 张丕远、王铮、刘啸雷等：《中国近 2000 年来气候演变的阶段性》，《中国科学》B 辑 1994 年第 9 期。

[25] 张文华：《汉代自然灾害的发展趋势及其特点》，《淮阴师范学院学报》2002 年第 5 期。

[26] 郑志刚：《东汉摩崖刻石〈张氾雨雪辞〉考述》，《中国美术》2016 年第 2 期。

[27] 周宝瑞：《汉代南阳水利建设》，《南都学坛》2000 年第 4 期。

[28] 竺可桢：《中国近五千年来气候变迁的初步研究》，《考古学报》1972 年第 1 期。

编后记

中国历史悠久，人民勤劳勇敢，文化源远流长。但中国的自然环境异常复杂，气候变化多样，经常暴发严重的自然灾害。一部中华文明史，从某种意义上说，也是一部中国人民的灾害史，留下了大量的灾害记录。鉴往知来，系统整理、记述、出版中国自然灾害以及救灾、防灾、减灾等措施的中国灾害通志类书籍显得非常重要。《中国灾害志》丛书是国家减灾委员会办公室、中国社会出版社等单位牵头组织实施，由国家出版基金管理办公室批准资助出版的国家“十二五”规划重点图书项目，其出版适当其时。

《中国灾害志》丛书分设有断代卷、省（自治区、直辖市）分卷、县市分卷等多种，《中国灾害志·断代卷·秦汉魏晋南北朝卷》是断代卷中的一种。《中国灾害志·秦汉魏晋南北朝卷》由郑州大学高凯教授主编，上海交通大学陈业新教授、复旦大学段伟教授担任副主编。按照灾害志总编纂委员会的要求，高凯提出了全志编纂大纲，报经灾害志总编纂委员会最终审定。全志撰述工作分工如下：段伟负责第一编概述、第二编大事记秦汉部分、第五编防灾第二章水利秦汉部分、附录、编后记；高凯负责第二编大事记魏晋南北朝部分、第三编灾情魏晋南北朝部分、第四编救灾魏晋南北朝部分、第五编防灾魏晋南北朝部分；陈业新指导吕金伟博士（现南京农业大学博士后）负责第三编灾情秦汉部分、第五编防灾第三章农事秦汉部分、本志参考文献，指导何菲博士（现上海交通大学党史校史研究室助理研究员）负责第四编救灾秦汉部分、第五编防灾第一章仓储秦汉部分。本志的秦汉部分于 2015 年 12 月完成初稿，后于 2016 年、2017 年两次集中修改；魏晋南北朝部分也在2017年完成初稿。本志初稿初由高凯集中统稿，因他身体状态欠佳，一时无法集中精力，2019年11月始，本志改由陈业新、段伟做最后统稿，段伟代撰编后记。

秦汉魏晋南北朝时期是中国防灾减灾的重要历史时期。很多先秦的防灾减灾思想从秦汉开始落到实处，并有更多的创新。魏晋南北朝时期虽然割据纷争，政权更迭频繁，但秦汉时期的防灾减灾措施仍在一定程度上坚持下来，并有所发展，为后世的灾害防治提供了良好的基础。秦汉魏晋南北朝各时期的防灾减灾自有特点，我们当初对写作体例理解略有不同，撰写方式最后未来得及完全统一，难免还存在一些错漏失当之处，祈请学界和广大读者批评指正。

本志的编纂与出版得到了众多单位和灾害史专家学者的大力支持与帮助。国家减灾委办公室、中国社会出版社等单位为本志的编纂和出版提供了强有力的保障。《中国灾害志》丛书总编纂委员会、《中国灾害志》丛书专家委员会、中国灾害志编纂委员会制定和出台了《〈中国灾害志〉行文规范》《〈中国灾害志〉编写手册》等编志规范和要求，为本志的编纂提供了理论和技术指导。为确保中国灾害志各断代卷的顺利、高质量出版，国家减灾委办公室、中国社会出版社等单位还专门成立了由灾害史方面的著名学者组成的《中国灾害志·断代卷》编辑委员会。2014年1月4日至5日，断代卷编辑委员会在北京召开《中国灾害志·断代卷》研讨会，就各卷三级标题以及编写“志”的要求、规范等问题展开研讨。2014年11月14日，断代卷编辑委员会召开《中国灾害志·断代卷》主编会议，集中研讨了各卷编写过程中的问题，明确各卷编写的进度。2015年8月16日至19日，断代卷编辑委员会在山西大学召开《中国灾害志·断代卷》初稿研讨会，对各卷初稿以及编写要求、规范等问题进行讨论，就各卷编写大纲以及编写体例达成了共识。会后，《中国灾害志·断代卷》编辑委员会很快整理下发了《〈中国灾害志·断代卷〉编纂中应注意的几个问题》，对各断代志的编纂体例、文字叙述风格、各部分的编纂要求以及表格、时间、地点、数据的处理等问题，作出详细的统一规定，使得本志的编纂有了更为具体的基本遵循。

在本志的编纂过程中，始终受到中国地震局高建国研究员、中国人民大学夏明方教授、中国社会出版社《中国灾害志》编辑部杨春岩主任等诸多专家的关心，提出很多良好的建议。在此谨向所有关心、支持本志编纂的单位以及各位专家学者，表示衷心的感谢！

段　伟

2020年1月10日于复旦大学光华楼

图书在版编目（CIP）数据

中国灾害志．断代卷．秦汉魏晋南北朝卷／《中国灾害志》编纂委员会编；高建国，夏明方主编；高凯本卷主编．—北京：中国社会出版社，2021.6
ISBN 978－7－5087－6521－1

Ⅰ.①中…　Ⅱ.①中…　②高…　③夏…　④高…　Ⅲ.①自然灾害—历史—中国—秦汉时代　②自然灾害—历史—中国—魏晋南北朝时代　Ⅳ.①X432－09

中国版本图书馆 CIP 数据核字（2021）第 058038 号

书　　名：中国灾害志·断代卷·秦汉魏晋南北朝卷
ZHONGGUOZAIHAIZHI DUANDAIJUAN QINHANWEIJINNANBEICHAOJUAN
编　　者：《中国灾害志》编纂委员会
断代卷主编：高建国　夏明方
本卷主编：高　凯

出 版 人：浦善新
终 审 人：李　浩
责任编辑：杨春岩

出版发行：中国社会出版社　**邮政编码：**100032
通联方式：北京市西城区二龙路甲 33 号
电　　话：编辑室：（010）58124829
邮购部：（010）58124829
销售部：（010）58124845
传　真：（010）58124829
网　　址：www. shcbs. com. cn
shcbs. mca. gov. cn
经　　销：各地新华书店

中国社会出版社天猫旗舰店

印刷装订：河北鑫兆源印刷有限公司
开　　本：170mm×240mm　1/16
印　　张：20.75
字　　数：295 千字
版　　次：2021 年 6 月第 1 版
印　　次：2021 年 6 月第 1 次印刷
定　　价：198.00 元

中国社会出版社微信公众号